Fabrizio Sepe

Die Safari meines Lebens
Die Liebe zu Tieren und Menschen und der Traum vom Serengeti-Park

„Wir müssen lernen, mit den Tieren und der Natur zusammen in Harmonie zu leben. Auch um unsere Zukunft zu retten. Wir sollten das Leben feiern und dankbar für die Natur und den natürlichen Kreislauf sein. Alles ist miteinander verbunden."

Der Serengeti-Park Hodenhagen ist einzigartig in Europa. 220 Hektar Land, 1500 Tiere, 40 Fahrgeschäfte, Shows und Übernachtungsmöglichkeiten. Jährlich kommen 700 000 Besucher in den Park.

Fabrizio Sepe, Geschäftsführer, alleiniger Inhaber und Sohn des Gründers Paolo, erzählt die beeindruckende und emotionale Geschichte seiner italienischen Familie und des Aufbaus des größten Safari-Parks Europas. Die Geschichte beginnt, als er mit drei Jahren von seiner Mutter aus Mailand nach Hodenhagen zum Vater gebracht wird, wo dieser gerade den Serengeti-Park aufbaut. Fabrizio lebt nun in einem Land, das er nicht kennt und dessen Sprache er zunächst nicht spricht. Und vor allem muss er mit seiner Einsamkeit umgehen. Der Vater ist streng, die Stiefmutter und -schwestern sind abweisend. Doch da sind auch die geliebten kleinen Löwen, die Krokodile und Elefanten und all die anderen Tiere. Sie sind die einzige Konstante in seinem Leben, und es entsteht eine Liebe, die ein Leben lang halten soll.

Zwischen visionären Ideen, Risikobereitschaft und der Liebe zu Mensch und Tier schreibt Fabrizio Sepe über sein Leben und die Einzigartigkeit des Serengeti-Parks Hodenhagen, ein Stück Afrika in der Lüneburger Heide.

FABRIZIO SEPE

DIE SAFARI MEINES LEBENS

DIE LIEBE ZU TIEREN UND MENSCHEN UND DER TRAUM VOM SERENGETI PARK

Alle Rechte vorbehalten, insbesondere das Recht der mechanischen, elektronischen oder fotografischen Vervielfältigung, der Einspeicherung und Verarbeitung in elektronischen Systemen, des Nachdrucks in Zeitschriften oder Zeitungen, des öffentlichen Vortrags, der Verfilmung oder Dramatisierung, der Übertragung durch Rundfunk, Fernsehen oder Video, auch einzelner Text- oder Bildteile.

Copyright © 2023 by Maximum Verlags GmbH
Hauptstraße 33
27299 Langwedel
www.maximum-verlag.de

1. Auflage 2023

Lektorat: Rainer Schöttle
Korrektorat: Gisela Wunderskirchner
Ghostwriterin: Marion Gay
Layout: Alin Mattfeldt
Umschlaggestaltung: Alin Mattfeldt
Umschlagmotiv: © Maximum Verlags GmbH, Fotografin: Rebekka Schnell Photography & Video
Fotos: © Fabrizio Sepe (privat), © Serengeti-Park Hodenhagen, © Maximum Verlags GmbH
E-Book: Mirjam Hecht

Druck: CPI books GmbH
CO2 neutral produziert
Made in Germany

ISBN 978-3-98679-013-4

Ich widme dieses Buch meiner geliebten Frau Dr. Idu Azogu Sepe, meiner geliebten Tochter Brielle Ona Stella Sepe und den ca. acht Millionen Kindern aus ganz Deutschland, die den Park seit der Gründung bis heute besucht haben und durch deren Begeisterung, Freude und Glücksgefühle, die sie im Park gelassen haben, meine Liebe zu diesem Park und diesem Ort immer weiter haben wachsen lassen. Zuletzt widme ich dieses Buch den unzähligen Mitarbeitern des Parks, die in den vielen Jahren alles gegeben haben, damit wir heute dort stehen, wo wir sind. Danke!

INHALT

Prolog 9
Kapitel 1
   Ankunft in Deutschland 13
Kapitel 2
   Der Vater 17
Kapitel 3
   Die Idee des Safariparks 33
Kapitel 4
   Ein fremdes Kind in Hodenhagen 43
Kapitel 5
   Die Parks 47
Kapitel 6
   Die Tradition des Essens 57
Kapitel 7
   Parkgeschichten 65
Kapitel 8
   Der Kinderzoo 71
Kapitel 9
   Bankrott eines Investors 83
Kapitel 10
   Der Tigerunfall 87
Kapitel 11
   Über die Notwendigkeit von Zoos 89
Kapitel 12
   Mailand 103
Kapitel 13
   Die 80er-Jahre im Park 113

Kapitel 14
Im Internat.. 127
Kapitel 15
Studium in Mailand 137
Kapitel 16
Die 90er-Jahre im Park 153
Kapitel 17
Brasilien sehen und lieben 169
Kapitel 18
Auf Messers Schneide... 193
Kapitel 19
Nashorn Kai wird ausgewildert..................................... 203
Kapitel 20
Dschungelsafari und weitere Innovationen 215
Kapitel 21
Elefantenzucht 223
Kapitel 22
Tod eines Patriarchen.. 233
Kapitel 23
Ein neuer Aufbruch 239
Kapitel 24
Therapeutische Unterstützung 249
Kapitel 25
Corona und andere Katastrophen.................................. 279
Kapitel 26
Gedanken zur Zukunft von Tierparks 295
Danksagung 318
Einblicke in mein Leben 320
Einblicke in den Park 322

PROLOG

Gestern bekam ich die Nachricht von der Bundeswehr, dass ich die Auktion gewonnen habe. Der Airbus A310 mit Namen „Kurt Schumacher" gehört jetzt mir. Wenn dieses Flugzeug sprechen könnte, es würde uns unglaubliche Geschichten erzählen. Dreißig Jahre war es für die deutsche Luftwaffe im Dienst gewesen. Zu Beginn der Pandemie Anfang 2020 holte es deutsche Staatsbürger aus Wuhan und flog zuletzt aus Afghanistan geflüchtete Menschen von Taschkent nach Deutschland. Bald wird es zum Restaurant umgebaut. Neu lackiert und mit Terrassen versehen wird es einen Platz am Rand der Massai-Mara-Freianlage bekommen. Von dort aus haben die Gäste beim Essen einen tollen Blick auf die Giraffen und Antilopen. Vorher muss die Maschine auseinandergebaut und vom Flughafen Langenhagen in den Park gebracht werden. Keine leichte Sache. Bisher wurde noch nie in Deutschland ein Flugzeug über Straßen transportiert. Es wird eine historische Sache und wir feiern hier fast wie beim Champions-League-Finale!

Die Pandemie hat uns vor ziemliche Herausforderungen gestellt. Schließungen, Hygienekonzepte, viele Einschränkungen. Aber ich bin gewohnt, kreativ zu denken und optimistisch nach vorn zu schauen. So habe ich in den stillen Monaten einen speziellen Burger erfunden. Den Sepe-Burger. Er basiert auf dem Calzone-Konzept. Belegt zum Beispiel mit Mozzarella und Kochschinken, Tomate, Zwiebel, Salat und Ketchup liegt Brot auf Brot. Unser Koch war erst dagegen, dann aber ziemlich überrascht, wie gut das tatsächlich schmeckt. Ich habe die Rezeptur schützen lassen und wir servieren diesen Burger in mehreren Variationen, natürlich auch vegetarisch, im Park.

Wir haben auch ein neues Logo entwickelt. Das alte Logo war Kult, nur ein bisschen statisch und überaltert. Das neue hat mehr Schwung, die Achterbahn schießt aus der Mähne des Löwen. Die Idee kam mir

Prolog

im Urlaub. Beim Vorbeischlendern an einem Tattoo-Studio stach mir ein Löwenkopf ins Auge und ich hatte gleich den Gedanken, so einen Kopf mit der Achterbahn zu verbinden. Eine Agentur entwarf dazu die Sonne, den Kreis, und veränderte die Schrift ein bisschen. Im Zuge dessen haben wir auch ein neues Motto kreiert. Statt wie bisher „Das Safari Abenteuer" heißt es von nun an: „So geht Safari heute".

Der Park ist mein Leben. Es war nicht immer einfach und wird es auch in der Zukunft nicht sein. Die Verantwortung für die Tiere und die Mitarbeiter. Aber in erster Linie mache ich es für die Menschen. Um ihnen Freude zu bringen. Am Ende meines Lebens möchte ich auf fünfundneunzig Prozent glückliche Momente zurückblicken, und genau das will ich den Besuchern vermitteln. Das Glück, Tiere in der Natur zu erleben. Das Staunen über das Tier. Die Besucher des Parks sollen gute Gefühle mit nach Hause nehmen. Begeisterung und Hoffnung für eine Zukunft, in der Menschen, Natur und Tiere in Harmonie leben können.

Eines der schönsten Erlebnisse im Park war für mich die Begegnung mit dem kleinen Mädchen. Ich hatte gerade einen Drehtermin mit dem NDR beendet und da saß plötzlich die Kleine auf dem Quad. Sie war vielleicht sechs Jahre alt und trug eine Mütze, unter der ihre blonden Haare hervorlugten. Es war im Frühjahr und noch ein bisschen kalt. Sie hielt sich vorn am Quad fest und wollte noch einmal fahren. Ich weiß noch, wie sie zu mir hochguckte und dann sagte: *Es ist das sechste Mal, dass ich hier jetzt mitfahre. Ich finde das so toll, ich steig*

Prolog

hier gar nicht mehr aus. Das klang so ehrlich, aber so sanft ehrlich, so niedlich ehrlich. Und man konnte ihr die Begeisterung ansehen. *Hast du das hier alles gebaut?,* fragte sie, und ich habe ihr erzählt, dass ich die Idee mit den Quads unter der Dusche hatte.

Diese kleine Szene war für mich ein sehr bedeutender Moment. Sie hat mir deutlich gezeigt, wofür ich den Park betreibe. Ich meine, die Risiken sind enorm. Jeden Tag könnten Unfälle passieren, die Verantwortung ist groß. Aber dieses kleine Mädchen mit den glücklichen Augen hat mich darin bestätigt, dass dieser Park einen Sinn hat. Das ist genau der Grund, warum ich hier jeden Tag mit ganzer Leidenschaft und Energie stehe. Ich möchte Kinder glücklich machen, und so ein schönes Erlebnis bleibt für immer. Möglicherweise wird sie sich daran noch mit zwanzig erinnern.

So spontane, ungeplante Begegnungen sind oft die schönsten Momente im Leben. Das war bis heute für mich das allerschönste Erlebnis im Park. Und man könnte sich fragen: Ist der bekloppt? Der hat doch mit Tieren zu tun! Klar, aber ich sage ganz offen und ehrlich: Ich mache meinen Job für die Menschen. Natürlich betreibe ich Tierschutz und tue alles in meiner Macht stehende, um Arten zu erhalten. Aber letztlich betreibe ich den Park, um die Menschen zu begeistern für die Natur und die Tiere. Wir müssen lernen, mit den Tieren und der Natur zusammen in Harmonie zu leben. Auch um unsere Zukunft zu retten. Wir sollten das Leben feiern und dankbar für die Natur und den natürlichen Kreislauf sein. Alles ist miteinander verbunden: Die Tiere fressen Blätter von den Bäumen und setzen dadurch Kot ab, aus dem später ein Strauch wächst und so weiter.

KAPITEL 1

Ankunft in Deutschland

Fangen wir an mit den beiden Kinderkoffern. Sie liegen im Gepäckfach. Ich bin dreieinhalb Jahre alt und sitze darunter, neben Mama im Flugzeug.

Fabrizio, pack deine liebsten Spielzeuge ein, hatte sie in Mailand gesagt. Ich blickte mich im Kinderzimmer um. Was sollte ich mitnehmen? Die beiden kleinen Koffer hatte ich schon häufig gepackt. Immer, wenn es nach Elba ging, wo wir nahezu endlose Sommer verbrachten. Aber das hier war eine andere Reise. Mir war nicht klar, was mich in Deutschland erwartete, aber dass es anders wäre als Elba oder Mailand, dachte ich mir schon. Ich versuchte, so viel wie möglich von dem Spielzeug in die Koffer zu stopfen. Wenn ich doch nur größere Koffer hätte! *Nun mach schon, Fabrizio!*, drängelte Mama. *Das Flugzeug wartet nicht.* Ich nahm die Koffer und klemmte mir Leo unter den Arm. Den Plüschlöwen hatte mir Papa von einer seiner Reisen mitgebracht. Der musste auf jeden Fall mit.

Wir verabschiedeten uns von den Großeltern. Von Nonno Augusto und Nonna Concetta, die wir alle Nonna Blu nannten. „La Nonna blu", die blaue Oma, weil sie so lieb war. Man hatte immer ein warmes Gefühl, wenn man sie sah. Ich war schrecklich traurig. Am liebsten hätte ich geweint, aber ein paar Tage vorher hatte ich mich mit Nonna blu gestritten, deshalb wollte ich so

Kapitel 1

tun, als machte mir der Abschied überhaupt nichts aus. Als Mama mir sagte, dass Papa und sie sich trennen und sich vieles ändern wird, war ich zu Nonna blu geflüchtet. *Du bist schuld! Du machst nichts! Wie können die das machen und du guckst zu?*, hatte ich geschrien. Sie setzte sich hin, sah mich traurig an und sagte: *Ja, das stimmt, es ist meine Schuld, und jetzt komm her!*

Im Flugzeug drücke ich Leo ans Fenster, damit er sieht, was uns erwartet. Erst sind nur Wolken unter uns, dann tauchen große grüne Felder auf. Nirgendwo ist Meer. Ich erzähle Leo, dass er bald neue Freunde haben wird. Er wird die anderen Löwen kennenlernen. Die großen und starken Löwen. Und die Giraffen, Nashörner und Zebras. *Es wird wie in Afrika sein, warte nur ab!* Mama neben mir ist schweigsam und wunderschön wie immer. Ich mag ihr seidiges blondes Haar, ihr Lächeln und die hübschen Sachen, die sie trägt. Es wird schon alles gut werden.

Papa holt uns mit seinem breiten Mercedes Diesel vom Flughafen Hannover ab. Ich habe ihn länger nicht gesehen. Später erinnere ich mich kaum noch an die Fahrt. Komischerweise nur an den Schalthebel am Lenkrad, an die großen Hände meines Vaters daran. An das unglaubliche Grün der Landschaft habe ich keine Erinnerung.

In Hodenhagen angekommen, halten wir vor dem Haus Nummer 8 im Rosenweg. Das Haus ist aus hellen Steinen und neu. Vier Stufen führen zur Tür. Lia ist da, meine neue Stiefmutter. Sonia und Veronica, meine neuen großen Schwestern. Dann weiß ich nur noch, dass meine Mutter sich vor mich kniet, mich umarmt. *Ich habe dich lieb, Fabrizio. Du bist Blut meines Blutes und ich werde dich für immer lieben.* Etwas in der Art sagt sie. Dann kehrt sie nach Mailand zurück. Und ich bin hier. Bei meinem Vater und seiner neuen Familie. Und dem Safaripark, der bald eröffnet wird.

KAPITEL 2

Der Vater

Als mein Vater alt und krank wurde, sagte er mir, wenn es mit ihm zu Ende ginge, solle ich nicht zu sehr um ihn trauern. Schließlich habe er fünf Leben gelebt.

Geboren wurde er am 3. Dezember 1926 in Neapel, aber sein Vater, Nonno Giovanni, trödelte ein bisschen und meldete ihn erst zwei Tage später an. So stand im Pass der 5. Dezember als Geburtsdatum, und an dem Tag feierte er immer seinen Geburtstag. Er war Schütze. *Sagittario*.

Seine Mutter, Nonna Maria, war streng. Den Erzählungen nach bekam mein Vater permanent Schläge mit dem Teppichklopfer, sodass sein Po immer einen Gitterabdruck hatte. Vermutlich war er nicht so ein ganz braver Junge gewesen, sonst hätte Nonna Maria nicht so oft und häufig zugeschlagen, denke ich. Noch heute ist Neapel eine Art Rio de Janeiro Europas, und damals war es erst recht so. In dieser Stadt ist alles am Laufen. Alles ist möglich. Da sitzt der piekfeine Earl auf seiner schicken Dachterrasse und schlürft Weißwein mit Oliven, während ein paar Straßenzüge weiter die Jungs von der Camorra mit einem abgeschnittenen Kopf Fußball spielen. Das ist so eine extreme Stadt, mit Pompeji und dem Vesuv, der jederzeit ausbrechen kann, und mit vielleicht dem besten Essen Italiens, mit diesem ganz besonderen Büffel-Mozzarella und der Pizza. Es herrscht unglaublicher Lärm auf den Straßen, ununterbrochen hupen Vespas, die Sonne knallt vom Himmel und die Wäsche hängt über den Gassen. Die Leute singen, rülpsen und spucken, und dann gibt es natürlich die Sehenswürdigkeiten, etwa den verhüllten Christo

Kapitel 2

velato in der mysteriösen Kapelle des Grafen Sansevero, und die Inseln Procida und Capri. Das alles ist unglaublich!

Meine Großeltern waren nicht megareich, aber sie gehörten auch ganz bestimmt nicht zu den armen Leuten. Sie hatten schon früh ein Auto, dank der Gerberei, die sie am Hafen, im Viertel Mercato, besaßen. Dreißig Angestellte beschäftigten sie. Selbst wohnten sie in einem Haus auf dem Hügel von Posillipo, ein bisschen außerhalb, nordwestlich an der Küste. Von dort aus fuhren die Gozos hinüber zu den Inseln. Diese kleinen Taxiboote setzten Passagiere für ein paar Lire über und holten sie wieder ab, und damit fuhren meine Großeltern mit den drei Kindern, also meinem Vater und seinen jüngeren Geschwistern Annamaria und Dario, oft an den Wochenenden nach

Kapitel 2

Capri. Mein Vater hat uns immer wieder die Geschichte erzählt, wie er dort mit elf sein erstes Geld verdient hat. Vom Südzipfel aus ist er mit den einheimischen Jungen zu den Faraglioni geschwommen und bis auf fünfzehn Meter Höhe an den steilen Felsklippen hochgeklettert. Von da aus hat er sich kopfüber ins Meer gestürzt, weil davor die Liner voll mit amerikanischen Touristen standen. Damals gab es die großen Dollar, und an der Reling lehnten die eleganten Damen mit ihren Sonnenhüten und schnipsten diese Dollarmünzen ins Meer, nach denen die Jungen tauchten. Ein Dollar war zu der Zeit in Italien ein kleines Vermögen. Man muss sich vorstellen, es gab siebzig bis achtzig Prozent Analphabeten. Viele ritten noch auf dem Esel oder fuhren mit der Kutsche durch Neapel. Wenn man Hunger hatte, ging man zu einem der kleinen Kioske an der Straße und kaufte gekochte Spaghetti. Man nahm die Spaghetti mit der Hand vom Teller und tunkte sie in die Saucenschale. Damit man sich nicht von Kopf bis Fuß bekleckerte, gaben sie einem ein Papierlätzchen, das man sich um den Hals band. Zu einer traditionellen neapolitanischen Weihnachtskrippe gehört bis heute die Figur des Spaghettiessers mit Lätzchen.

1922 war Mussolini an die Macht gekommen und hatte ähnlich wie Hitler angefangen, die Kinder für sich zu begeistern. Auch mein Vater gehörte zu den Schwarzhemden, *camicie nere,* der Gruppe der italienischen Faschisten. Davon hat er allerdings nie viel erzählt.

In diesem wilden Italien ist mein Vater aufgewachsen. Das war sein erstes Leben.

Dann kam der Krieg. Die Amerikaner rückten in Sizilien an, die deutsche Armee wich zurück und merkte dabei, dass die Italiener plötzlich diesen historischen Dreher gemacht hatten, dass sie nicht mehr mit Mussolini zu Hitler und den Nazis standen, sondern es plötzlich mit den Amerikanern hielten. Aus Wut über diesen Betrug haben die Deutschen ziemlich viel zerbombt, Cassino und diese ganzen Sachen, und tatsächlich haben sie auch Neapel auf dem

Kapitel 2

Rückzugsweg bombardiert. Eine Sturzkampfmaschine flog über den Hafen von Neapel und warf eine Bombe genau auf die Gerberei meiner Großeltern. Es gab auf einen Schlag dreißig Tote. Meine Familie war zufällig in der Mittagspause zu Hause in Posillipo und konnte sich dadurch retten.

Die Stadt war in einen furchtbaren Zustand geraten. Die Kanalisation war zerstört, die Häuser lagen in Schutt und Asche. Neapel war schon immer eine chaotische Stadt gewesen, aber jetzt muss das unvorstellbare Ausmaße angenommen haben. Meine Großeltern besaßen ein Ferienhaus in Roccaraso in den Abruzzen und bestimmt erschien es ihnen sicherer, sich für eine Weile dorthin zurückzuziehen. Sie packten alles Mögliche, was sie konnten, nahmen die drei Kinder und flohen. Meine Oma hatte eine Kekskiste - damals gab es solche italienischen Kekse in einer zylindrischen, ziemlich großen Verpackung mit einem Deckel drauf -, und da haben sie alle Juwelen, Uhren, Goldstücke und andere Sachen versteckt und mitgenommen. Das Dorf lag eine Stunde von Neapel entfernt, also gar nicht so weit weg, und kurz nachdem meine Großeltern mit meinem Vater und seinen beiden Geschwistern dort angekommen waren, kamen auch die Deutschen mit einem kleinen Lkw voller Soldaten. Unglücklicherweise lag Roccaraso genau an der Gustav-Verteidigungslinie, die von General Kesselring gegen die Alliierten genutzt wurde. Die deutschen Soldaten hatten das Gebiet besetzt und im November 1943 fand dort eins der schlimmsten Kriegsmassaker statt.

Davon hat meine Familie nie etwas erzählt, aber von jenem Tag, als die deutschen Soldaten mit dem Lastwagen vorfuhren. Sie stiegen aus und meine Großeltern mussten zusehen, wie sie das Haus plünderten. Sie haben alles mitgenommen – Gemälde, Teppiche und so weiter. Zum Glück hatten meine Großeltern am Abend davor aus irgendeinem Grund die Idee, diese Kekskiste im Garten zu verbuddeln, und als dann die Deutschen kamen, hat sich Nonna Maria im Garten auf einem Liegestuhl über das Loch gesetzt. Sie hatten natürlich Angst, dass die Deutschen auch noch die letzten Güter fanden. Da saß sie nun mit dem Gartenstuhl über der Keksdose und einer der SS-Leute kam mit einem Maschinengewehr. *Stehen Sie auf, stehen Sie auf!* Und sie hat so getan, als ob sie nichts verstünde, und gesagt: *Was wollen Sie? Ich bin eine alte Dame!,* und so ein bisschen geschauspielert. Typisch italienisch, *l'arte di arrangiarsi,* die Kunst des Überlebens – dafür ist der Italiener bekannt. Das ist bei manchen Sachen ganz nützlich, hat aber auch sehr schwere negative Seiten, weil es schien, dass der Italiener dann häufig lügt und nicht sehr ehrlich ist. Wenn du das nützt, um zu überleben, gegenüber Feinden oder gegen jemanden, der dich gerade verletzen will, okay, aber wenn es zur Gewohnheit wird und du lügst deine Frau an, betrügst sie mit der Nachbarin, dann wird das zur Mentalität und gefährlich. Schwarzgeld überall, keine Quittungen, kein gar nichts. Ja, die beiden Seiten der Medaille. Es ist wunderschön zu sehen, es gibt Filme davon, die Kunst des Italieners, mit den Händen zu schauspielern, das kommt einfach so aus dem Nichts.

Jedenfalls kam irgendwann ein Pfiff – *So, wir haben genug!* –, und der SS-Mann ist in seinen Lkw gestiegen. Die Soldaten waren tatsächlich weg und meine Familie hatte nur noch diese Keksdose. Sie wollten nun nicht mehr in diesem Dorf bleiben, es wurde wohl auch zu gefährlich, und mit der Keksdose und den drei Kindern sind sie dann langsam zu Fuß nach Norden gegangen, mal getrampt, mal mit Eseln geritten, viele, viele Kilometer, bis sie irgendwann Mailand erreichten, das auch zerbombt war. Weil Opa Giovanni wusste, dass es in Mailand eine Art Börse des Lederhandels gab, und weil er Verbindungen hatte und viele Leute aus dem Ledergeschäft kannte, hatte er gedacht, er könnte relativ schnell wieder Geld verdienen, und da fing das nächste Leben meines Vaters an.

Chronologisch ist alles schwer zu fassen, was genau wann war. Schließlich war es lange vor meiner Geburt und die Geschichten wurden am Tisch erzählt, in großen Runden, und ich schnappte hier und da etwas auf.

Kapitel 2

Eine Zeit lang hielt sich mein Vater als junger Mann in Afrika auf. Sein Vater hatte ihn nach Obervolta, das ist heute Burkina Faso, geschickt. Fragen Sie mich bitte nicht, wieso, aber man kam da wohl günstiger an Leder, weil die Stämme dort einmal oder zweimal in der Woche ein Rind töteten und es aßen. Sie haben es zerstückelt und gegessen, aber mit Haut. Was ja typisch ist in armen Ländern: Man verwendet alles, man isst auch die Haare, alles, denn wenn es einmal gekocht ist, ist es auch nicht schlecht, und gut gewürzt schmeckt es bestimmt ganz gut. Mein Vater hatte erzählt, dass er in Obervolta mit einer Cessna von einem Dorf zum anderen flog, zusammen mit einem Dolmetscher und einem Baby-Schimpansen, den sie aufgelesen hatten und mitnahmen. Mit einem Messer hat mein Vater den Stammesleuten gezeigt, wie man das Tier am besten enthäutet, um möglichst große Stücke Leder zu erhalten, und wie man die Haut hinlegen kann, sie mit Steinen fixiert, damit sie flach wird, und hat dann um diese Haut verhandelt und gefragt: *Was meint ihr, wenn ich nächstes Mal ein Paar Schuhe bringe, ein Paar Tennisschuhe für den Häuptling, gebt ihr mir diesen ganzen Haufen an Haut? Es ist ohnehin nicht gut, dass ihr das esst.* Und diese ganzen Dörfer hat er überzeugt, ihm die Haut, also das Leder, zu geben, und er hat ihnen statt Geld – denn diese Stammesbewohner konnten ja mit Geld überhaupt nichts anfangen – Dinge wie Schuhe oder Rasierer angeboten. Damit konnten sie viel mehr anfangen als mit zehn Millionen Dollar in ihrer Realität als Stammesleute, und das hat mein Vater etwa fünf Jahre lang gemacht. Er schickte die Lederladungen über Tripolis mit Lkws auf Schiffen nach Neapel oder Genua. Die Menschen von der Ledergerberei haben die Lkws übernommen und das Leder in die Gerberei gebracht und gegerbt. Handschuhe, Taschen und andere Lederwaren wurden daraus gemacht. Das war natürlich eine Wahnsinnserfahrung, erzählte er immer, weil er in Afrika so ein Afrikaweh bekommen hatte, weil das so ein wunderschönes Land ist und weil es fast auf dem Bauch der Erde platziert ist. Es ist schwer zu beschreiben. Ich war selbst sieben Mal in Afrika, und diese Szenarien, morgens um sechs, oben auf so einem Hügel – es war wirklich kein hoher Berg, nur ein Hügel –, diese Weite! Da ist irgendwie so ein Winkel, aber im Kontinent selbst, es muss etwas Geoplanetarisches sein, ich kann das nicht gut erklären, da war ein Sonnenaufgang, wie man ihn in Europa nicht erlebt. Man konnte die Sonne fast hören, sich vorstellen, dass sie ein Geräusch beim Aufgehen macht, und dieses Glitzern und die Farben, das war enorm. Das war alles so riesig, und die Weite, das ist, als wenn man von hier nach Bonn oder nach Berlin schauen könnte – damit Sie verstehen, was ich meine –, und das hat er auch beschrieben, diese Weiten, diese Panoramen, diese Sonnenaufgänge, diese Sonnenuntergänge, diese Stille, diese Tierwelt. Stellen Sie sich vor, in jenen Jahren in Afrika, was da noch für eine Tierwelt war! Alles zwitschert und bewegt sich. Das hat ihn total gerührt und mitgenommen, diese Afrikaerfahrung. Er kam wieder, und weil er bei einer Ladung dieses Leders ein bisschen faul gewesen war, hatte er den LKW nicht wie üblich mit einer Plane abgedeckt, und auf dem Schiffsweg hatte es geregnet und das ganze Leder wurde nass. Sein Vater war sehr böse und hat ihn zurückgerufen und wollte ihn bestrafen. Damals gehörte zur Erziehung auch Bestrafung dazu; auch bei ihm war der Vater Patriarch, und da gab es heftige Schläge.

In Mailand begann mein Opa wieder zu arbeiten. Er eröffnete keine neue Gerberei, dafür fühlte er sich wahrscheinlich mittlerweile schon zu alt, aber er handelte mit Leder, kaufte es an und verkaufte es weiter, und es ging wieder aufwärts. Sie konnten sich eine schöne Wohnung mieten, kauften ein Auto und boten meinem Vater sogar ein Studium an. Mein Vater überlegte kurz und entschied sich für Betriebswirtschaft. Er schrieb sich an der berühmten Mailänder Privatuniversität *Universitá Commerciale Luigi Bocconi* ein, schlug die ersten Bücher auf, mathematische Ökonomie, schloss sie wieder und sagte: *Nee, das schaffe ich nicht, viel zu kompliziert, keinen Bock darauf,* und schmiss das Studium gleich wieder. Sein Vater war aber altmodisch. Also, wenn mein Vater hart war, stellen Sie sich erst einmal seinen Vater vor, und auch seine Mutter: Die waren beide stinksauer und

Kapitel 2

bestraften ihn, indem sie ihn nach Genua schickten. Von nun an sollte er im Hafen arbeiten. Dort die Schiffe mit den Ledertransporten erwarten, die Bündel an Haken befestigen und die Schiffsladungen auf Lastwagen umpacken. Eine ziemliche Knochenarbeit. *Caricatore di porto,* das war in Italien ein bisschen abwertend, an sich mit das Schlimmste, was man als Beruf haben konnte. Hafen-Entlader.

Meine Großeltern hatten Bekannte, die mit Lederbündeln handelten, und er wurde für ein ganzes Jahr in den Hafen geschickt, als Bestrafung nach dem Motto: Du willst nicht studieren, dann schau mal, wie hart das Leben ist. Und er hat das gemacht und sich mit dem Job gut arrangiert. Denn immerhin liegt in der Nähe von Genua die Luxushochburg Portofino. So ein bisschen das Sylt Italiens. Wenn er abends mit dem Entladen der Schiffe fertig war, sprang er unter die Dusche, schlüpfte in ein schickes weißes Hemd und seinen Anzug, wahrscheinlich hatte er noch tolle Lederslipper, setzte sich in seinen Fiat Cinquecento und fuhr die Küste runter nach Portofino. Er ging in die Lokale, wo sich die Industriellen aus Mailand und Turin trafen, wo die schönen Frauen waren, wo sie bis in die frühen Morgenstunden Musik spielten. Das ganze la dolce vita der frühen 50er-Jahre. Die Leute feierten, was das Zeug hielt.

Mein Vater war für einen Italiener sehr groß, einen Meter sechsundachtzig, schwarze Haare, braun gebrannt von der Arbeit im Hafen, muskulös vom Tragen der Lederbündel, also ein sehr attraktiver Mann, und eines Abends traf er in einer dieser Bars auf Coco Invernizzi. Sie war eine sehr elegante, wunderschöne Frau und noch dazu die Erbin einer der reichsten Familien Italiens. Es ist so, als ob ich in eine Kneipe gehe und lerne eine der Töchter der Miele, Henkel oder Siemens kennen. Den Invernizzis gehörte eine der größten Molkereien Italiens. Gegründet 1908, hatten sie sich ähnlich wie Galbani auf Frischkäse spezialisiert. Das Unternehmen ging Mitte der 80er-Jahre an Kraft Food, inzwischen gehört es der französischen Lactalis-Gruppe. Nun, diese Frau war für meinen Vater eine Herausforderung. Sie war reich und sexy, mit dieser angeborenen Grandezza, eine Art Grace Kelly. Etwas älter als er, anmutig, zu Hause im Jetset. Eine Wahnsinnsfrau! Und sie verliebte sich Hals über Kopf in ihn und es begann eine große Liebesgeschichte.

Kennengelernt hatten sie sich 1952, drei Jahre später waren sie verheiratet. Sie bekamen zwei Kinder, Luca und Francesca, und lebten ein High-Society-Leben. Sie fuhren Ski mit den Agnellis, den Pirellis, den Morattis. Mein Vater schwärmte oft von diesen Skiferien in Sankt Moritz mit diesen megareichen Familien. Sie hatten Skier mit Seehundhaut. Damals gab es noch nicht überall Skilifte und man wanderte häufig drei, vier Stunden durch den Schnee die Berge hoch. Dann aß man ein paar Panini mit Käse und fuhr zurück durch den Frischschnee. Das war Skifahren. Es gab keine Almen, gar nichts. In Italien waren die Leute noch viel mit Esel und Kutsche unterwegs, während er mit einem Jaguar oder Ferrari fuhr. Über diese Liebesgeschichte schaffte er den Sprung in den Jetset.

Tausend Fragen. War mein Vater, als junger Mann aus Neapel, ohne Studium und ohne diesen wohlhabenden Hintergrund, zwar nicht ein ganz einfacher Mann, aber doch mehr Mittelstand, mit dieser

Kapitel 2

Erfahrung in Afrika – war er bereit für das glamouröse Leben? Hatte er die Fundamente, um sich auf Augenhöhe mit Gianni Agnelli auszutauschen? Oder hat man gemerkt, dieser Typ aus Neapel gehört nicht in unsere Kreise? Wir von der Familie haben darüber oft gesprochen und vermuten, dass es irgendwann dazu kam, dass sie ihn aufgrund der Herkunft ablehnten. Da konnte er noch so ein toller Typ sein. In Norditalien gibt es noch heute die Klischees und Vorurteile gegenüber den Süditalienern. Terroni nennt man sie, scherzhaft und abwertend. Terroni heißt Erdfresser. Die Norditaliener sagen, die Leute im Süden waschen sich nicht, können nicht lesen und schreiben. Es ist sehr diskriminierend, rassistisch und hässlich, aber es ist heute noch so: Ab Pisa, heißt es in Mailand, kannst du alles wegschmeißen, das ist der typische Spruch. Das ist wie Afrika, sagen sie.

Mein Vater hatte Charisma, eine angeborene Eleganz und Stil, ja, aber um wirklich zum Jetset zu gehören, musst du mit denselben Kindern gespielt haben und dieselben Sprüche draufhaben, sonst bist du wie Crocodile Dundee mit der Blondine aus New York. Natürlich verliebt man sich, allein wegen der physischen Anziehung, so ein derber Typ mit Muskeln und gleichzeitig elegant und gut aussehend, aber passt das wirklich? Aus meiner Sicht, nach allen Geschichten, die ich gehört habe, reichte es nicht für eine richtige, lange Beziehung. Chemie ist eine ganz starke Anziehungskraft und die meisten Menschen bleiben verliebt in diese Chemie und halten daran jahrzehntelang fest, obwohl sie gar nicht zusammenpassen, weil ihre Zukunftspläne überhaupt nicht aufeinander abgestimmt sind. Die Glaubenssätze sind total anders und die Selbstwertgefühle, die Selbstachtung sind so verschieden. Zum Beispiel legte Coco Invernizzi los und suchte sich beim Juwelier Bulgari mal eben einen Ring für 200 Millionen Lire aus, das waren 200 000 Mark. Für sie war das das Normalste der Welt. Sie saß da in ihrem Pelzmantel und sagte: *Zeigen Sie mal, was haben Sie denn Neues?* Und, zack, Ring für 200 000, Scheck, und hat es gekauft. Und er so: *Uhh. Damit kann man sich ein ganzes Dorf in Afrika kaufen. Was machst du denn da?* Und dann fingen die Diskussionen an und irgendwann drifteten sie auseinander, sehr wahrscheinlich auch wegen der Kinder. Ich merke das selbst mit meiner Frau, was die Ankunft eines Kindes für ein Paar bedeutet, und wenn die Frau sich auch noch entscheidet zu stillen, ist sie fast 24 Stunden belegt, außer in den paar Momenten, wenn die Kleine schläft. Und wenn nicht zwei Menschen bewusst diese Entscheidung getroffen haben: Jetzt machen wir Kinder, weil es toll ist, abends nach Hause zu kommen und sie sitzen auf dem Schoß und geben einem einen Kuss, und diese Gefühle, dieses Herz, das aufgeht, wenn man nicht findet, dass es sich lohnt, dauernd Windeln zu wechseln, nachts schlecht zu schlafen und solche Sachen, dann kann das ein Paar auch schnell auseinanderbringen. Vor allem den Mann forttreiben, denn wenn er nicht sehr reif ist und nicht in sich ruht, fühlt er sich leicht als das fünfte Rad am Wagen in diesen Zeiten. Die Frau ist nicht mehr so für ihn da, wie er das bisher kannte. Hey, Schatz, lass uns doch ins Kino gehen. Das geht nicht mehr, denn die Kleine muss an die Brust, die Windel muss gewechselt werden, der Kleine muss gebadet werden, oh nee. Ich weiß nicht. Und diese Frau, die sich permanent solche Ringe kauft oder zu einer Auktion geht und ein Picasso-Gemälde für 500 000 Mark kauft ... Natürlich ist das in die Brüche gegangen. Auf der anderen Seite habe ich das Gefühl, er wollte den Jetset nicht verlieren. Wenn Sie einmal da drin sind, ist das wie ein Lottogewinn. Sie sprechen von großen Business-Sachen, darüber, was Invernizzi demnächst in der neuen Halle bei Brescia oder bei Verona investiert. Die Umsätze steigen.

Coco hatte ihn in das Marketing geschoben und er kam jeden Morgen im Jaguar mit Chauffeur in die Firma. In der Freizeit gingen sie oft nach Monte Carlo, typisch Jetset, und sie hatten ein Boot gekauft, weil er wahrscheinlich gesagt hat: *Hey, ich bin Neapolitaner, ich liebe das Meer,* also haben sie ein Boot gekauft namens Zarifa. Das gibt es übrigens heute noch. Es hatte vier Masten und fünfzehn Matrosen an Bord, alles Schweden, blond, sie hatten kurz geschnittene Haare mit einer Falte hier. Der Kapitän brauchte nur einmal zu pfeifen und

Kapitel 2

sie wussten, was zu tun war, die Segel setzen und so weiter. Das Boot stand im Hafen von Monte Carlo, und aus irgendwelchen Gründen müssen diese reichen Leute anfangen zu spielen, weil Monte Carlo die besten Spielcasinos hat, und mein Vater natürlich, in schwarzer Hose, weißer Smoking-Jacke, ging in die Casinos und spielte. Dort lief er Elizabeth Taylor über den Weg und sie hatten tatsächlich eine dreiwöchige Romanze. Er hat mir Fotos von ihr gezeigt, von diesem Moment, wo sie diese leidenschaftlichen drei Wochen hatten. Wer weiß, was sie danach vorhatte? Sie ist wieder weggeflogen, und das war quasi der erste große Seitensprung meines Vaters, von dem Coco aber nichts mitbekam.

Ein anderes Mal hatte er die Prinzessin von Brunei aufgegabelt und sie ist direkt von der Spielbank aus mit ihm auf sein Schiff gekommen. Er hat erzählt, er hätte sie getragen wie im Film und sie sind zu den Porquerolles, den Inseln westlich von Saint-Tropez, rausgefahren, hatten dort ein paar leidenschaftliche Nächte, und als sie zurückkamen, gab es diese Szene mit dem Hubschrauber. Sie war natürlich auch verheiratet, vielleicht war das eine typische Liaison in den 50er-, 60er-Jahren, dass man sich so ausgetauscht hat. Ich meine, es gibt Paare, die das ganz offiziell machen, in diesen Swingerclubs zum Beispiel. Ich weiß nicht, ob das Mode war, sich hinter den Kulissen zu betrügen. Mein Vater beschrieb das als relativ normale Sache. Patriarchat. Male chauvinism. Der Mann sollte der Dominante sein und konnte sich das ein bisschen erlauben, aber es war eben auch eine Gesellschaft im Wandel, Richtung 70er-Jahre, wo die Frau irgendwann angefangen hat zu sagen: *Hallo, nicht mit mir,* und dann kamen die Scheidungsgesetze. Der König von Brunei schickte jedenfalls seine Leute zum Hafen und die haben mit Maschinengewehren auf das Schiff Zarifa geschossen, aus Wut, aus Eifersucht kam diese Szene zustande, und dann sind sie mit dem Schiff in Monte Carlo angedockt und da stand der König und es gab ein Riesentheater, mit Fotos in allen Zeitungen, und Coco Invernizzi hat alles aus der Presse erfahren. Wie gesagt, es war Anfang der 60er-Jahre und es gab noch

Kapitel 2

keine Scheidungsgesetze, also hat sie ihn einfach vor die Tür gesetzt, hat gesagt: *Okay, offensichtlich hast du keinen Bock mehr auf mich, du kannst mich mal,* hatte aber die Klasse, Eleganz oder weibliches großes Herz und die Bereitschaft zu einem Gentlemen-Agreement, weiß ich nicht, ihm Maschinen für die Esswaren-Industrieproduktion zu schenken, also große Silos mit so einem Arm zum Mischen, von einer Firma, die pleite gegangen und aufgekauft worden war. Diese Maschinen hatten einen gewissen Wert, und da fängt das vierte Leben meines Vaters an.

Nun wurde es hart. Wir sind am Anfang der 60er-Jahre, mein Vater ist Mitte dreißig, ohne Geld, aber mit diesen Maschinen, muss ich sagen, ist er richtig gut gewesen. Er hat eine Halle bei Bergamo gemietet, die Maschinen hineingesetzt, einen Kredit aufgenommen und ein Unternehmen gegründet, das noch heute in Italien existiert. Das war Mister Chef, mit einem Chefkoch als Logo, und er hatte als Erster in Italien die Idee, Kräuter in kleinen Glasflaschen mit Deckel zu verkaufen. Das hatte er auf einer Reise in die USA gesehen und sich gedacht, das könnte auch in Italien gut laufen. Also zum Beispiel 100 Gramm Rosmarin, Thymian, Oregano. Bisher gab es die nur in Kilogrammsäcken. Er verkaufte diese Flaschen an Lebensmittelgeschäfte und das lief sehr gut, und als Nächstes kam er auf die Idee, fertige Risottos in Packungen zu produzieren und zu verkaufen, und auch damit war er der Erste in Italien. Das ging durch die Decke mit den Risottos. Das berühmte Mister Chef Risotto. Man schnitt bloß die Tüte auf, Inhalt ins kochende Wasser, und zwanzig Minuten später war das Reisgericht fertig. Er hatte dann schnell fünfundzwanzig Angestellte und fing an, die Firma auf Messen zu präsentieren, auf Haushaltsmessen überall in Norditalien, und auf einer dieser Messen lernte er meine Mutter kennen. Sie arbeitete als Messehostess und vertrat einen anderen Stand, was weiß ich, sie hat gelächelt und Karten verteilt, etwas in der Art. Sie verliebte sich Hals über Kopf in meinen Vater. Sie war noch keine 24, er weit über 30. Ein faszinierender, gut aussehender Mann und erfolgreich. Sie blieben sieben Jahre zusammen, und da ist aus meiner Sicht Folgendes passiert: Was mein Vater psychologisch mit Coco erlebt hatte, also dieses *Ich komme nicht so richtig in den Jetset, werde da doch nicht so akzeptiert*, ist meiner Mutter mit ihm passiert. Meine Mutter kam aus sehr bescheidenen Verhältnissen. Ihre Mama, meine Oma, hieß Concetta, la Nonna Concetta, und sie stammte aus Apulien. Ihr Nachname, Soldani, kommt von den Türken, von Sultan, und über die Jahre im Dialekt ist es zu Soldani geworden. Sie hatte einen kleinen Schnurrbart, und Apulien war auch tatsächlich mal von den Türken erobert worden, mehrere Jahrzehnte immer wieder hintereinander, und mein Opa, also der Vater meiner Mutter, stammte aus einer Kleinstadt namens Moglia. Bei ihnen gab es zum Beispiel Orecchiette mit Knoblauch und Tomaten, und mein Großvater war verwöhnt und wollte Tortellini mit Bolognese-Sauce. Da gab es Mord und Totschlag! *Diese Scheiße aus Süditalien mag ich nicht, viel zu viel Knoblauch*, und meine Oma war ganz enttäuscht: *Aber ist doch lecker! – Nein, ich will Tortellini, Tortellini! Mit der Hand gemacht!* Und dann musste die Frau da ... Also wenn man es kann, schafft man es in zehn Minuten, aber ich bräuchte zwei Tage! Ich habe das mal gesehen, die richtig guten Köche machen bambam, ein bisschen Mehl, Eier rein, Wasser, Hefe, und dann ab in den Kühlschrank. Für sie ist das ein Klacks. Sie machen diese Bewegungen mit den Händen und innerhalb von zehn Minuten haben sie, weiß ich nicht, hundert Tortellini, aber das muss man können! Also meine Großeltern lebten außerhalb von Mailand in einer sehr bescheidenen Wohnung. Sie kamen sehr arm aus

dem Krieg und flohen aus Mailand, dorthin, wo der Opa, Augusto Costa, gelebt hatte. Das war bei Moglia. Sie hatten das Gefühl, dass die Familie da sicherer sei, und dort wurde meine Mutter geboren. Sie erinnert sich noch an die Bombeneinschläge im Krieg und an das ferne Grollen der Flugbomber. Mein Opa musste selbst in den Krieg und war zwei Jahre verschwunden. In der Zwischenzeit war die zweite Tochter geboren worden, meine Tante Valeria, und später, nach dem Krieg, kam Massimo, das dritte Kind. Sie haben erzählt, wie sie mit fünfzig Pfennig in der Tasche nach Mailand zurückkamen. Sie hatten nichts und haben vor dem Dom unter Kartons geschlafen. Irgendwann fanden sie hinter einem Kino eine kleine Wohnung. Die war so groß wie ein kleiner Flur, und Massimo schlief in einer Schublade und die anderen auf der Erde, aber der Opa bekam dann einen Job im Kino. Er hatte gefragt, ob er etwas machen könnte, und verdiente langsam ein bisschen Geld, sodass sie sich eine richtige Wohnung mieten konnten, etwas außerhalb von Mailand und immer noch sehr bescheiden. Aus diesen Verhältnissen stammt meine Mutter. Sie konnte kein Abitur machen und ging schon früh arbeiten. Sie wollte das auch so, war so ein bisschen auf Rock 'n' Roll und auf Selbstständigkeit, sie wollte sich emanzipieren und hat entschieden: *Nein, ich gehe lieber arbeiten,* und hat in der Firma Burletti in Mailand am Laufband gearbeitet und Stoffe an großen Maschinen gewaschen, und immerhin hat sie da genug verdient, dass sie mit neunzehn schon ihr eigenes Auto hatte. Ich glaube, sie kam damals ziemlich taff rüber. Sie war selbstständig, indem sie eigenes Geld hatte, und sie lehnte auch die Kirche ab, und das, wo Italien sehr konservativ war. Das hat meinem Vater sicher imponiert, als er sie auf der Messe kennenlernte.

Er hat sich in sie verliebt, und sie waren sieben Jahre zusammen. Diese Jahre beschreibt meine Mutter wie einen Traum. Flüge nach hier und nach da. Die Firma Mister Chef lief gut, sie konnten sich ein schönes Haus bei Bergamo kaufen. Auf einmal kommt ein Angebot von der Firma McCormick. Das war ein Zweig von Unilever und die grasten ganz Europa ab, um Firmen aufzukaufen. Nach dem Krieg

Kapitel 2

waren kleine Firmen wie die Pilze emporgeschossen, und die großen Konzerne haben versucht, so viele Marktanteile wie möglich für sich zu gewinnen. So kamen die Firmenvertreter mit Koffern voll Geld und unterbreiteten Angebote. Eben auch meinem Vater. *Herr Sepe, hier, wir kaufen Ihre Firma.* Er hat lange überlegt, und sagte erst einmal: *Nee danke, aber ich komme auf Sie zurück.* Sie haben eine Visitenkarte mit einer Telefonnummer hinterlassen, die mein Vater glücklicherweise aufbewahrt hatte. Denn schon bald passiert das nächste große Ding …

KAPITEL 3

Die Idee des Safariparks

Auf einem Flug nach New York lernte mein Vater Charles Stein kennen. Es war Anfang, Mitte der 60er-Jahre gewesen, ein paar Jahre vor meiner Geburt. Die Flugzeuge hatten noch keine platzsparenden Sitzreihen, sondern waren wie Brasserien eingerichtet. So beschrieb es mein Vater. In Clubsesseln saß man um runde Tischchen herum. Ich habe keine Ahnung, was sie bei Turbulenzen gemacht haben. Mein Vater war unterwegs von Mailand nach New York und saß Charles Stein gegenüber. Ein amerikanischer Jude, ursprünglich wohl ein deutscher Jude, der es geschafft hatte, zusammen mit seinem Opa aus dem Konzentrationslager Auschwitz zu fliehen. Fragen Sie mich nicht, wie er das angestellt hat! Sie sollen versteckt im Rumpf eines Frachters über Hamburg nach New York gelangt sein, wo sie gemeinsam ein kleines Geschäft für Uhrenreparaturen aufmachten. Von dieser Klitsche aus hat Charles Stein ein Imperium aufgebaut. Als mein Vater ihn kennenlernte, war sein Unternehmen Hardwicke Companies bereits an der Wall Street gelistet. Es war damals üblich, dass man einen Namen von einem britischen Earl kaufte und ihn zum Gesicht der Firma machte, um sich einen gediegenen Touch zu verleihen. Und um damit die konservativen Republikaner zu überzeugen, ihr Geld zu investieren. Charles Stein war also nach England geflogen, hatte sich mit Earl Hardwicke geeinigt und ihn überzeugt, Vorstand beziehungsweise Aufsichtsrat der Gesellschaft zu werden. So entstand eine Gesellschaft, die kurz darauf zahlreiche Unternehmen umfasste, vor allem Ketten von Hotels und Restaurants und Diätzentren, dazu zig Duty-free-Supermärkte entlang der Grenze

Kapitel 3

zu Mexiko, Golfclubs und so weiter. Das Unternehmen expandierte in atemberaubendem Tempo, sodass das Geschäftsvolumen in wenigen Jahren praktisch von null auf 400 Millionen Dollar geschossen war. Ein Wahnsinnserfolg an der Börse. Sie hatten Büros neben dem World Trade Center. Im Grunde fast unglaublich, dass mein Vater ausgerechnet mit diesem Geschäftsmann im Flieger saß! Stein muss zu der Zeit etwa in der Mitte seines Erfolgs gewesen sein. Er hatte schon Büros in New York, Häuser in England und Florida.

Die beiden kamen ins Gespräch, mein Vater sprach sicher von Afrika – das tat er gern –, und Stein erzählte, wie er auf der Suche nach einem passenden Earl beim Duke of Bedford in Bedfordshire zu Gast gewesen war. Dieser Duke lebte mit seiner Frau auf dem Adelssitz Woburn Abbey, einem riesigen Schloss mit weitläufigen Parkanlagen. An sich wohl traumhaft, wenn nur seiner Frau nicht so langweilig gewesen wäre. Ihr Mann hatte versucht, sie mit dem Kauf von teuren Kunstwerken aufzuheitern, aber sie wünschte sich Tiere im Garten. Keine Pfauen oder Rehe, sondern etwas Exotisches. So engagierte der Duke of Bedford Jimmy Chipperfield und seine Tochter Mary. Die beiden stammten aus einer englischen Zirkusfamilie und waren so ziemlich die Ersten, die sich auf das Fangen von Wildtieren in Afrika spezialisiert hatten. Die bat der Duke um Hilfe, so nach dem Motto: *Meine Frau verlässt mich, wenn wir nicht besondere Tiere für sie besorgen!* Und als Charles Stein auf Woburn Abbey übernachtete, öffnete er am Morgen die Fenster des Gästezimmers und zwei neugierige Giraffen steckten ihre Köpfe rein. Er muss gedacht haben, er träumt.

Jedenfalls schlug Charles Stein meinem Vater dort im Flugzeug vor: „*Sag mal, du warst doch lange in Afrika und kennst dich da aus. Bist du nicht in der Lage, mit mir so einen Safaripark aufzumachen? Ich habe da eine Idee. Ich habe gesehen, man kann diese Tiere, wenn man sie gut aufstallt, auch in die nördliche Hemisphäre bringen. Es gibt keine Genehmigungsprobleme, keine Quarantäne, nichts. Man kann sie einfach fangen, und wir bauen eine Straße und lassen Besucher durch, was meinst du?*

Kapitel 3

Mein Vater hält das für eine geniale Idee. Darauf muss man erst einmal kommen: Ich baue einen Safaripark jenseits von Afrika und versuche, damit Geld zu verdienen. Mein Vater sagt so etwas wie *Das ist ja faszinierend, wow,* und als sie in New York landen, lädt Stein meinen Vater zum Essen in eins seiner Restaurants ein. Er besitzt in New York das „Tavern on the Green" und „Maxwell's Plum". Als mein Vater wieder zurück in Mailand ist, ruft er die Leute von MacCormick an, die ihm vorher das Angebot gemacht hatten, sein Lebensmittelunternehmen zu kaufen, und verkauft Mister Chef. So begeistert ist er von der Idee des Safariparks. Ich weiß nicht, vielleicht hat die Erfahrung in Afrika bei ihm – Bing! – die Birne angeschaltet. Charles Stein hatte ihm auch angeboten: *Wenn du Geld hast, kannst du es gern in die Hardwicke investieren, dann wärst du auch Gesellschafter!,* und das ließ er sich wohl nicht zweimal sagen und wurde so Teil des CEO-Boards. Stein war der Kopf des Unternehmens, Haupt-CEO und Owner, und die Sparten der Tochtergesellschaften wurden von vielen anderen CEOs geleitet. Mit meinem Vater zusammen gründete er „Wild Animal Kingdom / Königreich der wilden Tiere". Diese Gesellschaft sollte überall auf der Welt Safariparks bauen.

Mein Vater muss total abgegangen sein. Die Socken fliegen von den Füßen, also volle Begeisterung! Boardmeetings in Wolkenkratzern mit Blick auf die Freiheitsstatue und das Meer, Zigarren, Privatjets. Er riecht wieder Jetset-Luft. Ich glaube, das war ihm als Narbe in der Seele geblieben, es zehn Jahre zuvor geschafft und dann alles verloren zu haben. Aber er hatte immer darum gekämpft, wieder in den Jetset zu kommen, das hat ihm so viel bedeutet. Auch hier noch. Er hat zum Beispiel lange versucht, sich ein Boot zu kaufen, auch um zu sagen: *Das ist mein Boot, schauen Sie mal!* Da war eine Narbe geblieben und das war schade, dass er so sehr der Vergangenheit verhaftet war. Nie Reset und Neustart. Bewusst hatte er es schon geschafft, aber seelisch nicht. Da war immer die Sehnsucht geblieben, wieder mit Giovanni Agnielli an einem Tisch zu sitzen. Ob das so toll war, weiß ich nicht. Agnelli soll ziemlich viel Kokain genommen und Orgien

Kapitel 3

veranstaltet haben. Diese Leute leben in Scheinwelten. Ich halte das für sehr oberflächlich.

In der Zwischenzeit war in der Familie die größte Tragödie passiert. Ich vermute, dass meine Mutter meinem Vater ein bisschen langweilig geworden war. So wie er neben Coco Invernizzi den Sprung in die großen Kreise nicht geschafft hat, so war sie wahrscheinlich zu unkultiviert und unvorbereitet, um nun auf die Höhe meines Vaters zu kommen. Und man darf nicht vergessen, mein Vater war ein Macho durch und durch. Aufgewachsen in den 30er-Jahren in Neapel. Er hatte die Vorstellung, er dürfte sich gegenüber Frauen alles erlauben. *Male chauvinism.* So: *Ich darf das. Ich hab da diesen Lümmel hängen, der muss ja irgendwo hinein, wenn ich Bock habe, dann mach ich es.* Das so als Hintergrundmentalität und Glauben. Das hat er vielleicht nicht bewusst so gedacht. Das kam von der Erziehung in Italien, dann der Boom nach dem Krieg, die glamourösen Jahre, jeder vögelt mit jedem. Man hat die kleine niedliche Frau zu Hause und die vulkanische Geliebte im Hotelbett. Ich denke, das machte man halt. Das war gang und gäbe. Man sieht es in italienischen Filmen aus dieser Zeit. Etwa in *Serafino* mit Adriano Celentano. Darin ist er zwar verheiratet, aber betrügt seine Frau bei jeder Gelegenheit. Das war sehr feige und verletzend und enttäuschend und hatte natürlich desaströse Konsequenzen für die Frauen, die mit den Kindern zu Hause waren und sich um das Essen und alles andere kümmerten. Wenn sie es herausfanden, waren sie am Boden zerstört, aber haben es hingenommen. So war das damals, Tragödien überall, und mein Vater fährt mit meiner Mutter nach Elba, im sechsten Jahr ihres Zusammenseins, und lernt bei einem Abendessen mit Freunden die berühmte Lia Jardini kennen, Ehefrau des Modeunternehmers Dante Trussardi. Sie verliebt sich Hals über Kopf in ihn. Es waren damals in Italien nicht nur die Männer, die Seitensprünge anfingen, nein, hin und wieder hat sich auch die Frau gesagt, der Mann zu Hause ist langweilig, und hat angefangen, unter dem Tisch zu füßeln. Mein Vater war gleich elektrisiert, denn Lia Jardini war eine faszinierende, sexuell starke Frau, während meine Mutter dagegen mehr so die naive Blonde war. Sie war sehr hübsch, sah ein bisschen aus wie Charlize Theron, aber vielleicht nicht so kulturell, und die andere war dunkelhaarig und ernster. Sexy und selbstbewusst, hat sie meinen Vater einfach sehr fasziniert. Nach diesem Abendessen fingen sie an, sich regelmäßig zu treffen. In den ersten zwei Jahren der Affäre hatte meine Mutter nichts davon mitbekommen. Ich weiß nicht, wie das gehen soll, aber  irgendwie hat mein Vater es geschafft, das Ganze zu verheimlichen. Vielleicht gab es kleine Signale und meine Mutter wollte sie nicht sehen, denn ich glaube, Frauen bemerken Seitensprünge ziemlich schnell. Sie spüren es auch im Bett, wenn etwas nicht stimmt. Der Mann riecht vielleicht auch ein bisschen anders. Ich glaube, die Frau ist da weiter entwickelt als der Mann, und hat ihre Instinkte, aber meine Mutter anscheinend nicht.

Es kam, dass meine Mutter mit mir schwanger wurde, und im Januar 1970 wurde ich als Siebenmonatskind geboren. Mein Vater rast zum Krankenhaus, sieht mich im Brutkasten und stürzt sofort wieder aus dem Krankenhaus raus. Voller Panik. Er als Mann von 1926! Der bei Mussolinis Schwarzhemden gewesen war. Aufgewachsen mit einer strengen Mentalität. Patriarchalisch, mit dieser ganzen neapolitanischen Macho-Mentalität im Kopf. Also: *Ich mit meinem dicken Pimmel und solchen Eiern, ich mach so ein Baby? Das muss an der Frau liegen!* Mein Vater hat gleich die Schuld auf meine Mutter und ihre Abstammung geschoben. Nonna Concetta mit dem Schnurrbart und den türkischen Vorfahren! An ihr musste es liegen, dass sein

Kapitel 3

Sohn jetzt ein Krüppel war, denn als Siebenmonatskind siehst du ja aus wie eine nackte Ratte. Als ganz mager hat man mich beschrieben, ich habe davon leider keine Fotos gesehen, aber wohl so wie eine Spinne hieß es, mit ganz dünnen Beinen. Ich war ja noch nicht so ganz fertig und habe anderthalb Monate im Brutkasten gelegen. Das war für meine Mutter ein Horrorszenario, weil jede Mutter möchte natürlich gleich ihr Baby in die Arme nehmen – das ist ja einer der schönsten Momente –, und das konnte sie nicht haben, weil ich sofort in den Kasten musste. Sonst wäre ich an Immunschwäche gestorben, und so konnte sie mich nicht stillen, sie konnte überhaupt nichts mit mir machen. Ein Desaster für sie, und ausgerechnet jetzt flippt mein Vater komplett aus und verbringt noch mehr Zeit mit der anderen Frau. Er hatte vor, sich recht bald von meiner Mutter zu trennen. Die andere war sowieso faszinierender, geiler, mehr sexy. Nur war die andere Frau auch verheiratet und hatte zwei Töchter, Sonia und Veronica Trussardi. Ihr Mann, Dante Trussardi, war der Gründer der berühmten Modemarke mit diesem Windhund im Logo. Auch er hatte mit Leder angefangen. Erst mit Lederhandschuhen, dann Ledertaschen. Die Trussardi-Handtaschen waren in Italien heißbegehrt. Jede Frau in Bergamo oder Mailand kannte Trussardi. Jetzt gerade wurde das Unternehmen für zwei Milliarden an einen Chinesen verkauft, aber der Trussardi-Erbe ist immer noch Geschäftsführer.

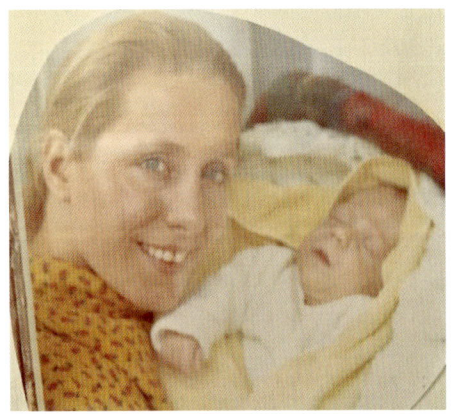

Die Sache war aber die, dass ich Ende Februar aus dem Brutkasten und nach Hause kam, und nach einem Jahr bekam ich blonde Locken und Pausbacken und lief dann doch mit meinem kleinen Pimmelchen ganz munter durch die Gegend. Mein Vater hatte bis dahin geglaubt, ich sei geistig behindert, aber als er sah, wie ich mich entwickelte, stark wurde und Babyspeck ansetzte und lustig durch die Gegend hüpfte und mit ihm kuscheln wollte, fing er an, sich in mich zu verlieben als Vater. Das ist eine normale, biologische Reaktion, wie bei einem Gorilla, dafür muss man nicht unbedingt Mensch sein. Jedenfalls geht mein Vater zu seiner Affäre, zu Lia Trussardi, und sagt so etwas wie: *Liebe Lia, es war toll, aber weißt du was: Es wird doch was mit meiner Familie, ich will nicht mehr diese Seitensprünge hier, ich kehre zurück zu Carla und Fabrizio.* In dem Moment dreht Lia komplett durch. *Ich liebe dich, und wenn du mich verlässt, gehe ich zu meinem Mann und sage, dass wir eine Beziehung haben!* Und mein Vater sagt: *Ich lass mich nicht erpressen, du kannst mich mal, tschüss!* Er geht. Am nächsten Morgen erzählt Lia beim Frühstück mit den zwei Mädchen und ihrem Mann, dass sie eine Beziehung hat. Dass sie verliebt ist und dass sie wegwill. Der Trussardi hatte gerade seine Firma gegründet. Sie lief am Anfang noch nicht so gut und warf finanziell nicht viel ab, zumal Dantes Vater leider spielsüchtig war. Er hatte heimlich nachts in den Casinos im Tessin gespielt und fast das ganze Vermögen der Familie durchgebracht. Das bedeutet, als Lia diese Botschaft verkündete, muss das für Dante der Tropfen gewesen sein, der das Fass zum Überlaufen brachte, und in der nächsten Nacht schoss er sich mit seinem Jagdgewehr in den Mund. Die beiden kleinen Mädchen suchten morgens ihren Vater und als sie ihn fanden, rutschte noch langsam das Gehirn von der Wand herunter. Die haben drei Jahre nicht mehr gesprochen, so geschockt waren die Mädchen. Diese große Katastrophe brachte meinen Vater dazu, meiner Mutter die jahrelange Affäre zu beichten. Er fühlte sich schuldig an dem, was passiert war. Seinetwegen hatten zwei kleine Mädchen jetzt den Vater verloren. Also sah er sich verantwortlich für Lia und ihre Töchter, was erst einmal ehrenhaft ist. Meine Mutter totally devastated, komplett zerstört, weil ihr Lebenstraum gerade vor ihren Augen zerplatzte. Sie hatte sich ein Leben mit Kind, tollem Mann und Geld gewünscht, und jetzt stand auch das Abenteuer mit dem Safaripark bevor. Sie hätten durch die Welt fliegen können. Das war für sie wie „Drei

Engel für Charlie" gewesen und mit einem Schlag war alles kaputt, als er ihr sagte, er müsse sich jetzt um die kleine Familie Trussardi kümmern. Es muss furchtbar gewesen sein. Für alle. Eine Tragödie. Lia konnte zum Beispiel nicht mehr durch Bergamo laufen. Sie wurde bespuckt, nachdem herauskam, wieso Dante  sich erschossen hatte. Solche Sachen kommen leider schnell heraus, eine Putzfrau, keine Ahnung. Lia wurde jedenfalls mental gelyncht mit diesem Spucken. Sie konnte die Wohnung nicht mehr verlassen. Überall hieß es: *Du Schlampe, was hast du gemacht?* Das war der tiefste Punkt der Familie.

Zu der Zeit war mein Vater schon Gesellschafter von der Hardwicke geworden. Er war dabei, den *Parc Safari Africain* in Kanada aufzubauen, der 1972 eröffnet wurde. 1969 hatte *Great Adventures* im Staat New Jersey zwischen Philadelphia und Newark eröffnet und gleich im ersten Jahr waren fünf Millionen Besucher gekommen. Die Idee war, einen Safaripark zu bauen, wo die Tiere mehr Platz hatten als in einem Zoo, und ihn so zu planen, dass er sich selbst trägt, also ohne finanzielle Hilfen der Stadt. Daher das Konzept, gleich einen Freizeitpark zu integrieren. Jeder der Parks hatte diese Kombination aus Safaripark und Freizeitpark. Dass die Besucher also nach der Runde durch die Tierwelt noch bleiben wollten. Den Wagen auf dem Parkplatz abstellen und dann zu Fuß durch den Freizeitpark. Nach New Jersey und Kanada war ein dritter Park für Deutschland geplant. Die Suche nach geeignetem Land gestaltete sich jedoch schwierig. Von Anfang an war Hodenhagen im Gespräch, aber die Verhandlungen mit dem Bauern zogen sich hin. Ein Landwirt bei

Kapitel 3

München bot sein Land an und einer in der Nähe von Berlin, aber auch da kam man nicht so recht weiter, sodass zunächst der dritte Park in England entstand. Das war der West Midland Safaripark bei Birmingham. Den hatte auch mein Vater gebaut. Zu der Zeit hielt er sich hauptsächlich in England auf, während meine Mutter und ich in Bergamo waren, wie übrigens auch Lia, und mein Vater pendelte zwischen Kanada, New Jersey und England. Einmal erreichte ihn mitten in der Nacht die Meldung, dass sieben Tiger durch Montreal streiften. Er flog sofort hinüber, um zu sehen, ob sie die Tiger wieder eingefangen hatten und wie sie überhaupt hatten ausbrechen können, und er organisierte eine Pressekonferenz. Man kann sich vorstellen, wie stressig sein Leben zu der Zeit war. Die vielen Meetings in den Wolkenkratzern, Privatjets, Zigarren. Vier Packungen Zigaretten am Tag. Das Business explodierte und das war an sich super, nur parallel herrschte das private Chaos. Lia und die Töchter, meine Mutter und ich. Dann endlich kam das Okay von dem Bauern aus Hodenhagen, aber er wollte nicht verkaufen, sondern setzte einen rechtlichen Vertrag mit 99-jährigem Erbpachtrecht mit Index durch, was bedeutete, dass der Erbpachtzins sich entsprechend der allgemeinen Preissteigerungsrate regelmäßig erhöhen würde. 1972 fing man mit dem Bau in Deutschland an und mein Vater überzeugte Lia, mit ihren Töchtern nach Hodenhagen zu kommen. Um sie bei sich zu haben und sie gleichzeitig von der Hexenjagd in Bergamo zu erlösen. Blieb noch das Problem mit meiner Mutter. Also bot er auch ihr an, mit mir nach Hodenhagen zu kommen. *Hör mal, ich habe mein ganzes Geld in die Hardwicke-Gesellschaft gesteckt. Es ist diese Geschichte mit dem Selbstmord passiert. Was soll ich denn machen? Ich reise schon durch die halbe Welt, ich kann nicht auch noch ständig zwischen Hodenhagen und Bergamo pendeln. Komm du auch nach Deutschland. In eine andere Wohnung mit dem Kind, und wir sehen uns ab und zu.* Er hatte gedacht, er könnte so eine Art Harem für seine zwei Frauen bauen. Meine Mutter hat ihm den Vogel gezeigt. Sie würde garantiert nicht zusammen mit dieser Hure leben. Aber das Kind könne er haben. Schließlich hätte er es in die Welt gezaubert, da

Kapitel 3

könne er es jetzt auch großziehen. So stelle ich es mir vor. Dass sie das aus der Wut heraus so entschieden hat. Vielleicht auch mit Blick auf meine Zukunft und Karriereaussichten. Und so kam ich mit den zwei kleinen Koffern nach Deutschland.

KAPITEL 4

Ein fremdes Kind in Hodenhagen

Meine Mutter machte auf dem Absatz kehrt. Weg war sie. Wie hätte sie auch mit meinem Vater und dieser anderen Frau in der Nähe leben können? Natürlich war sie außer sich über Vaters Vorschlag gewesen. Nur für mich war das ein Vietnam der Gefühle, und ein Vietnam der Ereignisse und der Emotionen. Die meiste Zeit meines Lebens hatte ich in Vaters Ferienhaus auf Elba verbracht. Er hatte dieses Haus ein paar Jahre vor meiner Geburt von einem neapolitanischen Schauspieler gekauft. Es war ein Traumhaus, mitten in einem Naturschutzgebiet. Typisch Italien. Wahrscheinlich hatte man da gar nicht bauen dürfen. Damals lief jedoch viel über Bestechung. Das Haus war rustikal. Sehr einfach. Aber von einer Stelle aus hatte man jeden Abend einen Sonnenuntergang wie in Afrika vor sich. Diese große rote Sonne. Man konnte weit über das Meer und zur Insel Capraia schauen. Es gab einen Pfad hinunter zum Strand. Die einzige Gefahr waren Vipern, diese Schlangen. Die waren recht gefährlich, aber ich wurde nie gebissen. Mein Vater hatte mir das vernünftig erklärt. *Wenn du eine siehst, dann entweder Stein drauf oder hau ab!* Es war schon wild dort, ursprünglich. Überall diese tollen toskanischen mediterranen Pinien mit den großen Schirmen, und bei der Ankunft war man jedes Mal überwältigt vom Geruch des Meeres. Dort bin ich übrigens gezeugt worden, in diesem Ferienhaus auf Elba, und ich verbrachte fast meine gesamten ersten drei Jahre auf der Insel. Wir haben Elba erst verlassen, wenn im Herbst die Bettlaken klamm wurden. Dann sind wir zurück nach Bergamo. Aber sobald der Frühling kam, sind wir wieder auf unsere Insel, wo ich mit

Kapitel 4

den kleinen Katzen spielte und fast die ganze Zeit nackt am Strand La Biodola rumlief.

Das war nun alles vorbei. Ich bezog mein Kinderzimmer im Keller des Hauses Rosenweg 8. In den Zimmern nebenan schliefen die beiden Mädchen, die gerade ihren Vater verloren hatten. Wenn Sie gut überlegen: Wessen Schuld war dieser Tod? Die Schuld meines Vaters. Und ich war der Sohn meines Vaters. Also stellen Sie sich vor, wie diese Mädchen mich gesehen haben. Sie haben zwar versucht, nett zu sein und über die Jahre geschwisterlich zu werden, aber es war eine Katastrophe. Konflikte, Streit, oder ich wurde von ihnen komplett ignoriert. Ich war dreieinhalb, aber sie kamen bereits in die Pubertät und wollten tanzen gehen. Sie hatten Pickel und ihre ersten Freunde und diese ganzen Probleme, während ich mit meinen Stofftieren spielte. Die hatten überhaupt keinen Bock auf mich. Das habe ich natürlich erst später gemerkt. Als kleiner Junge nahm ich das so hin. Es war nicht schön, diese Mauern und diese Kälte, aber ich lebte damit.

Mein Vater und Lia wohnten in der Mitte des Hauses, wir Kinder unten im Keller. Es war schön ausgebaut, aber dennoch feucht. Das wäre an sich nicht so schlimm gewesen. Das eigentliche Desaster war der Balanceakt zwischen den emotionalen, hyperkomplexen Situationen.

Mein Vater war voller Schuldgefühle diesen drei Menschen gegenüber. Lia, Sonia, Veronica. Alle drei weiblich. Das hätte ihm eine Lehre sein müssen. Schau, was passiert, wenn du nicht lernst, das Weibliche zu lieben, zu achten und wertzuschätzen! Gelernt hat er daraus nichts, glaube ich. Seine Mentalität hat er nicht geändert. Leider. Es war so etwas wie sein Schicksal, mit drei seelisch zerstörten Frauen in Deutschland gelandet zu sein, und er war daran schuld. Trotzdem ist er zeitlebens Patriarch geblieben. Er hat sich immer durchgesetzt und seine Ziele durchgebracht. Dann wieder war er auch *signorile*, wie ein Gentleman. Er hat die beiden Mädchen offiziell adoptiert und Lia sehr gut behandelt, immer Geschenke und schöne Urlaube, und hat sie wie eine First Lady hochgehalten. Er hat auch meine Mutter fair ausgezahlt nach der Scheidung und Unterhalt überwiesen. Gleichzeitig blieb er der Macho. Es war so eine Mischung. Zum Beispiel ließ er nicht mit sich diskutieren, wo es in den Urlaub hinging. Das entschied er. Bumm, dahin und fertig! *Es ist schön da, glaubt mir!*

Auch im Safaripark hat er alle Entscheidungen getroffen. Manchmal hat er uns nach unserer Meinung gefragt, aber am Ende trotzdem entschieden, wie er es wollte. Seelisch war das für mich als Kind ein Desaster. Ich habe mich unendlich einsam gefühlt, weil meine Stiefschwestern mich ablehnten. Ich spürte die Schuldgefühle bei meinem Vater und bekam sie in Form von strenger Erziehung weitergegeben. Und genauso spürte ich die Schuldgefühle von Lia, die ja nie gedacht hätte, dass sich ihr Ehemann erschießen würde. Ihre Vorstellung war gewesen: Ich mache reinen Tisch, ziehe mit meinen Töchtern aus und fange ein neues Leben an mit Paolo, mit meinem Vater. Wie hätte sie ahnen können, dass es so kam? Ihr Ruf war zerstört dort in Bergamo, wo sie aufgewachsen war. Alle Freunde hatten sich von ihr abgewandt. Die Töchter waren traumatisiert. Dazu das Wissen, dass sich mein Vater eigentlich von ihr lossagen wollte. Natürlich

Kapitel 4

war Lia in diesen ersten Jahren in Hodenhagen seelisch megaschlecht drauf. Mein Vater war mit den ganzen Aufgaben des Parks überlastet. Er saß in den Flugzeugen und war damit beschäftigt, Parks für Charles Stein zu eröffnen. Für mich hatte niemand Zeit. Um mich kümmerte sich ein Kindermädchen, deren Unterarme sehr stark nach Zwiebeln rochen. Um mich bei Laune zu halten und vermutlich auch aus schlechtem Gewissen heraus überschütteten mich Lia und mein Vater mit Spielzeug. Ich hatte eine komplette Armee aus kleinen Soldaten und damals gab es diese Action-Figuren namens Big Jim. Sie konnten per Knopfdruck den Arm bewegen. Es gab Winnetou, Captain Hook, Double Trouble. Insgesamt fünfzehn verschiede Typen und ich hatte sie alle. Ich habe diese Figuren abgöttisch geliebt und mir mit ihnen ganze Welten aufgebaut. Ich weiß noch, wie Lia eines Abends in mein Kinderzimmer kam und vollkommen baff war, als sie sah, was ich gebaut hatte. Eine kleine Armee, und alle diese Big Jims rutschten mit ihren geschlossenen Fäusten an Seilen hinunter, die ich kreuz und quer durchs Zimmer gespannt hatte.

Die ersten fünf Jahre in Deutschland waren schwierig. Das Land unterscheidet sich schon sehr von Italien. Es hat eine gewisse Schwere. Die Leute sind verschlossener und von der Persönlichkeit her anders. Das Wetter ist schlechter. Das Essen anders, die Gerüche. Das spielt alles ein bisschen eine Rolle, und ich kam von Bergamo, von der Insel Elba, vom Meer und dem Strand. Doch, diese Entwurzelung spürte ich schon, wenigstens in den ersten fünf Jahren. Aber ich musste mich zusammenreißen. Der Mann, wenigstens der Italiener, wurde streng erzogen. Es hieß, vielleicht musst du in den Krieg, also weine nicht, wenn da eine tote Katze liegt, komm jetzt her, da gibt's nichts mehr zu weinen.

KAPITEL 5

Die Parks

Diese ganze Familiendramatik verknüpfte sich mit dem Aufbau der Parks. Charles Stein war der CEO und Inhaber der Holding oder des Hedgefonds, wie man heute sagen würde. Das Unternehmen war an der Wall Street gelistet. Unter ihm waren die ganzen anderen CEOs und diese CEOs waren Chefs für die Tochtergesellschaften und eine dieser Tochtergesellschaften war das Unternehmen „Wild Animal Kingdom", das weltweit Safariparks bauen wollte. Die beiden ersten Parks in Kanada und in New Jersey waren sehr erfolgreich. Daher wollte Stein unbedingt mehr dieser Parks bauen. Mein Vater wurde Chef für diese Tochtergesellschaft und legte los. Nach Montreal und Philadelphia wie gesagt in England, weiter ging es mit Hodenhagen, danach eröffnete der Park in Bekse Berge in Holland in der Nähe von Arnheim und schließlich einer in Yokohama, Japan. Und da waren die wildesten Erzählungen von diesem Vater, der meist allein, aber auch oft mit Lia einfach abhob und losflog zu diesen ganzen Baustellen und Verhandlungen mit Behörden.

So ein Parkaufbau ist komplex, eine Geschichte für sich. Es fängt an mit der Suche nach Land. Also stieß Charles Stein einen Reißnagel in die Landkarte. *So, da möchte ich es hinhaben, in Kanada*, und dann musste man nach Land suchen und Marktstudien machen. Demografie, Pro-Kopf-Einkommen, Verkehrsnetz, Zuganbindung. Wie sieht es mit Konkurrenz aus? Wie viele andere Zoos, andere Parks? Wie weit ist die nächste Großstadt entfernt? Das muss man alles bedenken. Man kann so visionär sein und sagen, ich baue mitten in Sibirien einen Park mit Eisbären, weil es da passend kalt ist, aber

Kapitel 5

wenn keine Besucher kommen, brauchen Sie eine große Erbschaft, sonst halten Sie so einen Park nicht am Leben. Also flog mein Vater nach Kanada und verhandelte mit den Behörden. Ist so ein Park überhaupt erwünscht und interessant für den Fremdenverkehr? Zum Glück war man gleich begeistert. *Wir wussten nicht, dass solche Tiere in der nördlichen Hemisphäre auch frei leben können, das ist interessant, und warum nicht?* Damit war schon mal die erste Hürde genommen. Dann ging es an die Landsuche. Man hat Broker darauf angesetzt, Bauern ausfindig zu machen, die größere Landflächen in der Nähe von Großstädten hatten. Für Kanada hatte man die Gegenden rund um Vancouver, Ottawa, Toronto und Montreal ins Visier genommen, und schließlich fiel die Wahl auf Montreal. Das waren natürlich langwierige Prozesse. Die Studie dauerte mindestens ein Jahr, und mehrmals flog mein Vater mit den Ergebnissen der Studie zu Charles Stein nach New York oder London. Zu dem Zeitpunkt war sein Hauptsitz schon in Hodenhagen, weil meinem Vater klar war, dass Stein weltweit Safariparks bauen wollte, und Deutschland lag strategisch günstig in der Mitte zwischen Asien und USA, und vom Flughafen Frankfurt aus konnte man die ganze Welt ansteuern. Von Hannover wiederum war man in einer halben Stunde Flugzeit in Frankfurt.

Während also der Park in Montreal noch in der Bauphase war, wurden schon die Tiere bestellt und angezahlt. Man sah zu, dass sie im Frühjahr ankamen, denn natürlich konnten die Tiere nicht mitten im Winter in Montreal mit fünf Meter Schnee und minus 18 Grad ankommen. Die ersten Parks hatten noch keinerlei Erfahrungen, wie man die Tiere am besten in die Gehege entließ. Man hatte bis dahin Ställe und Häuser mit Glasfronten oder Gittern und daran kleine Außengehege. Wenn dem Tier kalt war, kam es wieder rein. Die hatten Boden- oder Lüfterheizungen. Beim Safarikonzept ist das anders. Das Tier kommt an und geht zunächst wie im Zoo in den Stall, aber dann werden irgendwann die Pforten aufgemacht und das Tier hat hundert Mal mehr Quadratmeter als in einem Zoo. So ein Gnu oder Impala kommt die ersten fünf Meter zaghaft heraus, weil es das alles nicht kennt, aber dann sprintet es los und denkt, es ist wieder frei, weil es zunächst keine Zäune sieht. Die sind weit weg und meist so gebaut, dass sie in der Vegetation, also in den Wäldern versteckt liegen. Das heißt, die ersten Tiere, die rauskamen, galoppierten freudig drauflos und krachten in die Zäune. Es gab Bein- und Genickbrüche. Und stellen Sie sich vor, als sie die ersten Autos gesehen haben! Wie erschrocken sie waren. Das waren schließlich Wildfänge aus Afrika, und sie kannten keine Autos. Natürlich waren das zunächst noch keine Besucher, sondern Mitarbeiter, die vorsichtig die Reaktionen der Tiere austesteten. Dennoch bedeutete es Stress für die Tiere, und von fünfzig Impalas waren zum Beispiel nach kurzer Zeit nur noch fünfzehn am Leben. Die Ursprünge der Safariparks waren katastrophal.

Also baute man Ställe mit Vorgehegen und gab den neuen Wildtieren drei, vier Wochen Zeit, in denen sie nur zwischen Stall und dem kleinen Gehege pendelten, um sich langsam an vorbeifahrende Autos, Busse und Radlader zu gewöhnen. Um die Zäune machte man dann Flatterband, damit die Tiere sie von Weitem erkannten. Das hat geholfen.

Kapitel 5

Ein großes Problem war der erste Winter. Die Ställe sind relativ einfach gebaut, mit einem Blechdach. Darauf legte sich der Schnee. So weit noch kein Problem. Aber wenn der Schnee dann schmolz, rutschte er runter und machte Geräusche. Auch bei Sturm krachten manchmal Äste aufs Dach. Das alles versetzte die Tiere in Panik. Sie sprangen wild im Stall herum und brachen sich etwa an der Decke das Genick. Daraus lernte man, dass im Stall nie absolute Stille herrschen darf. Man stellte Kassettenrekorder auf und sorgte für eine gleichmäßige Geräuschkulisse, etwa mit Insektenbrummen und ab und zu dem Geräusch von brechenden Ästen. Das konnte vorher niemand wissen. Ich erzähle das gern, weil die Besucher natürlich keine Ahnung haben, was die Tiere früher durchmachen mussten, bis man Erfahrungen gesammelt hatte und dann endlich die Washingtoner Artenschutzgesetze kamen und die IUCN (International Union for Conservation of Nature), die Weltnaturschutzorganisation, die unter anderem die Rote Liste gefährdeter Tierarten erstellt. Alle Tiergärten der Welt und alle Nationen fügen dort heutzutage ihre Daten ein und so hat man den Überblick über die weltweiten Tierbestände. Die IUCN gibt jede Woche Auskunft über den Grad der Gefährdung der Arten. Sie kennen sicher die Aufkleber an den Zoogehegen. Aber wie gesagt, damals machte man gerade die ersten Erfahrungen. Vor allem für die Tiere bedeutete das viel Leid, bis man so weit war, dass ein Gast mit dem Auto oder dem Bus die Nashörner oder Giraffen in der Landschaft erleben konnte, ohne extra nach Afrika fliegen zu müssen. Und es ist ein unglaubliches Erlebnis, bis heute, wenn sich so eine Giraffe mit ihrem Riesenkopf herunterbeugt, mit den großen Augen und den langen Wimpern, und zu Ihnen ins Auto hineinschaut.

Aber zurück zum Parkaufbau. Es ging um viel Geld. 20 Millionen Dollar, 30 Millionen, 50 Millionen. Ein Park muss vorfinanziert werden. Das bedeutete, dass man das Land vom Bauern kaufte und Ausschreibungen an Firmen losschickte. Es waren oft komplizierte

Verhandlungen, zu denen Vertreter von der Hardwicke-Gesellschaft einflogen. Sie können sich vorstellen, was mein Vater da um die Ohren hatte. Hodenhagen, Hannover, Frankfurt, Montreal, ab in die Verhandlungen mit dem Bauern und dann zwei, drei Tage später wieder zurück nach Hodenhagen.

Weiter ging es mit der Planung von Straßen. Man brauchte architektonische Zeichnungen und Modelle von den Parks. Wie sollten die Straßen verlaufen? Wo die Tiere untergebracht werden? In welchen Gehegen? Wie groß? Wohin sollten die Zäune? Wohin das Restaurant? Die Parkplätze? Wie viele Toiletten? Es gibt interessante Studien, dass man Parks am besten so baut, dass der Hauptanziehungspunkt in der Mitte liegt, und der Hauptanziehungspunkt ist das Restaurant. Darauf müssen alle Wege zulaufen und es sollte ein bisschen erhöht sein, damit man es schon von Weitem sieht. Inwieweit das zu realisieren ist, muss man vor Ort sehen. Außerdem sollten die Straßen möglichst breit sein, in der Hoffnung, dass der Park viele Besucher anlockt.

Wenn Stein alles abgesegnet hatte und die Genehmigungen eingeholt waren, fing man an mit dem Straßenbau: pflastern, teeren, plattieren. Danach die Zäune. Bei den Raubtieren vier Meter fünfzig mit 45-Grad-Winkel an der obersten Stelle, damit die Raubkatze nicht darüberklettern kann. Insgesamt brauchen Sie mindestens fünfzig bis sechzig Kilometer Zäune. Gebäude, Stallungen. Da die Elefantenanlage, dort die Raubtieranlagen. Und da bauen wir den niedrigeren Stall, weil die Löwen und Tiger nicht wie Affen fünf Meter Höhe brauchen. Dann geht es an die Sicherheitsvorkehrungen. Also wie funktionieren die Schieber für die Tierpfleger? Alle Schlösser an den Schiebern der Raubkatzengehege müssen gleich sein, damit nur ein Schlüssel alles öffnet.

Sonst würde der Tierpfleger im Notfall lange suchen müssen. Man muss an Sicherheitsschilder, Ausgangsschilder, Notausgangsschilder, Feuerlöscher denken.

Dann geht es zu den Restaurants, Toiletten, der Kanalisation. Das ist eine enorme Baustelle. Bis zur Eröffnung dauert es drei, vier Jahre. Parallel müssen Sie die Tiere besorgen. Elefanten. Raubkatzen. Affen. Damals gab es die Washingtoner Artenschutzgesetze noch nicht. Man flog nach Afrika und fing sich, was man haben wollte, ohne Impfungen, ohne Quarantäne, einfach so. Die Idee war vollkommen neu, afrikanische Wildtiere in die nördliche Hemisphäre zu bringen, also gab es keine Gesetze, keine Zollvorschriften, man brauchte keine Genehmigungen. Oft bestellte man sich jemanden mit einem kleinen Lkw und fing die Tiere, die man mitzunehmen wünschte. Antilopen trieb man mithilfe schwarzer Planen, die mehrere Männer hochhielten. So konnte man sie in eine Ecke gegen diese Planen treiben, und an deren Ende waren Kisten, in die die Tiere reinliefen. Bei anderen Tieren war das etwas komplizierter. Nashörner mussten zum Beispiel mit Kränen in die Kisten geschoben werden. Das war eine schwirige und gefährliche Arbeit. Für die Firma Hardwicke hat das seinerzeit

Kapitel 5

Jimmy Chipperfield mit seiner Tochter Mary gemacht. Das waren damals die berühmtesten und erfahrensten Wildtierfänger, und ein bisschen kann ich mich noch an die beiden erinnern. In den ersten Jahren, als ich so vier oder fünf war, kamen sie häufiger her. Jimmy war so eine Art John Wayne im Film „Hatari". Tiefe Falten durch die vielen Stunden in der Sonne, grobe Hände mit Knorpeln. Die beiden waren reichlich damit beschäftigt, für alle möglichen Zoos und Parks Tiere zu besorgen.

Jimmy Chipperfield hat zum Beispiel die Giraffenjagd in seiner Biografie „My wild life" detailliert beschrieben. Er schreibt, dass es das Gefährlichste ist, einen Elefanten zu fangen. Das Fangen einer Giraffe war für ihn dagegen die berauschendste Form des Tierfangs, wie er sag-te. Vor allem wegen der enormen Schnelligkeit, in der es passiert. Wir sprechen jetzt von den späten 60er-, Anfang der 70er-Jahre. Zu Beginn ist die Giraffe wohl recht gelassen, weil sie nicht ahnt, dass so ein Auto schneller ist als sie. Sie hat ja noch keinerlei Erfahrungen mit Fahrzeugen. Irgendwann merkt sie dann, das Auto ist immer noch da, und erhöht die Geschwindigkeit. Noch ist sie cool dabei. Aber wenn sie dann sieht, dass du immer noch hinter ihr bist, kommt die Panik und sie sprintet los. Wenn dieser Spurt länger als ein paar Sekunden dauert, wird sie sterben, schreibt Jimmy. Das ist etwas, was man lange nicht wusste, denn sie stirbt nicht während der Jagd, sondern innerhalb der nächsten Monate, weil sich ihr Herz überanstrengt hat. Sie wird es auch nicht überleben, wenn sie lange in eine Kiste gesperrt wird. Sie bringt sich dann selbst um oder stirbt innerhalb der nächsten Wochen am Stress. Von all diesen Komplikationen hatte man erst keine Ahnung. Viele Wildtiere, die man von Tierfängern gekauft hatte, waren kurze Zeit später in den Zoos eben wegen dieser rigorosen Behandlung während der Jagd verstorben. Deswegen musste so eine Giraffenjagd kurz und effizient sein. Jimmy sagt in der Biografie: *Wenn wir das Tier nicht innerhalb von zwei Minuten gefangen hatten, ließen wir sie ziehen.* Er war oft gefragt worden, warum er nicht einfach Pfeile mit Betäubungsmittel benutzte, aber damals war es schwer, die richtige Dosis zu bestimmen. Es fehlte an Erfahrung, wie viel diese Tiere vertrugen, und so hatten bereits mehrere Zoos aufgrund von falscher Berechnung der Dosierung einen Großteil ihrer Giraffen verloren.

Es gab einen Versuch, auch in Spanien einen Park zu öffnen, aber das Vorhaben scheiterte. Yokohama wurde nach sechs Monaten geschlossen, weil die Japaner die Safariparkstrecke als Rennbahn nutzten und dabei Tiere verletzten. Leute versuchten zum Beispiel, durch die Beine der Giraffen durchzufahren, und es kam zu schlimmen Verletzungen, Beinbrüchen, und Tiere starben. Also nahm man die Tiere wieder raus und verwandelte das Areal in einen Wasserpark mit Rutschen. Komischerweise ging die Safari-Idee in Japan kulturell nicht auf. Es war kein großer finanzieller Verlust, weil der Wasserpark gut anlief und die Tiere in anderen Parks unterkommen konnten.

In dieser ganzen Zeit habe ich meinen Vater kaum gesehen. Der war nur unterwegs, und der Stress brachte ihn fast um. Nach einer Verhandlung in Berlin fiel er zu Boden, verlor das Bewusstsein und lief bläulich an. Ein Rettungswagen brachte ihn ins Krankenhaus. Es stellte sich heraus, dass er kurz vorm Herzinfarkt gestanden hatte. Zum Glück war er schnell genug eingeliefert worden und die Ärzte hatten ihm sofort helfen können. Als er nach Hause kam, hörte er gleich mit dem Rauchen auf. Leider aß er dann dafür mehr und wurde ziemlich rund, was auch nicht gerade gesund war.

Insbesondere die Planung für Hodenhagen gestaltete sich schwieriger als ursprünglich gedacht. Die Genehmigungen verzögerten sich und es regte sich Widerstand in der Bevölkerung. Stellen Sie sich vor, hier in Norddeutschland mit den wilden Tieren! Keiner wollte Löwen in der Nachbarschaft haben. *Was ist, wenn die ausbrechen? Wenn die meine Schafe oder meine Kinder fressen?*

Der Serengeti-Park eröffnete 1974. Wir brauchten fünfundfünfzig Kilometer Zäune, über zwölf Kilometer Straßen und ein wunderschönes Areal, das Tierreservat mit einhundertfünfundsechzig Hektar, topografisch interessant, mit Wald und leichten Hügellandschaften. Ich spreche aus eigener Leidenschaft natürlich, aber das Gebiet ist wirklich zum Verlieben. Wir haben mindestens zweihundertvierzig Hektar Wälder um den Park herum und im Park sind mehr als vier Millionen Bäume und Pflanzen, die wir allesamt kartiert und vermessen haben. Der Park war sofort ein Riesenerfolg. Im ersten Jahr hatten wir eine halbe Million Besucher. Da waren Schlangen auf der Autobahn bis nach Hannover! Aber was war das für ein langer und bitterer Kampf gewesen!

KAPITEL 6

Die Tradition des Essens

Im Rosenweg versammelten wir uns abends im Esszimmer, sofern mein Vater und Lia zu Hause waren, und natürlich habe ich daran auch sehr schöne Erinnerungen. Mein Vater erzählte am Tisch oft witzige oder aufregende Geschichten. *Die Löwen sind heute durchgedreht. Bei den Giraffen ist heute etwas Verrücktes passiert. Stellt euch vor, was die Affen angerichtet haben!* So etwas zum Beispiel. Oder er gab Geschichten zum Besten aus seiner Zeit in Afrika.

Wovon er oft erzählt hat, waren diese Essen. Also die üppigen Essen am Sonntag, die er in den 30er-Jahren, in den 50er-Jahren zunächst in Neapel, dann in Mailand erlebt hat. Die Mailänder sind mehr von den Österreichern beeinflusst, da sind die Mahlzeiten etwas anders, aber unten in Neapel, wie er es beschrieben hat, gab es Menüs mit mindestens zwölf, dreizehn Gängen. Es ging los mit Antipasti, diesen Cherrytomaten mit Basilikum, Olivenöl, den großen Büffelmozzarella, die sind ja fast so groß wie ein kleiner Handball dort unten. Es wird erzählt, dass Scipione il Africano die Büffel aus Afrika über die Alpen brachte, zusammen mit Elefanten und allem Möglichen. Er wollte die Büffel in Rom ansiedeln, aber sie sind alle gestorben, sie haben da nicht genug sumpfigen Boden gefunden. In Neapel war die Ansiedlung möglich, dort leben die Büffel aus Afrika bis heute und deshalb haben sie da eben den Büffelmozzarella, la Mozzarella di bufala. Dieser Mozzarella di treccia di bufala, das ist ein riesiger Langmozzarella, der aussieht wie ein geflochtener Zopf, treccia, und dann gab es typisch für Neapel, solche kleinen Tintenfische, Kraken, Polipetti affogati salsa pomodoro zu essen. Das war nur die

Vorspeise, außerdem il fritti, die frittierten Sachen, arancini di riso, frittierte Mozzarella, Mozzarella carozze, so kleine runde Mozzarella-Häppchen in Paniermehl gerollt und frittiert, und dann die frittierten Zucchiniblüten und Oliven, und die hat man einfach nebenbei beim Reden gegessen. Es ging los um Viertel vor eins und endete abends um sechs oder sieben. Man hat die ganze Zeit gegessen. Mein Vater sagte, es war einfach unglaublich, denn nach diesen ganzen Antipasti kamen die Platten mit gegrilltem, gekochtem Fisch a la corpazze, und dann riesige gegrillte Doraden, und danach die Pasta-Gerichte und Spaghetti e Frutti di Mare, und dann Risottos. Es gibt ein Restaurant in Neapel, die haben eine Pizza mit innen Spaghetti erfunden. Sie machen einen Pizzateig, den klappen sie auf, hinein kommt Pasta, die nicht ganz durchgekocht ist, also sehr al dente, schon mit Sauce, mit Polpette oder Salsicce, und dann wird die Pizza geschlossen, in den Ofen gestellt, und in den letzten fünf, sechs Minuten kochen die Spaghetti im Holzofen. Neapel ist eine Gegend, in der man wirklich das Essen zelebriert, wie auch in der Emilia-Romagna, der Toskana, den Abruzzen, in Apulien, und mein Vater hat diese Kultur einfach getankt. Er war immer recht korpulent, mit einem Riesenbauch. Er beschreibt diese fast kilometerlangen Tische, Familie, Freunde, und nur essen, essen, reden und reden und essen.

Wovon er noch oft erzählt hat, ist seine Verbundenheit mit dem Meer. Er war fast eins mit dem Meer. Mein Vater hat Tintenfische aus den Felsen geholt und aufs Boot gebracht, er hat sie geschlagen und roh in Stücken gegessen. Er hatte oft Lust auf Spaghetti mit Seeigel. Al Ricco di Mare. Das ist immer im September, dann bekommen die Igelweibchen ihre Eier. Das ist ein brauner, ganz feiner Brei. Bei den Seeigeln sind die schwarzen die Männchen, die braunen die Weibchen, und dann ist er mit so einer Art Käschertüte getaucht und kam mit zwanzig solchen Seeigeln hoch und hat sie umgedreht und mit seinem Tauchermesser auf der Bauchseite geöffnet. Wir Kinder mussten aus den Seeigeln die ganzen Eier essen. Noch mehr Mittelmeer geht nicht. Man hat fast den Stachel vom Seeigel in der Zunge.

Kapitel 6

In jenen Jahren gab es noch nicht diese Panik wegen Tierquälerei. Das Meer war voll mit Tieren. Man ist getaucht und hat sie gegessen. Das war derb, so ursprünglich, und toll, und er kannte sich wirklich aus. Mein Vater war ein Marinetyp, und er konnte auch wirklich gut große Boote im Hafen rangieren. Das muss man gelernt haben, sonst haut man alles kaputt, und der Wind pfeift von da und von dort. Diese Verbundenheit mit dem Meer und den ganzen Elementen! Er kannte die Sterne ganz genau, Nordstern, Oststerne, die Sternbilder, die Windrichtungen – das ist ein Libeccio, das ist ein Scirocco, die ganzen Winde kannte er und wusste, woher sie kamen, Libeccio aus Libyen, Scirocco aus dem Süden.

Mein Vater wog einhundertsechzig Kilo. Er liebte das Essen, und dann kam immer schnell der Moment, wo er essen wollte und Ruhe zu herrschen hatte. Es kam also diese Stille, weil er sich vollstopfte mit seinen Nudeln mit Sauce, und es war beeindruckend, ihm dabei zuzuschauen. Oft ist er mehrmals in die Küche gegangen, um sich noch einen Teller vollzuschaufeln. Er hatte einen Bauch wie der heilige Nikolaus. Essen war für ihn immer ein besonderer Genuss. Damit brachte er Neapel nach Hodenhagen, mit diesen ganzen Rezepten. Manchmal kam er völlig begeistert nach Hause. *Heute habe ich Cime di Rapa auf dem Markt entdeckt!* Das Drama war bloß, dass er auch da Patriarch war. Ich mochte manche Sachen nicht. Zum Beispiel Erbsen. Ich konnte Erbsen nicht ausstehen. Dieser eklige Geschmack, vor allem, wenn sie aus der Dose kamen! Und als ich am Tisch sagte: *Ich mag die nicht,* hieß es: *Okay, ab jetzt gibt es für dich zwei Wochen lang Erbsen!* Die Tischerziehung war hart. Ich musste mit Büchern unter den Achseln essen, damit ich mich nicht mit den Ellenbogen aufstützte. Und wenn sie herunterfielen, bekam ich eine Ohrfeige. Dazu hatte ich noch ein Buch auf dem Kopf. Jeden Abend! Drei Jahre lang! Heute könnte ich am Hof von King Charles zu Abend essen, ohne mich zu blamieren. Aber es war anstrengend. Ich erinnere mich, dass ich manchmal Essensreste mit dem Daumen

Kapitel 6

auf die Gabel schob. Das ging natürlich gar nicht. Also haben sie mir Kronkorken von Bier oder Cola, die mit den kleinen Zacken, auf den Handrücken gesetzt, und wenn der runterfiel, wurde er wieder aufgesetzt und draufgehauen, bis ich blutete. Meine Erziehung war am Rand der Kindertelefonseelsorge, oder wie heißt das, wo Kinder mit Sorgen anrufen können? Wenn ich gewusst hätte, dass es so etwas gibt … Aber so wurde ich erzogen, mit diesen Kronkorken. Man sieht noch die Narben an meinen Händen. Das war die Erziehung bei uns zu Hause. Es war streng, aber es war auch schön. Es pendelte. Ein Wechselbad eben.

Mein Vater mit seiner Leidenschaft für Boote hatte sich ein kleines Segelboot gekauft, vielleicht acht Meter lang, mit einem Anhänger, und einmal in den Ferien wollte er mit uns damit auf die Nordsee. Wir steigen also alle Mann ins Auto. Die ganze Familie, ab auf die A7. Und dann kommen wir am Meer an. Mein Vater vollkommen aufgeregt. Schreit: *Weg da, weg!* Wir also alle an die Seite, und er lässt den Anhänger ins Wasser, kurbelt das Boot raus. Einsteigen, wir

Kapitel 6

fahren los! Segel hoch! Und kaum sind wir an Bord, stellt er fest, dass das Ruder fehlt! Es war auf der Autobahn weggeflogen, weil wir es nicht richtig festgebunden hatten. Also alle so deprimiert: *Oh nein, unser Boot! Was machen wir jetzt?* Mein Vater geht durch alle Geschäfte, um ein passendes Ruder zu finden, aber das ist ziemlich aussichtslos. Wir gucken traurig auf das Meer und auf einmal schließt es sich vor unseren Augen, alles ist plötzlich voll mit Quallen. Diese dicken weißen Quallen, und wir hätten sowieso nicht mehr mit dem Boot fahren können. Also kurbelten wir es wieder hoch, bei dieser Nordseekälte, die sich für einen Italiener noch kälter anfühlt, und fuhren völlig deprimiert wieder nach Hause. Mein Vater packte dann einen riesigen Truthahn in den Ofen. Wie schon gesagt, Essen war ihm immer ein Trost, und so stopfte er sich mit seinem Truthahn voll wie Obelix.

Sonntags hatten wir manchmal ein großes Essen im Park, abends an der Promenade, am Victoriasee. Dort wurde ein langer Tisch aufgestellt für die Familie und Besuch. Giuseppe di Stefano, der Opernsänger, war der beste Freund meines Vaters und er besuchte uns häufig. Er brachte seine Frau mit, und gleichzeitig kam Tante Marina aus Bozen, mein Cousin Giovanni, und auf einmal waren wir zwanzig Leute am Tisch. Einmal im Monat kam meine Mutter. Jeder riss sich zusammen, jeder wusste: Okay, sie bleibt nur ein paar Tage. Die italienische Gesellschaft ist sehr komplex und hat ihre eigenen Regeln. Damals musste jeder Mann seiner Frau einen Pelzmantel kaufen und sich selbst eine Rolex. Ich weiß nicht, wie viele Rolex allein in Italien verkauft wurden. Statussymbole gehörten schon immer zur Kultur Italiens. Ich hoffe, das wird weniger. Aber Mode und Luxus gehören nun einmal zu Italien. Das gönnt man sich, auch wenn man eigentlich kein Geld dafür hat.

Andere Highlights waren, wenn wir Nonna Maria, die Mutter meines Vaters, in Neapel besuchten. Sie war auch sehr streng, aber hatte auch zärtliche Momente. Der Opa, Nonno Giovanni, war früh

Kapitel 6

an Krebs gestorben, den habe ich nicht mehr kennengelernt, aber an Nonna Maria kann ich mich gut erinnern. Sie war sehr dick – bestimmt wog sie hundert Kilogramm – und lief komisch und sie hatte einen winzigen Hund, etwas wie ein Chihuahua, der furchtbar aus dem Maul stank. Das endete in einer Tragödie, weil sie sich eines Tages auf den Hund setzte, ohne es zu merken. Da kam dann der Anruf aus Neapel. *Oma Maria hat den Hund umgebracht, oh Gott!*

Ein paar Mal sind wir von Hodenhagen aus zu ihr runtergeflogen. Sie holte uns mit dem Auto vom Flughafen ab, und das war ein bisschen abenteuerlich. Wir hatten jedes Mal Angst, weil sie nicht mehr die Jüngste war und der Straßenverkehr rund um Neapel, nun ja … Die Ampeln werden nicht respektiert, und überall diese kleinen Vespas. Es ist chaotisch, ein bisschen wie in Nordafrika, aber das waren auch herzliche, wunderschöne Momente mit großartigem Essen. So gegen zwölf Uhr dreißig hieß es von Oma Maria: *Heute gibt es Penne mit Thunfischsoße,* und ich jubelte. *Yeah!* Sie ist mit der Schürze in die Küche gegangen, aber sie hatte auch eine Haushaltshilfe. Das war in dem Haus in Posillipo, das sie schon vor dem Krieg besessen hatten. Es lag erhöht am Hang, und man konnte vom Fenster aus das Meer sehen. Ich habe mich da immer sehr wohl gefühlt, weil ich diese Verbundenheit mit dem Meer hatte. Es hat mich an Elba erinnert, und gleichzeitig war auch Neapel beeindruckend. Diese Bucht, der Vesuv und diese Gerüche, und dann sind wir oft mit so einem Gozo-Boot nach Procida gefahren. Wir haben die kleinen Buchten besucht und uns ein Picknick mitgenommen. Es war toll. Man braucht keine große Jacht zu haben, um glücklich zu sein. Eine Jacht ist zwar auch schön, aber das Glück ist genauso in einem Gozo mit einem Mortadella-Brötchen, und dann springst du ins Meer und alles ist perfekt.

In Neapel habe ich jedes Mal so etwas wie meine eigenen Wurzeln gespürt. Da fingen die Chromosomen an zu wackeln. Eine solche Spontaneität erlebt man im Norden nicht. Dieses neapolitanische Sein. Das kennt man auch in Mailand nicht. Mailand ist zwar Italien, aber ein bisschen österreichischer, ein bisschen geordneter. Dagegen ist in Neapel viel deliquenza, also Diebstahl, und es ist ein bisschen gefährlicher, aber die Stadt ist auf ihre Art bombastisch. Viele sagen, was wäre Italien ohne Neapel? Das wäre ein schrecklich langweiliges Land, vielleicht.

Nonna Maria besuchte uns auch manchmal in Hodenhagen. Die typischen Szenen mit ihr waren grandios. Sie saß da mit ihren hundert Kilo im Sessel und kommandierte alle herum. *Hier, ich brauche Wasser mit Zitrone, ich habe zu schwer gegessen!* Also mussten wir um sie herumspringen und heranschleppen, was sie wollte. An einem Tag brachte mein Vater einen Korb voll Austern mit vom Fischmarkt in Walsrode, und Oma aß sechsundachtzig Austern. Sie allein! Mit Olivenöl und Zitrone. Am Abend hatte sie Durchfall und wir Kinder mussten ihr Eimer in das Zimmer bringen. Sie konnte nicht mehr aufstehen. Sie saß da, *ahh,* und wir Kinder trugen diese Eimer voll Durchfall aus dem Zimmer und kippten sie in die Toilette. Es war ein Albtraum!

KAPITEL 7

Parkgeschichten

Es gibt tausend Geschichten aus dem Park …

Ich habe die Szene erlebt, als vier Nashörner ausbrachen. Da war ich fünf. Der Tierpfleger hatte den Stall nicht richtig zugemacht und die Nashörner konnten mit dem Horn den Schieber öffnen und spazierten einfach raus. Sie schlenderten durch Hodenhagen, bis eine Bäuerin sie entdeckte und sie kurzentschlossen mit Futter anlockte, wie sie das auch mit ihren Kühen tat. Supercool sperrte sie sie in die Boxen der Kühe und rief im Park an.

Ich erinnere mich an einen Tiger, der zu den Löwen eingebrochen war, und die ganzen Löwen waren auf den Tiger gesprungen, klammerten sich an ihm fest und ließen nicht mehr von ihm ab. Man musste den Tiger leider erschießen. Das war 1977.

Im Jahr darauf ist ein Braunbär aus seinem Gehege ausgebrochen und ohne es zu merken bei den Tigern gelandet. Bis dann gleich sechs Tiger auf ihn losjagten. Er rettete sich, indem er an einer der hohen Fichten bis in den Wipfel hochkletterte. Das werde ich nie vergessen, wie die ganze Fichte schwankte. Natürlich auch wegen dem Wind, aber vor allem durch das Gewicht des Bären. Der hat sich mit ganzer Kraft festgekrallt, zumal unten inzwischen alle zwölf, dreizehn Tiger rund um den Baum Position bezogen hatten. So ein Bär hat lange Krallen und kann sich auf jeden Fall gut verteidigen, und sein Fell ist sehr dick. Bis so ein Tiger also einen Bären zerfetzt hat, das dauert ein bisschen. Aber das ganze Rudel zusammen hätte es leicht geschafft. Und die Tiger umringten den Baum und die ersten fingen auch schon an zu klettern. Mein Vater und ich waren gerade im Park unterwegs,

Kapitel 7

als die Durchsage durch den Hörfunk kam. Bär im Tigergehege! Wir fuhren schnell dahin, und einer der Tierpfleger kam darauf, mit der Ladefläche vom Pick-up permanent gegen den Baum zu fahren. Nach einiger Zeit verstand der Bär, dass wir ihm helfen wollten, dass es eine Einladung war, einzusteigen. Er kam runtergeklettert und sprang auf den Pick-up. Und dann stand er aufrecht und klammerte sich fest. Er sah aus wie ein Mensch. Der Pfleger ist schnell rausgefahren in Richtung Bärenanlage. Ich weiß noch, wie der Wind durch die Haare des Bären wehte. Anschließend ist er in seinem Gehege wieder rausgesprungen.

Oder die Geschichte mit dem Wohnmobil. Früher lebten die Paviane nicht wie heute auf der Insel, sondern liefen frei im Park herum. Sie sprangen auf die Autos der Besucher und turnten auf den Motorhauben und Dächern herum. Und dann kam dieses große Wohnmobil. Es war mitten im Sommer und sie hatten alle Luken offen. Es war heiß und sie hatten die Warnschilder wohl nicht gelesen.

Ich war zufällig in der Nähe und sah, wie eine ganze Gruppe Paviane, so fünf oder sechs Tiere, durch die Fenster hinten ins Wohnmobil sprangen. Ich griff gleich zum Funkgerät: *Hallo, hier ein Wohnmobil,*

wird gerade von Pavianen attackiert! Dann hab ich mich vors Wohnmobil gestellt, um es zu stoppen. Die Leute hatten keine Ahnung, was los war, und ich hab ihnen gesagt: *Nicht bewegen!* Sie saßen vorn in der Kabine und hinten aus den Fenstern kamen BHs, Unterhosen, Socken und andere von Pavianen angebissene Kleidungsstücke herausgeflogen.

Eine Schimpansin hat zum Beispiel immer in ihre Hand gekackt und die Besucher mit dem Kot beschmissen. Wir waren völlig ratlos, wie wir ihr das abgewöhnen sollten. Bis wir dann irgendwann viele Löcher in einen Baumstamm machten und mit einer Spritze Joghurt hineinfüllten. Wir gaben ihr einen langen Stab, mit dem sie angeln konnte und somit den ganzen Tag beschäftigt war. Dadurch hat sie die Scheißeschmeißerei aufgegeben. Sonst wäre das natürlich ein Desaster gewesen. Besucher riefen an. *Ich bin voll mit Scheiße, eins ihrer Tiere hat mich beschmissen. Meine weiße Sonntagshose!* Solche Sachen. Das ist jetzt lustig, aber damals waren das heftige Jahre, zumal auch das Klima zu Hause sehr erdrückend war.

Der Vater kam meist völlig erschöpft nach Hause, und das Letzte, was er brauchte, waren nervende Kinder um die Beine. Aber wir waren nun mal da und hatten Pubertätsprobleme, Pickel, erste Freunde, und ich mit meinen Kleinejungenproblemen. Dafür gab es keinen Platz. Die erste tiefere Begegnung mit meinem Vater war, als er mir mein zweites Auto schenkte. Da war ich neunzehn. Es war ein dunkelblauer BMW 318, und er machte die Autohaube auf und fing an, mir den Motor zu erklären. Das war für mich der erste Moment, als ich dachte: Guck mal, mein Vater kann mir tatsächlich im netten Ton etwas erklären. Es war der allererste Moment in meinem Leben, wo ich gemerkt habe, dass es auch eine schöne Seite des Vaters gibt. Wahrscheinlich hatte er einfach so eine Erziehung genossen, dass er davon ausging, bis achtzehn kannst du Kinder sowieso vergessen. Lass sie bei den Müttern, und wenn sie anfangen, ein bisschen vernünftiger zu werden, komme ich ins Spiel. Emotional war das fürchterlich. Die ganze Jugend fast ohne

Kapitel 7

Vater aufzuwachsen und ihn nur als strengen Bestrafer zu erleben. Bis ich dann neunzehn war. Auf einmal sah er mich als Menschen.

Vorher, weil auch die Situation im Unternehmen so angespannt war, gab es viele Schläge, Ohrfeigen, weil mein Vater und auch Lia zu Hause nicht mehr die Energie für Kindererziehung aufbringen konnten. Es fehlte die Zeit, die Geduld, einfach mal zu sagen: *Komm, ich hock mich zu dir, ich guck mal nicht nur von oben auf dich hinab, sondern ich erkläre dir Dinge.* Das war nicht möglich. Verständlich, aber nicht entschuldbar, weil es ihre Wahl gewesen war, Kinder zu machen. Drei Kinder im Haus zu haben erfordert viel Geduld und Einfühlungsvermögen und Respekt. Ab dem Moment, wo ein Kind geboren wird, hat es Rechte, und die darf man nicht vergessen. Aber okay, es war so und es war zum Teil hart, traurig, einsam und sehr schrecklich. Lia verlor auch immer häufiger die Geduld mit uns, weil sie einfach kaputt war. Und diese ganze Vergangenheit, diese ganzen Schuldgefühle, die blieben ja. Es war keine Familie, die zum Psychologen ging. Da gab es noch diese Angst vorm Psychologen, auch vor dem Preisgeben intimer Familienangelegenheiten, und völlige Ignoranz gegenüber dieser Welt der Psychologie, und außerdem hatte man den Krieg überstanden und die Verletzungen saßen tief und wurden nie verarbeitet, und von daher kam dann die Wut als versuchte Wiedergutmachung. Wut anstatt Liebe. Die Amygdala als unser Angstzentrum im Gehirn wählt mechanisch lieber Wut. Das ist zunächst das einfachste Mittel gegen Angst. Die Amygdala soll uns ja schützen, und man neigt dazu, anstatt etwas freundlich und vorsichtig zu machen, es gewalttätig zu tun. Es ist menschlich, eher auf die andere Seite zu gehen. Ja, auf einmal fing auch Lia an, uns Kinder zu schlagen. Es waren nur Ohrfeigen, aber die hatten es in sich. Auch Lia hatte einen faschistischen Vater, das war unser Nonno Giancarlo, der sie streng erzogen und versucht hatte, die Kinder mit Schlägen zu brechen. Das war leider die Erziehung früher. Heutzutage würde der Nachbar vermutlich die Polizei rufen, so hat sich das verändert. Zum Glück für die Kinder. Aber zu meiner Zeit war es so, dass der Vater die Kinder mit dem Gürtel schlug, das war seine Methode und das wurde über die Jahre schlimmer, weil er so viel Stress mit dem Park hatte. Arbeit zum Teil bis zehn Uhr abends und morgens um fünf schon wieder los. Klar hatte man da null Bock auf ein nörgelndes Kind oder auf eine Tochter, die im Gymnasium Walsrode gerade Mist baute. Das war das Letzte, was man brauchte. Und so wurde man auch behandelt.

Es gab viel Düsternis und Einsamkeit. In den Kindergarten ging ich nicht, weil ich kein Deutsch konnte, wir sprachen Italienisch zu Hause, aber irgendwann habe ich angefangen, mich mit Kindern auf der Straße anzufreunden, mit den Nachbarkindern, und da lernte ich relativ schnell Deutsch. Die Einschulung war auch nicht so  ganz einfach, weil als Italiener, nun, man hat schon gemerkt, dass ich Ausländer war. Es war 1976. Ich will nicht sagen, es war frisch nach dem Krieg, das war es nicht, aber doch frisch genug, dass man Vorbehalte gegen Italiener hatte. Italiener gleich Betrüger. Die haben uns im Krieg den Rücken zugedreht, erzählten die alten Männer ihren Enkeln, und so waren die Kinder auf mich böse. Eine Gruppe Jungs hat mir jeden Morgen aufgelauert und mich mit blöden Sprüchen und oft auch Geschubse empfangen. Im Winter haben sie meine Mütze mit Matsch gefüllt und mir auf den Kopf gesetzt. Oft kam ich heulend aus der Schule. Hodenhagen war Mitte der 70er-Jahre ein richtiges Dorf. Wir waren die einzigen Ausländer. Scheißitaliener, Spaghettifresser, Ketchup. Das ist nur eine kleine Auswahl von dem, wie sie mich genannt haben. Das war nicht gerade gut für mein Selbstwertgefühl und das wurde so schlimm, dass ich versucht habe, extra Aufmerksamkeit auf mich zu ziehen. Ich glaube, das ist eine natürliche Reaktion von Kindern. So hatte ich die Idee mit Benny. Nicht gerade meine beste Idee, wie sich im Nachhinein herausstellen sollte.

KAPITEL 8

Der Kinderzoo

Meine absoluten Lieblingstiere als Kind waren Elefanten, Schimpansen und die Leoparden, und ich bin mit einem hohen Gefühl von Respekt für das Tier aufgewachsen. Am Anfang vielleicht noch nicht so. Als kleines Kind grapscht man sich ein Tigerbaby und denkt sich nichts dabei, es grob zu knuddeln und durch die Gegend zu werfen. Aber wenn man häufig mit ihnen spielt, entsteht eine Art Symbiose. Man lernt: Okay, ich muss das Tier nicht ärgern, das ist genau so ein Wesen wie ich. Mit der Zeit wird man achtsamer und respektvoller. Als junger Mann habe ich es mal so beschrieben: Es ist unsere Aufgabe als Mensch, die Tiere so zu respektieren, dass wir ihnen ein Leben als Tier versichern können. So weit, wie es geht. Der Satz klingt einfach, aber da steckt eine Riesenkomplexität hinter, weil es bedeutet, die Tiere gründlich zu verstehen, fast wie ein Zoologe.

In der Schule sollte nicht nur die NS-Zeit aufgearbeitet werden, sondern mit der gleichen Tiefe sollte man auch etwas über die Tierwelt erfahren. Also, wie tickt ein Tiger? Was frisst er? Mit welchen Krankheiten hat er zu kämpfen? Ich würde mir das als Unterrichtsthemen wünschen, weil sonst dieser Respekt nicht entstehen kann. Man sollte in der Schule nicht nur zeigen: So, das ist ein Tiger, das ist ein Löwe, das ist ein Zebra, und vielleicht, was sie fressen, sondern dass man viel mehr in die Tiefe geht. Damit wir von klein auf lernen, Tiere zu respektieren und für sie Verantwortung zu übernehmen, auch wenn wir eines Tages elf, zwölf Milliarden Menschen auf der Erde sind. Wir sind die dominante Spezies. Es ist unsere Aufgabe, Verständnis für die Tierwelt zu haben und sie als gleichberechtigten Teil der Welt-

Kapitel 8

bevölkerung anzusehen. In dem Zusammenhang ist es wichtig, den Tieren ausreichend Lebensraum zur Verfügung zu stellen, dass sie wirklich als Tier leben können. Das ist etwas, was ich in diesem Babyzoo-Gehege gelernt habe, wo ich stundenlang mit den Tieren spielte.

In diesem Kinderzoo habe ich gelernt: Du kleiner Löwe musst Tier bleiben, sonst wirst du langweilig. Sonst wirst du ein Schlapptier, nicht Schlappschwanz, aber ein Schlapptier, denn nur solange du taff bleibst wie ein Löwe, bist du interessant und cool. Bleib ein Wildtier und werde nicht zum Kuscheltier. Ich wiederhole: Soweit es geht, sollte der Mensch dem Tier sein Tiersein ermöglichen.

Deswegen habe ich keine Haustiere. Was sollte ich hier auch haben? Eine Katze oder so? Ich weiß, die Katze ist noch ein Sonderfall. Sie würde sich nach draußen verpieseln, fängt fünfundzwanzig Mäuse und kommt wieder, wenn ihr danach ist. Eine Katze würde noch gehen, wenn ich nicht eine Katzenallergie hätte. Ich bekomme schon geschwollene Augen, sobald eine Katze in meiner Nähe ist. Schade, denn ich liebe Katzen. Aber ein Hund in einem Haus? Er sitzt da und gewöhnt sich natürlich daran. Das wird seine Programmierung, das wird sein Film. Ein richtiger Hund, etwa ein Jagdhund mit starken Muskeln, das ist ein Hund, bei dem ich sage: *Wow, der ist cool!* Aber halten Sie mal einen Jagdhund in einer Wohnung in Berlin, wo Sie dreimal am Tag mit ihm um den Block Gassi gehen. Das ist für mich nicht tiergerecht. Man gibt dem Tier nicht die Chance, so zu leben, wie es ist. Das ist das Problem. Der Mensch versteht das Tier nicht. Der Mensch will das Tier für sich, um sich nicht allein zu fühlen. Und um was für die Tiere gutzumachen, von denen wir jeden Tag sechs, sieben Millionen schlachten. Wir machen Holocaust mit den Tieren, weil wir im Supermarkt Hühnerbrüstchen, Oberschenkel, Flügelchen, Hühnerherzchen und alles wollen. Wir wollen Frikadellen, Kalbsschnitzel, Schweineschnitzel, dünn, dick. Wir wollen Bauchfleisch, Nackensteak. Das muss auch alles schön aussehen, ästhetisch sein, gewürzt mit Paprika. Und in riesigen Mengen, weil in einer Großstadt Massen von Menschen in die Supermärkte strömen, jeden Tag. Was meinen Sie, was da eingekauft wird? Deswegen müssen sie sechs Millionen Tiere töten, jeden Tag, nicht pro Woche. Ab und zu liest man einen kritischen Bericht oder sieht eine PETA-Reportage und erschrickt, wie die Schlachttiere kopfüber hängen und ausbluten. Und dann kauft man sich einen Hund, um sein Gewissen zu beruhigen, weil: Ich pflege ja den Hund. Ich gebe ihm Futter, Wasser, ich knuddel ihn. Selbst fühlt man sich dabei gut, aber man verliert den Blick für das Tier. Fühlt sich auch das Tier gut? Klar, es wedelt mit dem Schwanz, wenn ich durch die Tür komme, es freut sich die Pille weg und feiert mich, und versuchen Sie mal, jemanden, der Hunde hat, zu fragen: *Was machst du da eigentlich? – Was, Mann, der liebt mich,* sagen die Leute. *Ich liebe ihn und er liebt mich.* Alles Quatsch! *Hast du wirklich seine Psyche verstanden, das Wesen des Tieres erfasst, wenn du meinst, du kannst dir einen Jagdhund in die Wohnung holen? Von mir aus nimm dir einen Chihuahua, aber doch keinen Jagdhund!* Oder so einen Labrador. Der ist niedlich, ja, aber ein Labrador muss laufen, kilometerweit, ins Wasser springen, im Fluss baden und Fische fangen, der ist fast ein Raubtier. Und Schäferhunde könnten fast Schach spielen, so intelligent sind sie. Verstehen wir so ein Tier wirklich? Ich glaube nicht. Beim Chihuahua, okay, kann man sagen, der braucht nicht viel Platz, den könnte man wie Paris Hilton in der Handtasche herumtragen. Die sterben übrigens zu neunzig Prozent, weil sich jemand versehentlich auf sie setzt und sie zerquetscht, man sieht sie hinter den Kissen nicht. Wie bei Nonna Maria in Neapel. Also ob man das dem Chihuahua antun sollte? Sie werden von diesen Millionären gekauft, weil sie die kleinen Kerle gut im Flieger mitnehmen können, die passen prima auf den Schoß. Also da ist viel Rationalität. Und wo bleibt das Tier? Das ist, was ich als kleiner Junge im Umgang mit den Babytieren gelernt habe. Man merkt schnell: Wir sind die dominante Art. Und dann stupst man das Tier ein bisschen mit dem Fuß, vielleicht auch, weil man vor einem kleinen Löwen doch eine Spur Angst hat, und fängt an, ihn zu ärgern. Das habe ich auch gemacht. Aber dann haben die Tierpfleger das gesehen und mich zur Seite

Kapitel 8

genommen. *Was machst du da? Nein, nein, nein, nicht treten!* Und dann hält man inne, überlegt und beobachtet und versteht plötzlich, was ein Tier eigentlich ist. Für mich war das ein Geschenk. Ein Privileg. Jeden Morgen durfte ich zwei Stunden mit den kleinen Tieren spielen. Ich habe mich mitten ins Gehege gelegt und die Tiere kletterten auf mir herum und beschnupperten mich. Ich habe sie umarmt, mit ihnen gespielt und, wie gesagt, ich bin auf Elefanten geritten, und irgendwann habe ich mich in das kleine Krokodil verliebt und habe es einfach mit in die Schule genommen. Wie ein kleiner Crocodile Dundee. Das alles, weil ich gelernt hatte, Tiere zu lieben, und Liebe hat sehr viel mit Geben, ohne etwas zurückzuwollen, zu tun, mit Respekt, und mit schnellen Reaktionen, wenn man sieht, dass das Tier etwas braucht. Liebe hat viel mit Kennen zu tun. Ich liebe dich, weil ich dich so gut kenne. Und wenn du als Frau zurück in die Wohnung kommst, abends, und bist kaputt, aber ich weiß, du liebst Borussia Mönchengladbach und es läuft gerade ein Pokalspiel – Gladbach gegen BVB, keine Ahnung, ein Megaspiel –, aber du hast es in deinem Alltagsstress völlig vergessen. Du fällst auf das Sofa und was siehst du? Ich habe dir ein alkoholfreies Bier hingestellt und ein Schälchen mit deinen Lieblingspistazien, und du wunderst dich. *Was ist das?* Ich mache den Fernseher an und du siehst, dass das Spiel beginnt, du futterst deine Pistazien, trinkst von dem Bier. Da steigt doch die Liebe gleich um 100 000 Punkte. Man fühlt sich gekannt. Das ist echte Liebe. Das wirkliche Kennen.

Und da sieht man, dass die Liebe überhaupt nichts mit der Zuneigung zu tun hat. Im Bett können die Höschen fliegen und man denkt: *Wow,* aber trotzdem kennt man sich vielleicht gar nicht gut. Und das macht den Unterschied. Ich würde mir jedenfalls wünschen, dass, wenn du sagst, ich liebe Tiere, du sie auch wirklich zu respektieren lernst. Dass du Erfahrungen mit Tieren sammelst. Du kannst leicht sagen: *Ich liebe Tiere,* aber wenn du keine Erfahrung mit ihnen hast, verstehst du ihr Wesen nicht. Vielleicht weißt du, was das Tier frisst, wie lange Tragzeit seine Rasse hat, woher es kommt, wie es gepflegt werden muss. All das zootechnische Wissen. Aber du musst Erfahrungen mit dem Tier haben, um zu sehen, wie es tickt. Wann leidet es, ab wann ist es genervt? Wann kriegt es Angst? Das ist wirkliche Liebe. Ich hatte das Privileg, solche Erfahrungen machen zu dürfen.

Die Nachmittage habe ich dann auf dem Autoscooter verbracht. Ich war verrückt nach Autoscooter und liebte es, irgendwelche Idioten, die mir blöd kamen, zu rammen. Keiner wusste, dass ich der Sohn vom Boss war. Das hat mir Spaß gemacht. Auch meine erste kleine Liebe hatte ich im Park. Dieser Planet Mädchen kam für mich sehr spät. Erst so mit acht oder neun fing das ein bisschen an. So als vorsichtiges Interesse. Vorher waren da immer nur die Tiere und die Fahrgeschäfte. Das änderte sich, als ein Zirkus in den Park kam. Der Zirkus Belly. Ich glaube, ich war acht Jahre alt. Belly war der Nachname der Zirkusfamilie. Es waren Sinti oder Roma, und die Oma sprach kaum Deutsch. Die Eltern hatten ein Regiment von Kindern, und unter ihnen war Virginia. Virginia Cora Belly. Sie war der Hammer. Oh Gott, sie war richtig schön! Sie war ein bisschen älter als ich, ich glaube, elf, was in dem Alter wirklich sehr ungünstig für mich war. Sie balancierte auf einem Stahlseil mit einer Schlange um den Hals, machte Spagat und sprang wieder hoch, und sie war unfassbar hübsch. Wunderschöne lange schwarze Haare und funkelnde blaue

Kapitel 8

Augen. Mit ihr kam es zu meinem ersten Kuss. Es war hinter einem Busch im Park, ganz schüchtern wir beide, natürlich auf die Wange und nicht auf den Mund. Aber es war mein erster Liebeskuss. Sie haute mich einfach um mit ihren Akrobatiknummern, so gelenkig und muskulös, und dann so hübsch und immer lächelnd, schon allein wegen der Show musste sie immer lächeln. Ja, und sie hatte diese interessante Familie mit der Oma, die mir etwas unheimlich war. Sie blieben sieben Jahre mit ihrer Show. Ihr Zirkuszelt stand mitten im Park, dahinter die Wohnwagen, in denen sie lebten. Mein Vater hatte ihnen den Platz überlassen und er zahlte ihnen eine Miete für die Show. Virginia ist sieben Jahre lang da gewesen, aber außer diesem kleinen Kuss war nichts weiter. Das war meine erste nähere Begegnung mit Mädchen. Sonst war nie etwas. Vielleicht auch, weil ich der Sohn vom Chef war. Ich hatte immer so ein bisschen Angst, auch mit Angestellten, denn da waren auch recht hübsche Angestellte, Frauen oder Mädchen, aber da hieß es immer: *Nee, das geht gar nicht.* Es ist immer schwirig. Sagen wir mal so: Der Park war nie eine Quelle, um Mädchen kennenzulernen. Die traf ich eher im Urlaub oder sonst wie auf Reisen.

Kapitel 8

Mein Vater hatte immer neue Ideen, um mit dem Park im Gespräch zu bleiben. In den 70er-Jahren hatten wir jedes Jahr diese *Spiele ohne Grenzen* im Park. Mein Vater hatte das im Fernsehen gesehen und gesagt, das müssen wir in den Park holen. Er ließ Pontons in den Teich bauen und dann kamen das Fernsehteam und die vielen Kinder. Ich erinnere mich nicht mehr genau, ich weiß nur, dass ich das sehr aufregend fand. Wir hatten auch oft die Heidekönigin zu Gast im Park, so als kleine PR.

Man kann sich das heute kaum vorstellen, aber in diesen Jahren zwischen 1974 und, ich fürchte, bis in die Mitte der 80er-Jahre, gab es im Herzen des Safariparks einen Kinderzoo. So nannte mein Vater das. Es war ein Gehege, in das alle Tierbabys aus dem Park kamen. Die Besucher konnten hineinspazieren und die Jungtiere aus der Nähe bewundern. Heutzutage ist das völlig klar, dass die Jungen bei ihren Müttern bleiben, aber zu der Zeit … Ich hatte jedenfalls das Privileg, dass ich morgens, bevor die Besucher kamen, mit den kleinen Tigern und Löwen und Schimpansen spielen durfte. Ich bin auf den Baby-Elefanten geritten und hab mich an den Ohren festgehalten. Das war das Paradies für mich. Es war schmutzig, aber großartig. Ich habe mich gefühlt wie Tom Sawyer. Und da kam ich eines Morgens vor der Schule auf die Idee, mir Benny, das Babykrokodil, in die Brusttasche der Jeansjacke zu stecken. Damit bin ich zur Schule gegangen. Krokodile können ewig lange pennen, also fiel das erst niemandem auf. Bis zur großen Pause. Als mich die Kinder auf dem Schulhof anfingen zu ärgern, zog ich Benny aus der Tasche. Ich kannte die Stelle zwischen den Hoden, wo ich ganz leicht gedrückt habe, und dann machte er sein Maul auf, so *ahh*, und dann sind alle vor mir weggelaufen. Das hat mich ein bisschen zum Helden gemacht. Da das so gut geklappt hatte, nahm ich Benny mehrmals mit in die Schule. Aber das ging natürlich nicht lange gut. Ein paar Tage später erwischte mich einer der Lehrer. Benny war vollkommen harmlos, aber versuchen Sie das dem Lehrer zu erklären! *Stell dir vor, das Tier beißt eins der Kinder! Oder es überträgt vielleicht Krankheiten!* Der Lehrer rief bei

Kapitel 8

uns zu Hause an und sprach mit meinem Vater. Der rief mich dann am Nachmittag in sein Zimmer. Ich ahnte schon, dass das nicht gut werden würde, aber was dann kam, damit hatte ich nicht gerechnet. Er zog die Schiebetür aus Holz zu, holte langsam seinen Gürtel aus den Hosenschlaufen und begann, mich damit zu schlagen. 65 Mal. Ich habe mitgezählt. Das war wohl in dem Moment eine Art Schutz, das Zählen. Mein Vater kochte vor Wut. Ich schaffte es, unter das Bett zu krabbeln, und so traf er mich nur 25 Mal. Was schlimm genug war. Am nächsten Tag sah ich aus wie ein Zebra. Ich hatte überall Blutergüsse, lange Streifen, etwa zwei Zentimeter hoch, verteilt auf dem ganzen Körper. Wenn ich in dem Zustand zur Polizei gelaufen wäre, wäre mein Vater, glaube ich, heute noch im Knast. Ich meine, 70er-Jahre hin oder her, Gewalt gegen Kinder war schon damals nicht so ganz in Ordnung. Natürlich kommt ein Kind nicht auf die Idee, zur Polizei zu rennen. Am nächsten Tag kam meine Mutter hochgeflogen, alarmiert durch Lia, die absolut geschockt war. Sie hatte meinem Vater gesagt, es hätte gereicht, wenn du ihm eine langst, du musst nicht 65 Mal zuschlagen. Er hatte einfach komplett die Beherrschung verloren, aber es war wohl für meinen Vater das 89. Problem gewesen und er explodierte. Nur um es zu verstehen, nicht zu entschuldigen. Die Typen aus Amerika haben Druck gemacht: *Wann baust du uns den nächsten Park?*, oder – keine Ahnung – hier im Park sind Tiere ausgebrochen, die Mutter in Italien hat wegen Geld genervt, die zwei Mädchen waren in der Pubertät, und dann baut auch noch Fabrizio Scheiße mit seinem Krokodil! Das war eine heftige Szene und erst sehr viel später, so mit Mitte vierzig, habe ich diese Szene in der Therapie aufgearbeitet und konnte sie so verarbeiten.

Nicht lange nach der Episode mit Benny nahmen mich meine Eltern aus der Grundschule und meldeten mich an der Montgomery School auf der Nato-Station in Bergen-Hohne an. Das sind vierzig Minuten hin und vierzig wieder zurück. Manchmal hat mich Lia gefahren, manchmal einer von den Tierpflegern. Man fährt mitten durch das Militärgebiet. Neben der Straße sind Zäune und abgesperrte Zonen. Schilder mit Warnungen. Nicht anhalten, nicht fotografieren und so weiter. Fünf Jahre bin ich dort zur Schule gegangen und niemand hat mich mehr gemobbt. Da waren wir schließlich alle Ausländer.

In der englischen Schule bin ich Murmelmeister geworden. Ich habe noch heute eine große Schale mit Glasmurmeln im Wohnzimmer. Oft kam ich mit den Hosentaschen voller Murmeln nach Hause. Das Spiel war, dass man Löcher in den Erdboden machte und versuchte, mit der eigenen Murmel das Loch zu treffen. Wenn man das geschafft hatte, durfte man versuchen, mit der Murmel eines anderen zu lochen, und wenn das klappte, gewann man auch diese. Das ist wohl etwas typisch Englisches. Ich trug eine Uniform aus grauer Hose, im Winter war die Hose lang, im Sommer kurz. Dazu gab es ein graues Hemd, im Sommer kurzärmelig, und einen gelb-blauen Schlips. An den englischen Schulen wurden damals noch Stockschläge auf den nackten Hintern verteilt, ich blieb davon auch nicht verschont. Aber ich hatte auch Erfolgserlebnisse. Als ich neu in der Klasse war, fragte der Lehrer, ob jemand wisse, wofür Salzburg bekannt ist. Keiner sagte etwas, und ich fand irgendwie den Mut zu sagen: *Na ja, für salt, also für Salz,* und der Lehrer lobte mich vor allen. Das war ein schönes Erlebnis, und natürlich die Murmeln. Den ganzen Tag über in der Schule musste ich Englisch sprechen. Zu Hause redeten wir Italienisch, und Deutsch lernte ich von den Kindern auf der Straße. Sprachmäßig war das der Hammer, das Gehirn hat gelernt, immer zu switchen, das muss man auch trainieren. In der englischen Schule habe ich dann Freunde gefunden, die ich besucht habe und die hier bei mir übernachten durften. Wir hatten viel Sport, viel Bewegung. Jedes Jahr wurde eine Olympiade veranstaltet mit Kartoffelsackhüpfen und es gab Fußballturniere.

Von der Schule aus waren es nur wenige Kilometer bis Bergen-Belsen, und ich weiß noch, wie schockiert ich war, als ich davon erfuhr. Oh Scheiße, hier war ein Konzentrationslager, hier ist Anne Frank ermordet worden! Und dann macht man einen Klassenausflug dorthin und sieht die Bilder. Das geht einem unter die Haut. Ich meine, vielleicht kann man die NS-Zeit verstehen - philosophisch, anthropologisch, soziologisch. Man kann versuchen und sich bemühen, die Ideologien und die Gründe zu verstehen, aber dennoch bleibt es unentschuldbar, und gerade als junger Mensch fragt man sich, ob das wirklich das Land ist, in dem man leben möchte. Mit dieser Energie, dieser Industrie des Todes, die hier konzipiert, perfektioniert und durchgeführt wurde. Man sieht in Bergen-Belsen all die Unterlagen mit den Fotos und den Nummern, die eintätowiert wurden. Das hat etwas so Rationales, als wären das Autoteile anstatt Menschen. Das ging mir sehr nahe, und natürlich denkst du als Kind erst einmal: Wo bist du denn hier gelandet? Ob alle Deutschen so durchorganisiert, kalt und böse sind? Es war ein Rumms. Aber allmählich fand ich auch unter den deutschen Kindern Freunde und die waren gar nicht so verschlossen, die machten auch Blödsinn und waren lustig.

So mit zwölf freundete ich mich mit Marko aus unserer Siedlung an. Wir träumten davon, ganz allein in der Wildnis zu leben. Vielleicht inspiriert von Filmen wie Huckleberry Finn. In den 70er-Jahren gab es viele Kinderfilme, in denen es um Abenteuer in der Natur ging. Letztendlich war es zwar nur der Ilexpark, das Waldstück hinter unserer Straße, in den wir verschwanden, aber immerhin. In den Sommerferien bauten wir uns dort ein Baumhaus und blieben über

Kapitel 8

Nacht, ohne unsere Eltern um Erlaubnis zu fragen. Wir fühlten uns frei und wild, angelten Fische aus dem Bach und kriegten es irgendwie sogar hin, sie roh zu essen. Keine Ahnung, wie. Natürlich haben uns unsere Eltern gesucht, sogar mit der Polizei, und das Abenteuer hatte schnell ein Ende, auch wenn es mir in der Erinnerung vorkommt, als wären wir eine ganze Woche lang weg gewesen. Es mag naiv klingen, aber durch die Freundschaft zu Marko ist mir klargeworden, dass der Deutsche auch nicht viel anders als der Italiener tickt, und da fing meine Beziehung zu Deutschland langsam an zu blühen.

KAPITEL 9

Bankrott eines Investors

Und dann passierte Folgendes: Charles Stein hatte einen Riesenerfolg nach dem anderen verbucht, sodass sein Vermögen inzwischen durch die Decke gegangen war. Wir sprechen von vierhundert Millionen Dollar Umsatzvolumen Mitte der 70er-Jahre. Nun wurde im November 1976 ein neues Gesetz verabschiedet, das Glücksspiele im Staat New Jersey legalisierte. Bisher waren Spielcasinos nur in Nevada – klar, in Las Vegas – erlaubt gewesen, aber nun öffnete sich ein gewaltiger Markt. Chancen auf Riesengewinne, Megaumsätze, auf das ganz große Geld! Charles Stein, der schon immer einen Riecher für Megageschäfte gehabt hatte, war sofort elektrisiert.

Ich erinnere mich noch an ihn, von seinen Besuchen in Hodenhagen, als ich ein Kind war. Nein, er sprach kein Deutsch, vielleicht hatte er sich von seiner deutschen Vergangenheit distanzieren wollen, vielleicht stimmt der Teil der Erzählung auch gar nicht. Ich kann da nichts beschwören, alles, was ich weiß, stammt aus den Geschichten meines Vaters. Charles Stein agierte jedenfalls immer sehr amerikanisch. Er wurde von einem Dolmetscher begleitet und trat sehr weltmännisch und wichtig auf. Das war auch ein bisschen stressig für meinen Vater, weil Stein jedes Mal tausend Dinge wollte. Dazu gehörten auch Frauen. Er war zwar verheiratet, aber lechzte nach diesem Extrakick, also ging es ab auf die Reeperbahn in die einschlägigen Etablissements. Das hat ihn ziemlich angetörnt. Wir haben ihn als ganze Familie damals begleitet. Ich war sogar dabei, obwohl ich noch Kind war. In diesen dubiosen Bars tranken sie Champagner und feierten bis in die Morgenstunden. Stein kam immer nur für zwei,

Kapitel 9

drei Tage, aber dann ließ er es krachen. Es war für alle anstrengend. Er wollte sehen, wie der Park lief, die Bilanzen und alles. Maximal blieb er drei Tage, dann rauschte er wieder ab. Zu mir war er sehr direkt und nett, er hatte aber auch etwas ganz Strenges und so eine besondere, charismatische Ausstrahlung. So eine Art Elvis Presley.

Er hatte kleine, stechende Augen und kam sehr kühl rüber, sehr ernst und geschäftsmäßig, schwer greifbar. Man wusste nie, was er wirklich dachte. Ob er glücklich war oder nicht, keine Ahnung. Er aß gern gut, trank gern viel und hatte die Schwäche für Frauen. Aber er war auch taff und kreativ. Ich meine, man muss erst einmal auf die Idee kommen, zu sagen, ich steck da neunundzwanzig Millionen Mark in so einen Park in Niedersachsen, hol also erst Löwen, Tiger, Giraffen, Nashörner und lass da Autos durchfahren. Natürlich hat er Marktstudien machen lassen, aber trotzdem hätte das Projekt floppen können. Er muss schon Eier in der Hose gehabt haben.

Er wollte jedenfalls seinen Teil vom Kuchen abbekommen, als dieses neue Gesetz Casinos erlaubte, und da kommen wir zum berühmten Ritz-Carlton-Hotel-Skandal.

Das Ritz in Atlantic City war ein legendäres Hotel mit beeindruckender Architektur, das 1921 erbaut worden war. Inzwischen war es ein bisschen in die Jahre gekommen und Charles Stein hatte die Idee, es in einen schimmernden, glitzernden Casino-Palast zu verwandeln, in ein Paradies für Spieler. Es sollte eine völlig neue Fassade aus Kristallglas bekommen, in den Badezimmern goldene Armaturen und ein luxuriöses Spielcasino im Erdgeschoss. Also ein Megahotel. Stein hatte mit seinem Businessplan alle Banker und Geldgeber überzeugen können. Alle meinten: *kein Problem, super Sache, machen wir, Bumm.* Seine Finanzierung basierte auf dem Konzept, dass er, ohne viel Eigenkapital reinpumpen zu müssen, im Vorfeld bereits achtzig Prozent der Apartments an Investoren verkauft hatte. Dieses Geschäftsmodell ist heute auch sehr geläufig. Die Leute bezahlen, bevor das Bauprojekt konkret wird, bekommen ein Zertifikat und haben damit die Option auf Apartment Nummer „schieß mich tot",

Kapitel 9

das sie anschließend vermieten können und was auch immer. Für den Eigentümer ist das eine sichere Sache. Stein hatte dadurch schon einhundertfünfzig Millionen Dollar in der Tasche. Wir sind im Jahr 1976. Heute wären das einige Milliarden.

Damals wurde sehr viel Geldwäsche von der Mafia über diese Casinos betrieben. Daher verlangten die Behörden von Stein, dass er, um die Genehmigung für das Casino vom Staat zu bekommen, ein Joint Venture mit einer seriösen und etablierten Casino-Großgesellschaft schloss.

Er fand diese Großgesellschaft in England, weil er dahin gute Verbindungen hatte. Der Earl und die Dukes of Bedford waren damals eine Garantie für Ernsthaftigkeit, ein bisschen wie Deutsche, also ernst und pünktlich, so waren vielleicht früher die Engländer. Heute sind es die Deutschen. Aber damals, nicht so sehr lange nach dem Krieg, waren die Deutschen vielleicht noch ein bisschen unglaubwürdig, wie auch immer. Und in England findet Charles Stein die Firma „Coral", mit der er dieses Joint Venture durchführt, und die Behörde prüft das so ein bisschen – *ja, scheint seriös zu sein* – und gibt die Genehmigung. Und die fangen tatsächlich an, dieses Hotel umzubauen.

Als das Hotel halb fertig ist, ich glaube 1979, kommt heraus, dass diese ganze Gesellschaft in dubiose Machenschaften verwickelt ist. Bei einer überraschenden Prüfung in den Sälen in verschiedenen Casinos stellt sich heraus, dass die Roulette-Spieltische getürkt sind mit irgendwelchen Knöpfen unten und Kameras hinter verspiegelten Scheiben oder so was. Ein Desaster. Das ganze Board wird verhaftet und die Coral geht binnen drei Monaten bankrott. Charles Stein verliert seine Genehmigung. Die Behörde hat auf stur geschaltet, keine Chance, und alles geht irgendwie so ein bisschen blöd durch die Presse. Financial Times. Hardwicke, Probleme, Skandal in England mit Hardwicke, irgendwie haben die so à la Bild-Zeitung sehr reißerisch über die Sache berichtet. Ein Riesenskandal, in den auch Politiker und Scheichs verwickelt waren. Was machen natürlich die 80 Prozent

Kapitel 9

der Obligationisten, die da diese Zertifikate hatten? Rufen bei der Hardwicke an und sagen, wir vertrauen dem Ganzen nicht mehr. Wir wollen heute unser Geld wieder. Und da das Investment so groß und Stein leider verschuldet war, in ganz vielen anderen Richtungen, hat das der Holding das Genick gebrochen. Und die ist 1979 bankrottgegangen. Dieser arme Mensch hat alles verloren. Dieser Charles Stein. Frauen, Zigarren, geile Autos. Seine Büros in London, in New York, die Börsenlistung, alles weg, von einem Tag zum anderen bankrott.

Was das mit uns und dem Park zu tun hatte? Dazu komme ich gleich.

KAPITEL 10

Der Tigerunfall

Die 80er-Jahre begannen mit der Pleite von Charles Stein und auch sonst stand dieses Jahrzehnt für uns unter keinem guten Stern. 1981 hatten wir diesen grauenhaften Unfall mit David Simons und dem Tiger. Die Schlagzeilen gingen um die Welt, sogar bis zum Time Magazine. David Simons war ein sehr erfahrener Tierpfleger. Er hatte sieben Tiger mit der Flasche aufgezogen, weil es zwei Geburten gleichzeitig gegeben hatte, und beide Mütter nahmen die Jungtiere nicht an. Die eine Mutter hatte vier, und die andere drei Babys, und Simons nahm die Jungtiere mit nach Hause und fütterte sie mit dem Fläschchen. Als sie heranwuchsen, kamen sie natürlich zurück in den Park. Das Fatale war, dass Simons nun glaubte, er hätte so eine gute Verbindung zu den Tigern, dass er sich nicht mehr an die Sicherheitsvorkehrungen halten müsste. Mein Vater musste ihn mehrmals abmahnen und ihm klarmachen, dass er das so nicht wünscht. Er wusste, dass bei einem erwachsenen Tiger auch das Selbstbewusstsein wächst. Ob mit Flasche aufgezogen oder nicht, es bleiben gefährliche wilde Tiere. Dass schwere Unfälle mit Raubkatzen passieren, hat man ja auch bei Siegfried und Roy gesehen: Roy wurde mitten in einer Live-Show schwer verletzt. Das war auch nicht so witzig für die Leute im Publikum. Jedenfalls hat mein Vater Simons verboten, einfach so ins Tigergehege zu gehen, aber er hat das heimlich trotzdem gemacht, bis es an diesem einen Tag wirklich böse endete und es zu dem tödlichen Unfall kam. Und wieso ist es im Time Magazine gelandet? Weil ein Reporter an dem Tag mit dabei war. Simons war mit einem Reporter von der Walsroder Zeitung

Kapitel 10

befreundet und hatte ihn eingeladen, so nach dem Motto: *Mach mal einen tollen Artikel über mich. Ich kann das, ich steig da bei den Tigern immer aus,* und genau an dem Tag mit dem Reporter, der natürlich alles fotografiert und dokumentiert hat, ist es passiert. Das war ähnlich wie bei Roy. Spielerisch ist der Tiger hochgesprungen und hat Simons in den Hals gebissen. Die haben dicke, lange Beißzähne, und wenn die hier einmal so richtig reingehen und die Hauptschlagadern treffen, da können Sie zudrücken, wie Sie wollen. Das ist wie im Krieg. Das spritzt einfach so durch und in zwanzig Minuten sind Sie tot. Was er auch war. Es spritzte auf beiden Seiten Blut raus. Es gab eine riesige Blutpfütze mitten auf der Straße. Dieser Reporter hat alles fotografiert und ist dann schnell ins Auto gesprungen und hat die Fotos sofort weltweit für ich weiß nicht wie viele Hunderttausend Mark verkauft. Zu Recht, er ist Reporter, er verdient damit sein Geld. Die Schlagzeile „Blut im Serengeti-Park" hatte uns natürlich noch gefehlt. Aber wir hatten in dem Jahr leicht mehr Besucher, weil die Leute anschließend kamen, um die Blutpfütze zu fotografieren. Es gibt so sensationsgeile Menschen. Die Leute, die beim Unfall gucken wollen, die steigen aus und blockieren die ganze Autobahn. Es gibt solche Menschen, die werden verrückterweise von Katastrophen angezogen, und es war so, dass wir ein bisschen mehr Besucher hatten. Die Blutpfütze war lange da, mehrere Monate noch. Vielleicht, weil es nicht so viel regnete, das weiß ich jetzt nicht so genau. Aber die Leute standen da mit diesen großen alten Fotoapparaten und wollten unbedingt die Pfütze fotografieren.

KAPITEL 11

Über die Notwendigkeit von Zoos

So ein Safaripark ist einfach ein Erlebnis. Das kann man nicht mit einem normalen zoologischen Garten vergleichen. Sicher, die Geschichte der Zoologischen Gärten ist auch dramatisch, wenn Sie bedenken, dass Hagenbeck früher sogar Völkerschauen hatte. Man konnte dort Stämme aus Afrika betrachten. Die blauen, schwarzen und die etwas helleren Schwarzen wurden vorgeführt wie Tiere. Es gab einen Stamm, bei denen die Hautfarbe so dunkel war, dass sie ins Bläuliche ging, und die Leute waren verrückt danach, sie zu sehen. Sie waren ausgestellt wie Gorillas, bis man gemerkt hat, dass man das nicht machen kann. Aber der Ursprung der Zoologie liegt in der offenen Enzyklopädie. Der Safaripark geht darüber hinaus. Er ist die gestochene Mitte zwischen einem Nationalpark, was ein Safaripark in Stadtnähe schon allein wegen der Größe nicht sein kann, und einem Zoo, der Tiere in recht eng begrenzten Gehegen zeigt. Natürlich hat so ein Zoo heutzutage eine Menge Facelifting betrieben. Es gibt gute Beschilderung, vielleicht mit einer interaktiven Tonanlage. Es ist heute viel weniger, sagen wir mal, trist als früher, aber es bleibt ein relativ kühler Zoologischer Garten.

Dagegen ist der Safaripark vor allem ein Erlebnis. Man fährt mit dem eigenen Auto. Das ist schon sehr viel interaktiver, als einfach nur durch den Zoo zu spazieren. Während der Fahrt erlebt man die Tiere in der Landschaft. Sie bewegen sich auf einen zu. Es kann sein, dass ein Nashorn zwei Meter neben Ihrem Auto entlangschlendert und Sie anschaut. Es hat gelernt, die Straße und die Fahrzeuge zu respektieren. Mittlerweile, denn es gibt natürlich auch da Geschichten. Damals in

Kapitel 11

Montreal kamen zum Beispiel zehn Nashörner aus Südafrika an. Wie hier in Hodenhagen mussten sie abends wieder in die Stallungen, weil ein Nashorn immer ein gefährliches Tier bleibt, und wenn in der Nacht ein Sturm käme und drei, vier Bäume etwa auf die Zäune fielen, könnten die Nashörner ausbrechen und man trifft dann das Nashorn Charlie im Supermarkt. Ein solches Szenario wollte man selbstverständlich vermeiden, und es gab von Anfang an strenge behördliche Auflagen. Nur erzählen Sie mal einem Nashorn, das frisch aus der Wildbahn kommt, dass es um siebzehn Uhr dreißig wieder im Stall zu sein hat! Die Kanadier hatten damals sechzig Landrover für die Ranger gekauft. Am Ende der ersten Saison liefen nur noch zwei, weil die Nashörner alle zerstört hatten. Sie hatten sich geweigert, in die Stallungen zu gehen, und die Pfleger mussten sie mit den Autos hineinschieben, sehr vorsichtig mit der Stoßstange – *so, hier lang, jetzt da lang*. Und dann hat sich das Nashorn umgedreht und Bumm! Bis man auf die Idee kam, Trecker zu nehmen und sie rundum mit alten Reifen zu schützen. Also ein Reifen auf die linke Seite, ein Reifen rechts, verbunden mit einem Hanfseil und das vier-, fünfmal, sodass, wenn das Nashorn seitlich mit dem Horn einschlägt, es die Trecker nicht zerstört. Auf die Weise gewöhnte man sie langsam daran, in die Stallungen zurückzukommen. Das erzähle ich, weil es dramatische Szenen sind und ich klarmachen möchte, was für ein Wunder ein Safaripark heute ist. Sicher kann man sagen: *Oh Gott, diese armen Tiere, was die alles durchmachen mussten!*, und natürlich waren das zunächst schwierige Zeiten und wir mussten viele Erfahrungen machen. Aber heute fährt man durch den Safaripark und es ist eigentlich ein Riesengeschenk. Die Tiere haben gelernt, sich an den Menschen zu gewöhnen, und auch umgekehrt kennt man inzwischen die Eigenarten der Tiere und weiß, wie man mit ihnen umzugehen hat. Jetzt kann man von richtigen Überlebensstätten sprechen, denn den Platz, den die Tiere in einem Safaripark genießen, hat kein Tier in einem Zoo. Ich spreche von großen Säugetieren wie Antilopen, Nashörnern, Elefanten, Giraffen, großen Raubkatzen und so, und natürlich möchte ich auch nicht, dass etwa der Zoo

Berlin nur Ameisen zeigt, aber meine Vision für einen Zoo ist, dass er auf Tiere verzichtet, wenn sie sich in einem kleinen Gehege nicht wohlfühlen. Also dass man keine sechs Giraffen auf sechshundert Quadratmetern hält, sondern nur, wenn man zwölf Hektar Fläche hat. Ich habe zurzeit acht Giraffen, die auf vierundzwanzig Hektar leben. Das ist für die Erhaltung der Art sehr wichtig. Wenn sich das Tier ausreichend bewegen kann und man ihm ein Gefühl von relativer Freiheit schenkt, ist das förderlich für die Paarung und gesunden Nachwuchs. Wenn man nur sechshundert Quadratmeter zur Verfügung hat, kann man zum Beispiel Pandas halten. Pandas auf einer Fläche dieser Größe fühlen sich fast wie in Japan auf ihrem Berg. Das finde ich in Ordnung. Für die Pandas ist es perfekt, wenn sie genug zum Spielen bekommen, und ich meine, die Tierpfleger in jedem Zoo sind heutzutage Experten, die ihre Tiere genau beobachten und sich mit ihnen auskennen. Sie wissen, okay, jetzt ist es durch mit Basketball, das findet es langweilig, und dann werfen sie dem Tier etwas anderes hin. Das ist wichtig für dieses behavioral enrichment der Tiere. Und das machen die Zootechniker und Zoologen und Tierpfleger. Aber sechs Giraffen auf sechshundert Quadratmetern sehe ich persönlich kritisch. Und natürlich könnte ein Zoologe sagen, ja, Sie haben gut reden, Sie haben einen Safaripark, Sie haben den Platz. Ich aber sage, es bedarf ein bisschen eines Umdenkens. Verkauf deine Giraffen und hol dir Gorillas, Orang-Utans oder Dingos für deine sechshundert Quadratmeter. Es gibt genug vom Aussterben bedrohte, hochattraktive Arten. Etwa die seltenen Spinnenaffen oder Klammeraffen aus Borneo. Davon gibt es nur noch fünfzehn Stück. Die haben ein wunderschönes, goldenes Gesicht. Die Leute sind ja gar nicht so, dass sie nur Nilpferde sehen wollen oder nur Elefanten. Der Besucher heute ist belesen und interessiert, er schaut Dokumentationen und kennt sich selbst gut aus. Er muss nicht immer überall dieselben Großtiere sehen. Man hat diese fürchterliche Angst, dass, wenn man die Tiger, Löwen, Elefanten abschafft, niemand mehr in den Zoo geht. Ich sehe das schon seit zwanzig Jahren komplett anders.

Kapitel 11

Aber um auf das Safari-Feeling zurückzukommen … Die leider sehr schlimmen Erfahrungen der Anfangszeit haben dazu geführt, dass man die Tiere immer besser kennenlernte und dem Besucher heute fantastische Erlebnisse bieten kann. Das vermisse ich manchmal. Also dass die Besucher nicht alle Hals über Kopf begeistert sind. Viele sind es. Die fahren nach Hause und wissen gar nicht mehr, auf welchem Planeten sie leben, so fasziniert sind sie. Genauso hätte ich es am liebsten bei allen. Ich weiß, das ist unmöglich, jeder hat seine Persönlichkeit, wir sind alle unterschiedlich, aber ich würde so gern jedem Besucher zeigen, was es für ein Wunder ist, dass er mit seinem Ford neben dem Nashorn herfahren kann. Da sitzt seine gesamte Familie, die Kinder kreischen auf der Rückbank, und zwei Meter entfernt läuft ein drei Tonnen schweres Tier!

Es schaut mit dem Auge durchs Fenster, so seitlich, weil Nashörner die Augen seitlich haben, und es blickt ins Auto, geht leicht nach links und fängt an, gelassen sein Gras zu fressen. Was für ein Erlebnis ist das! Es ist so schade, dass manche Leute von dieser ganzen Technologie, der Geschwindigkeit und den Smarttelefonen so verwöhnt sind. Sie schauen sich Dokumentarfilme an, wo die Kamera in den Po hineinfährt, und man schaut, was im Darm passiert, oder Filme, bei denen die Kamera über den Augen von Flugenten befestigt ist und man quasi mit der Ente über die spanische Tiefebene fliegt. Alles super sensationell, und wenn man daran gewöhnt ist, zuckt man beim Anblick eines Nashorns vielleicht nur noch mit den Achseln und sagt: *Komm, fahren wir weiter.* Das tut mir in der Seele weh. Dass manche Menschen das Wunder nicht erkennen, das sie mitten in Deutschland vor ihren Augen erleben dürfen. Sich zu vergegenwärtigen, dass man mit seinem Auto tatsächlich neben dem Nashorn steht! Man ist vollkommen geschützt und doch extrem nah dran. Stellen Sie sich vor, wie früher der Ranger jeden Abend mit seinem Landrover unter Lebensgefahr zehn Nashörner in den Stall bringen musste, und anschließend war der Landrover zerstört, und dann mussten sie den Trecker mit den Reifen nehmen und erst wenn die Nashörner endlich im Stall waren, konnten sie Feierabend machen. Was das für mutige Kerle waren! Wir heute ernten diese Arbeit und diese Erfahrung, und ich wiederhole, beidseitig, das Tier hat sich angepasst, aber auch der Mensch. Das ging nicht auf Hauruck, und deshalb erzähle ich das so gern. Erst mal hört es sich hochtraurig an: *Die armen Tiere, Genickbrüche, Beinbrüche, um Gottes willen!* Aber heute sind das hochgradige Tierschutzreservate.

Allein im Serengeti-Park wurden seit 1974 neunundvierzig Nashornkälber geboren. In der Zucht der Breitmaulnashörner sind wir der zweitbeste Zoo der Welt. Nur der Zoo San Diego hat so um die siebzig Geburten gehabt, aber er ist auch älter als der Serengeti-Park. Unsere Nashornkälber sind in die Zoos in ganz Europa gegangen und haben wiederum mit anderen Zuchttieren neuen Nachwuchs gezeugt. Wir haben einen großen Anteil daran, dass sich die Population der Breitmaulnashörner in Europa so gut entwickelt hat. Studien haben bestätigt, dass die Zucht der Nashörner hier in Hodenhagen wegen der Dimensionen der Anlagen so gut läuft. Wir haben eine große Herde – im Gegensatz zum Spitzmaulnashorn, das lieber als Paar lebt, ist das Breitmaulnashorn ein Herdentier. Das Breitmaulnashorn

Kapitel 11

benötigt eine Herde mit einer dominanten Kuh und einem richtig starken Bullen. Dann harmonieren alle und leben zusammen mit den Jungtieren. Das ist herrlich zu sehen.

Sie haben gewisse Rituale bei den Deckakten. Das Breitmaulnashorn hat einen festen Zyklus. Alle drei bis vier Monate kommt die Kuh in den Östrus. Schon am Anfang, wenn sich die Phase langsam ankündigt, kann der Bulle das riechen. Es bringt ihn in Schwung, er möchte decken. Dann lässt man die Kühe in die über dreißig Hektar große Anlage raus, und die Kühe markieren mit ihrem Urin viele Stellen. Nach ein paar Tagen wird der Bulle rausgelassen. Sofort fängt er an zu schnüffeln. Er riecht überall und guckt, welche Kuh als Nächstes kommt, und dann schnüffelt er bei den Kühen. Das sind so kleine, hochkomplexe Rituale. Wenn er erkennt, okay, es ist die, die kommt bald so richtig hoch in den Östrus, dann will er sie. Er bedrängt sie, und mindestens sieben bis acht Tage läuft die Kuh immer wieder vor ihm weg. Sie bleibt deshalb nicht stehen, damit bei ihm das Testosteron höher steigt. Denn wenn es dann zur Paarung kommt, ist ein hoher Testosteronspiegel hilfreich. Immerhin ist die Paarung bei Nashörnern mit eine der gewaltigsten auf Erden. Der Bulle hat über einhundertfünfzig Orgasmen. Die Paarung dauert drei Stunden. Deshalb werden sie für dieses verdammte Horn gejagt, weil die Männer denken, wenn sie sich daraus einen Tee mischen, können sie vielleicht nicht drei Stunden, aber möglicherweise eine Stunde. Das ist völliger Quatsch, weil das Horn pures Karotin ist, wie Haar oder Fingernägel, aber leider hält sich dieser Glaube bis heute, und so gibt es in Asien Nashornpillen, fast wie Viagra, und die Männer, die das Zeug kaufen, denken: Pass auf, heute Abend kann ich vier-, fünfmal!

Es ist quälend zu beobachten, wie das Weibchen den Bullen tagelang abweist. Aber sie muss das tun, aus biologischen Gründen. Der Bulle denkt also jeden Tag aufs Neue: *Yeah, jetzt kann ich endlich ran!* Und jeden Tag sagt sie: *Nein, Schätzchen, heute doch nicht*, und läuft wieder weg. So erhöht sich der Reiz und das Testosteron steigt so hoch, dass er letztendlich so viele Orgasmen haben kann, um genug Sperma ins Spiel zu bringen. Warum das so ist? Weil Nashörner sehr wenig Follikel produzieren, und die kommen während des Zyklus sehr selten an die Stelle, wo dann das Sperma ist. Das ist ein hochkomplexes System bei Nashörnern. Und es sind sehr schwere Tiere, das heißt, nach drei Stunden Sex kollabieren beide auf dem Boden. Sie sind völlig verschwitzt und müde und schlafen für den halben Tag, beide nebeneinander. Aber man hat fast immer die Garantie, dass die Paarung erfolgreich war, bei so vielen Orgasmen und so viel Sperma. Es sei denn, das Weibchen hat etwa eine Zyste in den Eierstöcken oder der Bulle schlechtes Sperma.

Diese Rituale sind fundamental, weil in dem Moment, wenn das Weibchen nicht stehen bleibt und sagt: *Nee, Kerlchen, heute kriegst du meinen Schmetterling nicht,* dreht der Bulle erst einmal durch, und jeden Tag, an dem er abgewiesen wird, wird es schlimmer für ihn. Der versteht die Welt nicht mehr. Mädchen, was machst du mit mir? In diesen Momenten kommt es tatsächlich auf die Größe der Fläche an. Sie müssen ihn sehen! Der kocht vor Wut. Er galoppiert, kratzt mit den Füßen den Boden auf und markiert mit seinem Urin überall auf Steinen, auf Felsen, auf dem Gras. Er fängt an, sich im Matsch zu rollen, weil er seiner Auserwählten die Muskeln zeigen will. Er denkt: *Vielleicht, wenn ich attraktiver aussehe* … Wir Männer würden uns vielleicht mit Öl einschmieren, damit die Frau unsere Muskeln besser sieht. Und da kommt übrigens der Name her. In Afrika heißen die Breitmaulnashörner White Rhino, weil sie sich im Matsch einrollen, und wenn sie trocknen, werden sie weiß oder zumindest hell. Die Spitzmaulnashörner lebten dagegen schon immer viel versteckter und grasen nicht, sondern fressen nur Büsche. Daher auch das eher spitze Maul. Sie leben in etwas sumpfigeren Gebieten. Sie rollen genauso gern durch den Matsch, aber weil es in ihrer Umgebung sumpfiger ist, bleiben ihre Körper dunkel, und deshalb heißen sie in Afrika Black Rhino.

Kapitel 11

Es ist sehr interessant, denn in dem Moment, wo das Nashornmännchen abgewiesen wird und durchdreht, braucht es viel Auslauf. Er läuft oft eine halbe Stunde lang, durch die ganze Anlage, und der Besucher sitzt da möglicherweise in einem teuren BMW und sieht den Bullen vorbeitoben. Da mag man vielleicht Angst um den Wagen bekommen, aber – Wunder der Wunder – auch in diesen Momenten, wo er rotsieht, markiert und halb besinnungslos vor Paarungslust im Matsch rollt, respektiert er die Autos auf der Straße. Über die Jahre sind sie für ihn wie so eine Barriere geworden, die er akzeptiert, diese Blechkisten auf der grauen Zunge der Straße. Sie haben gelernt zu sagen: *Ach, komm, die bringen uns das Heu,* oder irgendwie so, sie laufen nebenher oder warten, bis die Autos weitergefahren sind, und gehen dann erst auf die andere Seite. Das ist faszinierend zu sehen. Es ist jetzt nur ein Beispiel, wie sich ein Safaripark zu einer mega Artenschutzstation entwickelt. Die Nashornzucht von Hodenhagen ist weltbekannt. Man könnte jeden Zoo der Welt anrufen oder jede Koordinationsstelle.

Es sind in den 90er-Jahren Tiererhaltungsprogramme entstanden, die Europäischen Erhaltungszuchtprogramme (EEP). Ein Zoologe aus einem Tierpark oder Zoo wird gewählt und er hat die Aufgabe, zu koordinieren und zu sagen, dieser Bulle, der in Israel geboren ist, würde jetzt super in den Kopenhagener Zoo passen, weil da gerade ein Bulle gestorben ist. Also ruft er in Israel an und sagt: *Mensch, ihr habt doch drei Bullen, schickt doch bitte einen davon nach Kopenhagen!* Dänemark ist verpflichtet, den Transport zu bezahlen, weil der Zoo in Israel nichts dafür kann, dass dieses Nashorn jetzt wegmuss. Und das macht man freiwillig und kostenfrei. Nur im Namen der Erhaltungszucht. Dann nimmt man sechs-, sieben-, achttausend Euro. Der Zoo in Dänemark besorgt eine Kiste, schickt einen Lkw und holt sich das Nashorn. Vielleicht drei, vier Jahre später, Bumm, ist ein Baby da. Und dann war es ein großer Erfolg für den EEP-Koordinator. Sie können jeden EEP-Koordinator anrufen und nach Nashörnern fragen. Die würden sofort sagen, ja Hodenhagen ist der Elvis Presley, der Wilson der Nashornzucht in Europa. Das ist unser großer Erfolg. Wir haben auch Erfolge bei der Elefantenzucht. Afrikanische Elefanten pflanzen sich in Gefangenschaft sehr, sehr selten fort, aber hier in Hodenhagen wurden schon zwei Kälber gezeugt, die Nelly und der Bubu, 2006 und 2011. Das war auf natürliche Art und Weise, ohne künstliche Besamung, und auch das liegt an der Größe der Anlage. Mit 7900 Quadratmeter haben wir eine der größten Elefantenanlagen in Europa.

Diese zwei Aspekte sind mir sehr wichtig. Die Ursprünge des Safariparks waren erschreckend. Sehr traurig, ja. Aber es hat sich zu einem Megaerlebnis für die Besuchergäste entwickelt, und gleichzeitig sind es enorme Artenschutzstätten geworden, also Reservate für Tiere, die viel Platz für Auslauf haben und somit ihre artentypischen Rituale fast wie in der freien Wildbahn ausleben können. Dadurch kommen auch die Jungtiere etwas stärker, etwas stabiler auf die Welt als in einem Zoo, wo sie auf vierhundert oder sechshundert Quadratmetern nur wenig Bewegung haben.

Den Zoo der Zukunft sehe ich so, dass er sich spezialisiert und seinen Tieren die bestmöglichen Bedingungen schafft. Sie können heutzutage Gehege bauen, das glauben Sie gar nicht! Zum Beispiel ein Schnabeltier aus Australien. Das ist komplett blind, sieht nur Schwarz, und so können Sie es prima hinter Panzerglas halten. Sie stellen Panzerglas auf und schütten ganz viel Muttererde auf die andere Seite. Darauf setzen sie ein Schnabeltier-Pärchen. Sie werden sehen, in einer halben Stunde hat das ein Nest gebohrt, weil es so schnell buddelt, und Sie als Gast sehen zu. Sie können die Paarung beobachten, sehen, wie sie ein großes Loch ausbuddeln und später die Eier darin ablegen. Sie beobachten das Schlüpfen der Babys, während das Tier davon überhaupt nichts mitkriegt, weil es blind ist. Das finde ich sensationell. Warum machen die Zoos so was nicht?

Meine Vision ist, dass man diese Reservate auch aus der Artenschutzperspektive nutzt. Dass man also zusieht, dass sich die Jungtiere gut entwickeln – mit kräftigen Muskeln, möglichst wie in der freien Wildbahn – und nicht immer kleiner werden wie die typischen Zoogeburten. Und zweitens, dass man für die etwas kleineren Tiere mit pfiffigen Ideen die Zoos der Zukunft baut. So, dass sowohl Zoos als auch der Safaripark für die Besucher attraktiv bleiben. Viele Leute kommen hierhin und besuchen trotzdem den Zoo in Amsterdam, Berlin, München oder Wien. Das sind beeindruckende Zoos. Der Tiergarten Schönbrunn in Wien ist der älteste Zoo der Welt, über 250 Jahre alt. Hagenbeck ist zwar nur wenig über hundert Jahre alt, war aber der weltweit erste Zoo ohne Gittergehege. In Frankfurt haben sie die Bombenkrater vom Zweiten Weltkrieg in den Zoo integriert. Diese kreisrunden Krater boten sich als Gehege an. Es gibt wundervolle Zoologische Gärten mit fantastischer Geschichte, die man dort heute noch erleben kann, also mit Vintage-Anlagen. Es ist faszinierend.

Es gibt wer weiß wie viele gefährdete Tierarten, die man schön und artgerecht präsentieren kann, wie vorhin mit dem Beispiel vom Schnabeltier hinter Panzerglas. So eine Anlage ist auch aufwendig. Sie braucht Filteranlagen für die Wasserversorgung, und die dicken Glasscheiben sind auch bestimmt nicht billig. Also niemand möchte, dass die Zoos schließen. Aber aus meiner Sicht müssten sie sich mehr auf

Tierarten konzentrieren, die sich im kleineren Bereich wohlfühlen. Dann würden auch die Jungtiere nicht schwächer oder kleiner geboren werden, der Artenschutz wäre also gesichert. Das ist eine der vier Funktionen des Zoos. Eine Art Arche Noah der Gene zu sein, falls mit dem Planeten etwas passiert. Dann könnte man die Tiere wieder langsam irgendwo aussiedeln. Seien es ein paar Vögel oder ein Paar Pinguine oder so. Das ist das perfekte Beispiel. Angenommen, das gesamte Eis der Erde schmilzt. Alle Pinguine in freier Natur sterben. Aber angenommen, es war nur eine kurzfristige Klimaveränderung und nach dreißig Jahren kehrt die Kälte und damit das Eis zurück. Man könnte kleine Pinguinkolonien aus den verschiedenen Zoos der Welt nehmen, sie auf die Eiskappe stellen und sagen: *Gebt Gas und vermehrt euch wieder!* Dann sind die Pinguine wenigstens wieder da. So einfach würde das gehen.

Das ist die eine Funktion des Zoos. Die zweite ist die Forschung. Drittens hat der Zoo eine edukative Funktion, etwa den Kindern zu zeigen, dass es nicht nur die lila Kuh gibt. Dass es Giraffen, Löwen, Elefanten und solche Tiere nicht nur im Film oder als Kuscheltier gibt. Ich halte es für sehr wichtig, Kindern beizubringen, dass wir nicht allein auf der Erde sind. Auch wenn wir die dominante Art sind, sollten wir bescheiden und respektvoll leben. Ich finde, Tiere geben enorm viel. Allein vor einem Tier zu stehen und zu schweigen, auch als Kind, als fünfjähriges, zwölfjähriges, fünfzehnjähriges Kind, einfach zu beobachten:

Kapitel 11

Was macht das Tier? Wie bewegt es sich? Es ist ein bisschen anders als ich, und ich finde, allein das lehrt unheimlich viel. Einfach zehn Minuten vor einer Giraffe zu stehen, vor einem Gorilla oder was auch immer. Respekt zu zeigen und zu sagen: *Wow, ich bremse mal später auf der Straße, wenn ein Tier kommt, und ich gebe nicht Gas wie ein Trottel.* Tiergärten geben uns viel für die Seele.

Der vierte Baustein eines Zoos ist auf jeden Fall der Aspekt der Schaffung von Gebieten, die mit dem Zoo verbunden sind. Einerseits der Zoo, andererseits die Wildnis, und dass diese Bereiche miteinander kooperieren, im Austausch sind. Ex sito, in situ. Ein Tierpark verbindet sich beispielsweise mit einem Reservat in Afrika oder Asien. Früher oder später wird es sowieso keine Wildnis mehr geben. Es sei denn, es käme eine Pandemie wie Corona, nur noch viel schlimmer, dass vielleicht vier Milliarden Menschen innerhalb von zwei Monaten sterben. Dann könnte sich eine Wildnis neu entwickeln. Aber wenn wir uns weiter so vermehren, sind wir in ein paar Jahren neun Milliarden und dann zehn Milliarden und so weiter, und jeder Mensch will sein Haus, einen kleinen Garten und sein Steak. Also müssen nicht nur mehr Häuser gebaut, sondern auch größere Felder für mehr Rinder geschaffen werden, und irgendwann ist die Wildbahn weg, wie wir sie heute noch zumindest aus Filmen und Berichten kennen. Daher ist es wichtig, dass Reservate mit Verbindungen zu großen Zoos oder Tierparks entstehen. So, dass man sagt: *Ah, okay, bis dahin kannst du bauen, aber da ist dieses Reservat und das lässt du bitte in Ruhe, weil, ich weiß nicht, ich als Zoo Berlin involviert bin und mit für die Berggorillas sorge, meinetwegen. Du kannst machen, was du willst, aber die Berggorillas sind tabu, die werden nicht berührt, sonst gibt es Ärger!* Man muss das so aufziehen, dass die Menschen auch zum Beispiel in Uganda sagen: *Oh, da steht die Stiftung vom Zoo Berlin hinter, da dürfen wir den Wald nicht abholzen.* Damit man wenigstens ein paar Reservate in der Natur erhalten kann. Es ist traurig, das so auszudrücken, weil früher die Zoos die Standbeine der Natur waren, aber in der Zukunft könnte es umgekehrt sein. Dass ein Zoo mit seinen Tierärzten und Forschern die Natur unterstützt und immer im Blick behält, was dort gerade geschieht. Ich halte es für enorm wichtig, dass da Verbindungen entstehen. Das ist nicht einfach, weil die Regierungen in diesen Ländern leicht bestechlich sind. Wenn ein Großinvestor etwa eine Hotelkette in die Wildnis setzen möchte und sich mit einem Koffer voller Dollar beim Minister vorstellt, ist doch vieles möglich, was nicht sein dürfte. Ich will es nicht beurteilen, ich kenne die Verhältnisse nicht direkt, aber ich habe gehört, dass es heutzutage immer noch so läuft.

Es gibt die Fleischlobby, die Autolobby, die Waffenlobby, alle haben ihre Lobby, aber ich finde, wir sollten uns vor allem für die Tiere und ihre Rechte und auch die ursprünglichen Heimatgebiete einsetzen. Wir sollten uns um die wenigen noch existierenden Reservate kümmern, und darin sehe ich die vierte wichtige Aufgabe der Zoologischen Gärten. Man kann leicht als PETA oder Vier-Pfoten-Organisation oder als normaler Bürger sagen: *Oh mein Gott, diese armen Tiere in den Zoos, die kann ich nicht mehr sehen. Schafft bloß die Zoos ab!* Man kann sich schnell fragen, ob die Institution Zoo noch zeitgemäß ist, aber wenn man diese vier Säulen betrachtet, wird einem klar, dass ein Zoo wichtige Aufgaben und schon allein dadurch seine Berechtigung hat. Das lässt sich auch gegen den fanatischsten Tierschützer verteidigen, der da sagt: *Tiere gehören nicht in einen Käfig oder in ein Gehege.* Von diesen vier Säulen finde ich vor allen Dingen die letzte, die sich vielleicht erst einmal sehr traurig anhört, am wichtigsten. Dass wir wenigstens kleine Flecken von Wildnis für die Zukunft erhalten. Die können nur die Zoologen schützen, weil wir die Expertise haben, und die Politik kann unterstützen und mit uns nach Uganda fliegen und mit dem Ministerpräsidenten verhandeln. Eine Lodge von Hilton, also da bitte nicht, da leben die Berggorillas, die vom Zoo Berlin oder vom Serengeti-Park geschützt und von einer Stiftung mitfinanziert werden. Ein Beispiel nur. Das kann eben nur der Zoo initiieren, indem er mit solchen Reservaten schon bestehende Achsen finden lässt und dann zur Politik geht und auf die Verbindung hinweist. Ob das jetzt die finale Idee ist, weiß ich nicht. Aber wenn wir nicht anfangen, in diese Richtung zu

Kapitel 11

arbeiten, ist die Wildnis bald weg. Viele Forscher sagen, die Wildnis ist jetzt schon weg, weil die Einflüsse von Handy-Antennen, Lichteinstrahlungen, von Städten, die zwar weit weg sind, aber nachts das Licht in den amazonischen Wald schieben, diese nachtaktiven kleinen Affen mit den großen Augen stören. Sie fallen tot um, weil sie diese Antennen, diese Schwingungen spüren und es nicht mehr schaffen, zu jagen. Es sind empfindliche und komplexe Gleichgewichte. Und die stören wir jetzt schon, ohne es zu wissen, weil wir denken, auf diese Paar Antennen komme es doch wohl nicht an. Von daher sagen viele: Es gibt schon heute keine Wildnis mehr. Die amazonischen Wälder werden permanent gerodet, ohne dass jemand eingreift. Es ist das letzte Herz, nicht nur für den Sauerstoff, sondern auch für viele Millionen von Tierarten, Insekten natürlich, aber auch Frösche, kleine Affen, große Affen und so weiter. Wenn Sie einen Teil vom Amazonas schneiden, drängen Sie die Tiere ja nicht nur zwanzig Zentimeter weiter in den Wald zurück. Nein, sie fliehen komplett aus ihrem Heimatgebiet. Dann finden sie ihr gewohntes Futter nicht mehr, auch wenn der Wald dort vielleicht für uns genau gleich aussieht, und dann kommen sie schließlich in die Menschensiedlungen und Zoonosen entstehen. Ameisen zum Beispiel bekommen eine solche Angst durch die Geräusche von Baggern und Maschinen, dass sie zwanzig Kilometer in den Wald fliehen, weil sie sich erst da wieder sicher fühlen. Aber dort finden sie eben nicht mehr ihre ursprüngliche Nahrung. Dann verrecken alle und wieder ist eine Art ausgestorben. Wir richten so viel Schaden an, ohne dass wir es merken. Aber wir verfahren uns ein bisschen. Ich glaube, in manchen Gegenden Afrikas gebären die Frauen noch immer im Durchschnitt zehn Kinder. Natürlich dürfen sie machen, was sie wollen. Wer sollte ihnen auch sagen: *Du darfst ab jetzt nur noch ein Kind haben*? Aber wenn das so weitergeht, wird eben die Natur immer mehr verschwinden, werden die Tiere ihre Lebensräume verlieren, und von daher ist es wichtig, dass man diese In-situ-/Ex-situ-Achsen baut, Brücken zwischen Zoo und Wildbahn.

KAPITEL 12

Mailand

Aber zurück zu mir und der Geschichte. Jetzt gehen wir nach Mailand, die Geschichte fliegt so, weil es hochkomplex ist, Wir sind Anfang der 80er-Jahre, ich bin elf oder zwölf Jahre und gerade fertig mit der englischen Schule, und da hat meine Mutter gegen meinen Vater ein Gerichtsurteil gewonnen. Ich soll zu ihr kommen, bei ihr leben. Ein neuer Abschnitt beginnt. Fort vom Park. Fort von den Tieren.

Ich kam zu meiner Mutter und den Großeltern in die Via Pogatschnig Nummer einunddreißig. Die Straße lag im qt8, im Quartiere Triennale 8. Das komplette Viertel war anlässlich der 8. Triennale, der Designausstellung 1947, geplant und gebaut worden. Es war Peripherie, aber keine schlechte Ecke. Nicht das schicke Zentrum von Mailand, wo alle mit Pelzmantel und der dicken Rolex rumlaufen, aber es war nicht übel. Es war das moderne Mailand mit Hochhäusern, mit kastenartigen Wohnblöcken wie in den kommunistischen Oststaaten, aber alles sehr ästhetisch und mit vielen Bäumen, Alleen und großzügigen Parkanlagen. Das Haus hatte vier Stockwerke mit hübschen, begrünten Balkonen, und es gab schon eine Sprechanlage. Pogatschnig war Architekt und Chefredakteur der Architekturzeitschrift Domus und hatte auch etwas mit der Organisation der Triennale zu tun. Er wurde im Konzentrationslager ermordet, da er sich der Résistance angeschlossen hatte. Sie haben also diese schöne Straße nach ihm benannt. Direkt gegenüber von uns war ein schöner Spielplatz vor dem Haus mit einem Pavillon, der ein bisschen wie eine amerikanische Tankstelle aussah. Es war der Versuch einer neuen Art von

Kapitel 12

Urbanistik. Hier war der Palazzo dello sport, das Schwimmbad Lido di Milano war in der Nähe und es gab gute U-Bahn-Verbindungen, sodass halb Mailand an den Wochenenden zu uns hinausströmte. Im Palla Lido spielte Mailands Basketballmannschaft, und es gab einen begrünten Hügel, den Monte Stella, der aus den Schuttresten des Krieges entstanden war und von dem man an klaren Tagen die Alpen sehen konnte. Das war ab jetzt mein Viertel.

Meine Mutter hatte viel Energie und Geld investiert, um mich aus Hodenhagen zu holen. Allein die Anwaltskosten verschlangen ein kleines Vermögen. Es dauerte Jahre, aber endlich hatte sie gerichtlich erwirkt, dass ich bei ihr bleiben durfte. Da sollte man meinen, sie hätte mich von nun an mit Zuneigung und Aufmerksamkeit überschüttet, aber so war es nicht. Man könnte sagen, dass meine Mutter vielleicht eine dieser Frauen war, die eigentlich keine Kinder hätten haben sollen. Manche Frauen sind die geborenen Mütter und andere wären besser nicht Mutter geworden. Dazu gehörte sie. Sie war damals Anfang vierzig und sah immer noch umwerfend aus. Sie hatte Lust zu leben. Sie wollte mit Männern ausgehen, Partys feiern, schöne Urlaube machen. Sie hatte schon immer viel Erfolg bei Männern gehabt, also hat sie das natürlich ein bisschen genießen wollen. Sie war schon für mich da, um Gottes willen, aber vielleicht oft etwas halbherzig. Sie hatte dann auch einen Freund, Martino Sassella, vor dem sie uns als Familie versteckt hielt. In der Scuole Medie, der Mittelschule, hatte sie mich unter seinem Nachnamen angemeldet, denn mein Vater sollte nicht erfahren, wo ich mich tagsüber aufhielt. Er war damit ganz und gar nicht einverstanden, dass ich jetzt bei ihr lebte. Wenn er anrief und mich sprechen wollte, wimmelte sie ihn ab. *Fabrizio spielt gerade draußen Fußball, er ist im Schwimmbad* und so weiter. Ich durfte lange Zeit nicht mit ihm telefonieren. Irgendwann hat sie angefangen, ihn ganz leicht zu erpressen: *Wenn du Fabrizio wieder sprechen möchtest, musst du statt tausend Mark eintausendsiebenhundert Mark schicken, ich brauche hier mehr Geld, das Kind ist jetzt hier, es frisst wie ein Mähdrescher, schick Geld!,* und mein Vater, sobald er sich erpresst fühlte, schaltete natürlich sofort ab, typisch Macho, der absolut falsche Typ für Erpressung. Sie hätte sich eigentlich denken können, dass er ihr Spiel nicht ewig mitmachen würde und dass es übel enden könnte. Schließlich war mein Vater bekannt für seine Wutausbrüche. Wahrscheinlich war es auch Martinos Idee gewesen und er hatte meine Mutter gedrängt, alle Skrupel und Bedenken über Bord zu werfen, und sie angestiftet, meinem Vater eins auszuwischen. Beide waren sie voller Hass auf meinen Vater. Ich weiß jedenfalls nicht, wie sie es hinbekommen haben, aber in der Schule war ich Fabrizio Sassella und nicht mehr Sepe. Sie haben mir eingebläut: *Wann immer dich jemand nach deinem Namen fragt – du bist Fabrizio Sassella.* So konnte mein Vater lange Zeit nicht herausfinden, in welche Schule sie mich gesteckt hatten.

In Hodenhagen war alles klein und überschaubar gewesen, in Mailand brodelte das Leben. Ich kam zwar kaum aus meinem Viertel heraus, aber das war auch nicht nötig, denn hier war alles, was ich brauchte. Spielplätze, Parks und Sportarenen. Das San-Siro-Stadion war zum Beispiel gleich um die Ecke. Schon ein paar Jahre vorher, bei einem Besuch in Mailand, als ich acht Jahre alt war, hatte mich Nonno Augusto mit zum AC-Mailand-Spiel genommen. Es war eins der letzten Spiele des berühmten Gianni Rivera gewesen, und es hat sich mir eingebrannt. Ich weiß noch, wie wir uns von der Via Pogatschnig auf den Weg machten. Es waren so etwa zwei Kilometer bis zum Stadion und wir gingen zu Fuß, und schon unterwegs war ich komplett aus dem Häuschen, weil ich im Radio schon ein bisschen Fußball gehört und auch manchmal ein Spiel im Fernsehen gesehen hatte, aber ich hatte natürlich überhaupt keine Vorstellung, wie es in echt sein würde. Ich war sehr gespannt und dann auch ein bisschen erschrocken, weil das Stadion wie das Kolosseum in modern aussah, ein beeindruckender, monumentaler Bau. Wir waren viel zu früh, bestimmt so zwei Stunden vor Anpfiff. Ich weiß nicht, wieso mein Opa das nicht besser getimt hatte. Ich vermute, er hatte Angst, Fehler

Kapitel 12

bei den Sitzreihen zu machen, weil er mehrere Jahre nicht mehr da gewesen war. Wir zogen also unsere Tickets am Eingang und kamen locker rein. Es wurden über siebzigtausend Fans erwartet, aber jetzt war es noch nicht voll. Wir nehmen Platz hinter dem Tor auf der Südseite. Langsam füllt sich das Stadion, mit Taumel und sehr vielen komischen Fans, die noch komischere Sachen geraucht haben, und endlich dämmert es meinem Opa, dass wir in der Fankurve gelandet waren. Also haben wir uns da vorsichtig wieder rausgeschlichen und Plätze auf der Westseite gefunden, wo auch Familien mit Kindern waren. Ich war sofort begeistert von der Stimmung, ich hatte am ganzen Körper Gänsehaut. Die Spieler kommen rein, AC Mailand gewinnt das Spiel grandios mit zwei zu null und der berühmte Spieler hält seine Abschiedsrede! Zu Hause war ich komplett fertig und überdreht, und von dem Tag an war ich AC-Mailand-Fan. Später hatte ich eine Dauerkarte und bin sogar zu Spielen gegangen, wenn Schnee lag. Einmal waren es dreißig Zentimeter, und man musste mithelfen, alles frei zu schaufeln. Ich bin der Mannschaft mit absoluter Leidenschaft gefolgt. Leider fingen nach diesem ersten Spiel die schweren Jahre für den AC Mailand an. Relegation in die zweite Liga, sogar zweimal, eine Katastrophe, aber dann kamen die 80er-Jahre und Silvio Berlusconi kaufte die Mannschaft. Ab da war es ein Traum. Es kamen zwanzig Jahre, in denen das Team nur so durchmarschierte und alles gewann. Bei einem der schönsten Endspiele der Geschichte des Vereins war ich dabei, 1989 in Barcelona, AC Mailand gegen Steaua Bukarest. Dieses Spiel war so unglaublich. Neunzigtausend Fans waren aus Mailand gekommen, elf Stunden Anreise! Wir schliefen zwei Nächte in einem kleinen Hotel in der Vorstadt und fieberten dem Spiel entgegen. Aus Osteuropa durften noch keine Fans einreisen, und so war das ganze Stadion komplett mit AC-Mailand-Fans gefüllt. Und dann hat Mailand noch vier zu null gewonnen und die zweite Champions League der Vereinsgeschichte nach über zwanzig Jahren geholt. Das werde ich nie vergessen. Ich habe wahllos Menschen umarmt, wie bei so vielen Siegen auch im San-Siro-Stadion. Fußball hat einfach diese

Magie. Wenn neunzigtausend verschiedene Menschen gleichzeitig aufspringen und jubeln, das ist einfach ein Freudenschrei Richtung Universum!

Eine ähnliche Leidenschaft, die etwa zur gleichen Zeit in mein Leben trat, war Basketball. Mit elf stand ich zum ersten Mal auf dem Play Ground im qt8 und die folgenden achtzehn Jahre ließ mich die Begeisterung für das Spiel nicht los. Lange konnte ich mir für die Zukunft nichts anderes vorstellen, als Basketballspieler zu werden.

In dieser Halle spielte auch Olimpia Milano, eine der berühmtesten Basketballmannschaften Europas. Gleich nach der Schule schlüpfte ich in meine Sportsachen und spielte den ganzen Nachmittag, manchmal bis zu fünf Stunden am Tag. Einmal sah ich Dino Meneghin aus der Ferne. Er drehte seine Joggingrunde, und mein Freund und ich versuchten, ihm zu folgen, aber er war so durchtrainiert, dass wir keine Chance hatten. Dino war damals der beste Basketball-Nationalspieler in Europa. Zwei Meter und fünf Zentimeter groß, einhundertzehn Kilo schwer. Was habe ich den Typen bewundert! Jede zweite Woche gab's ein Heimspiel im Pala Lido. Die Halle hat

Kapitel 12

Platz für sechstausend Zuschauer und es war wie in einem Kessel, unglaublich, dieser Jubel und die Begeisterung! Diese Spiele zu sehen war eine große Inspiration und allein durch das Beobachten wurde ich selbst immer besser und landete schließlich mit meiner Mannschaft in der zweiten Liga. Ich war damals in Topform, konnte mit zwei Händen den Ball in den Korb hineinsenken und war gut in der Abwehr. Es war viel und hartes Training, aber es hat sich gelohnt, schon allein wegen der traditionellen Pizza-Abende nach dem Spiel!

Später, wenn ich in den Urlaub in andere Länder gefahren bin, habe ich Basketballspiele besucht oder mit Einheimischen gespielt. Einmal sogar in Trinidad und Tobago, als ich dort mit einem Mietauto in das Dorf der Rasta-Männer kam.

Der Basketballplatz war sehr einfach, Sandboden, und es gab lediglich ein Holzbrett mit einem Eisenring, aber das reichte. Ich spielte den halben Tag lang mit den jungen Männern und am Abend hatten wir uns so angefreundet, dass sie mich zum Essen einluden. Es gab allerdings keine Bratwürste oder Steaks, sondern Spicy Iguana

(Leguanschwänze). Die Besonderheit dabei ist, dass man die Leguane nicht tötet. Man trennt ihnen einfach den Schwanz ab, der ihnen wieder nachwächst, und kocht ihn so lange, bis sich die Haut leicht ablösen lässt. Dann schneidet man das Fleisch in kleine Gulaschstücke, würzt alles kreolisch und am Ende schmeckt es fast wie Hühnchen. Superlecker.

Basketball hat mir viel fürs Leben mitgegeben, es hat mir beigebracht, ein Teamplayer zu sein. Umso mehr man die Kameraden unterstützt und den Ball abgibt, desto besser ist es für die Mannschaft. Insofern hilft Basketball, das Ego runterzuschrauben. Außerdem hat mir Basketball beigebracht, meinen Körper intensiver zu spüren und zu verstehen. Auf dem Spielfeld ist es wichtig, eine Strategie zu haben, die sich an den jeweiligen Gegner anpasst, und wenn man das versteht, begreift man auf einmal, dass diese Regeln auch im Leben gelten, dass es eben auch da wichtig ist, flexible Strategien zu entwickeln. Michael Jordan, den ich sehr bewundere, hat zum Beispiel gesagt: *Limits like Fear are just an Illusion*. Ich meine, das ist doch schon mal ein gutes Lebensmotto.

Über die Jahre habe ich mir viele Träume verwirklicht. Ich war in Miami beim Halbfinale der NBA und sah das unglaublichste Spiel meines Lebens mit dem besten Spieler der Welt, LeBron James. Meine Mutter hatte irgendwo die Ehefrau von Dino Meneghin kennengelernt, jenem unglaublichen Basketballspieler, den ich als Junge in Mailand verfolgt hatte, und lud sie und Dino einfach zu meinem Geburtstag ein. Ich konnte es kaum fassen, aber an meinem siebenundvierzigsten Geburtstag saß dieser Typ tatsächlich neben mir am Tisch und ließ sich von mir über seine Spielerfahrungen ausfragen! Ich war total überrascht, wie nett und bescheiden er war. Als Geburtstagsgeschenk brachte er mir ein Nationalmannschaftstrikot seines Sohnes Andrea mit, ebenfalls Nationalspieler, der das bei den Europameisterschaften getragen hatte. Das hat mich sehr berührt. Viele Spielerlegenden haben mich nachhaltig beeindruckt. So auch Earvin Magic Johnson, der seine Gegner lächelnd geschlagen hat,

Kapitel 12

oder Larry Bird, der lebende Beweis, dass man kein Afroamerikaner sein muss, um gut Basketball zu spielen, oder Julius Erving, besser bekannt als Dr. J. Er war der Spieler mit den größten Händen. Er konnte einen Basketball mit einer Hand festhalten, fast so wie andere einen Tennisball.

Also ich muss sagen, dass mir Basketball neben all den wunderschönen Momenten auch für das Berufsleben sehr viel geschenkt hat. I love the Game!

Es waren wohl glückliche Jahre in Mailand, zumal ich auch meine Großeltern über alles liebte, vor allem Nonna Concetta, die Oma mit dem Schnurrbart. Sie war einfach unglaublich. So eine herzliche Frau! Sie hat einfach nur gegeben, ohne etwas zurückzuwollen. Das war schon ein enormes Zeichen von Liebe. Sie sagte niemals, *so, jetzt machst du aber deine Schularbeiten, und wenn nicht, dann kriegst du keinen Nachtisch oder darfst nicht fernsehen* oder so etwas. Ich glaube, sie hatte eine ganz besondere Erziehung in Apulien erhalten, sonst wäre sie nicht so gewesen, wie sie war. Für Außenstehende mochte sie eine nicht besonders gut gekleidete Frau mit weißen Haaren sein. Für mich war sie der Mensch, der mich so geliebt hat, wie ich war. Ohne je etwas von mir zu wollen, etwas zu erzwingen. Sie war so gut, dass wir sie irgendwann „la Nonna blu" genannt haben, die blaue Oma, weil man bei ihr immer so ein warmes Gefühl hatte.

Als sie starb, war ich einundzwanzig. Sie ist eines Morgens aufgewacht und konnte nicht mehr aufstehen. Ihre Beine waren plötzlich beide gelähmt, und wir brachten sie schnell ins Krankenhaus. Und dann bekam sie eine schwere Blasenentzündung wegen Nierenproblemen. Sie war Mitte achtzig, da kommen schlimme Krankheiten, aber für mich war es ein Schock. Meine Oma hat ein paar Wochen gekämpft und ist dann im April 91 gestorben. Bei der Beerdigung mussten sie mich festhalten, weil ich ins Grab springen wollte, so traurig war ich. Ich habe diese Oma so sehr geliebt, und als sie starb, brach eine Säule weg.

Kapitel 12

Ich weiß noch, einmal, als ich mit meinem Rucksack voller Bücher aus der Schule kam, kauerte eine kleine Babykatze neben der Eingangstür. Hellgrau mit weißen Flecken. Sie kratzte an der Tür, als wollte sie jemanden besuchen, und so nahm ich sie auf und brachte sie mit in unsere Wohnung im dritten Stock. Oma machte die Tür auf und verliebte sich auf der Stelle in das Kätzchen und ich glaube, das Kätzchen auch in Oma. Tinin nannten wir sie. Sie hat meine Oma noch um fast zehn Jahre überlebt. Sie rollte sich immer auf dem Schoß meiner Oma zusammen und lag da wie ein Baby, und Nonna blu hat sich mehrmals bedankt, dass ich ihr diese Katze gebracht hatte.

Mein Leben ist immer voller Überraschungen gewesen, und wenn ich anfing, mich irgendwo einzuleben, passierte etwas, das alles über den Haufen warf.

Wie schon gesagt: Wenn man meinen Vater reizte, konnte er wie ein Stier die Hörner senken und zum Angriff übergehen, und so sitze ich eines Morgens wie gewöhnlich im Klassenzimmer, als ich Sirenen höre. Natürlich ist das in Mailand nichts Ungewöhnliches. Ständig sind irgendwo Polizeieinsätze. Diesmal kommen die Sirenen aber näher. Es sind gleich mehrere Polizeiwagen, vier oder fünf, und die Carabinieri stürmen in die Schule, kommen ins Klassenzimmer und schnappen mich. Bevor ich es fassen konnte, saß ich schon im Polizeiwagen! Sie können sich vorstellen, wie die anderen in meiner Klasse geguckt haben!

Hinter der ganzen Aktion steckte natürlich, ganz klar, mein Vater. Er hatte einen Detektiv beauftragt, mich zu beschatten, und anstatt das irgendwie diskret zu regeln, ging mein Vater in die Vollen und ließ mich zurück nach Hodenhagen bringen.

Das währte aber nur ganz kurz, denn meine Mutter verlor zwar vor Gericht in einem großen Sorgerechtsstreit, weil man sein Kind nicht unter falschen Namen verstecken darf, aber der Richter befand, dass

Kapitel 12

auch mein Vater nicht gerade geeignet sei, mich zu erziehen. Und dann stand im Beschluss, dass der Junge besser wegsollte. Weg vom Vater, weg von der Mutter. Das war eine Art Verfügung.

Als ich das hörte, bin ich fast verrückt geworden. Nur weil die beiden sich nicht einigen konnten, sollte ich auf so ein Internat, abseits in den Schweizer Bergen? Sie zeigten mir Fotos. Eine Handvoll trutziger Gebäude auf einem Berg, umringt von Wiesen und Wald. So eine richtige abgeschiedene Festung. Weit in der Ferne ein See. Dahinter Berge. Das wollte ich auf gar keinen Fall! Einen Monat lang habe ich mich gewehrt. Aber es half alles nichts. Am Ende packte ich mal wieder meine Koffer und so wie damals begleitete mich meine Mutter erneut ins Unbekannte.

KAPITEL 13

Die 80er-Jahre im Park

Charles Steins übermütige Investition ins Ritz Carlton Hotel in Atlantic City und sein Konkurs hatte schwerwiegende Folgen für uns und die Tiere. Der Park schlitterte in die absolute Katastrophe. Mein Vater, der sich gerade wieder an den Jetset gewöhnt hatte, sah dem Bankrott entgegen. Er selbst als Mitgesellschafter hatte Geld verloren, die Holding war bankrott. Alle Parks fielen in die Konkursmasse. Was nun? Die Anwälte riefen an, die als Konkursverwalter eingesetzt worden waren, und sagten, *Sie müssen sich gedulden, weil wir in den USA mit der Konkursverwaltung anfangen.* Klar, schließlich saßen die meisten Aktionäre in den USA. Und die wollten das Geld so schnell wie möglich wiederhaben. Als Erstes wurde die Sushi-Restaurantkette „Benihana" verkauft. Danach die Diätzentren, Golfclubs, Restaurants, die Duty-free-Supermärkte, die Hotels. Das bedeutete, dass der Park ab 1980 ohne einen Cent Finanzierung von der Holding dastand und auch ohne Perspektive. Wir wussten nicht, wann wir verkauft werden würden, mussten aber schließlich irgendwie weitermachen. Wir hatten die Mitarbeiter, wir hatten die Tiere, die Fahrgeschäfte. Wir konnten uns nicht aus dem Staub machen. Der Park hatte kein Geld mehr, aber was sollten wir machen?

Keine einzige Bank war bereit, meinem Vater einen Kredit zu geben. Es gab zum Glück in diesen Jahren noch die Bezahlungsform der Wechsel. Und ich kann Ihnen sagen, das Büro meines Vaters war komplett tapeziert mit Wechseln, mit Reißnägeln, um zu sehen: Wann muss ich dies bezahlen, wann muss ich das bezahlen?

Das Geld für Futter war knapp, an neue Fahrgeschäfte oder

Kapitel 13

Attraktionen war gar nicht zu denken. Die Besucherzahlen gingen rapide runter, bis auf einhundertdreißigtausend Besucher im Jahr 1983, und ich kann Ihnen sagen, mit einhundertdreißigtausend Besuchern bekommen Sie so einen Park nicht gestemmt. Sie müssen die Hälfte der Mitarbeiter rausschmeißen. Sie können nichts mehr bestellen. Sie können nichts mehr bauen. Die ganze Anlage ging wie ein U-Boot unter. Keine Gärtner mehr im Park, überall wuchs Unkraut, und in den 80er-Jahren standen die Leute noch nicht auf Brennnesseln und Wildgras. Die fanden das gar nicht gut, wenn sie sich auf dem Weg zur Bimmelbahn die Beine an den Disteln stachen. Also das war gar nicht gut fürs Image. Für mich konkret bedeutete das, keine neuen Turnschuhe mehr, keine neuen Klamotten. Wir haben Heizöl aus dem Tank in unserem Haus im Rosenweg abgepumpt und es in den Park gebracht, um die Ställe der empfindlichen Tiere im Winter eisfrei zu halten. Und um unser Haus warm zu halten, ließ mein Vater einen einfachen Kamin aus Steinen bauen und verbrannte Altpapier und Holz, damit wir wenigstens einen warmen Raum im Haus hatten.

Dennoch versuchte mein Vater, sich nicht unterkriegen zu lassen, und erfand als neue Attraktion im Sommer 1983 den „Musikpark". Wir hatten ein Areal von circa fünfzehn Hektar, dort, wo heute die Affen in der Dschungelsafari leben. Damals waren da kleine Wege aus Rollsplitt, Sie wissen schon, diese unangenehmen roten Steinchen, die sich in die Sandalen drängen und dafür sorgen, dass die Räder von den Kinderwagen blockieren. Nicht gerade ideal für einen Park. Wir hatten dort mehrere Bänke stehen, aber das Ganze war nicht besonders einladend, bis mein Vater auf die Idee kam, diesen Bereich als Musikpark zu gestalten. Das war einfach und günstig, aber sorgte für eine gewisse Wohlfühlatmosphäre. Wie gesagt, war der Sänger Giuseppe di Stefano einer der besten Freunde meines Vaters. Bevor Pavarotti erfolgreich wurde, war di Stefano der berühmteste Tenor Italiens. Er hatte auch mal eine Liaison mit Maria Callas gehabt und war so beliebt, dass ihm Fans Schecks schickten, einfach so vier Millionen Dollar als Dankeschön, weil er ihr Leben mit seiner Musik bereichert hat. Giuseppe hat meinem Vater GEMA-freie, lyrische Lieder in einem Studio eingesungen und ihm davon eine Masterkassette geschickt. Von dieser Kassette machte mein Vater achtzehn Kopien, für jede Parkbank eine. In der Metro kaufte er einen ganzen Schwung günstiger Kassettenrekorder und montierte sie unter die Bänke, sicherte sie mit einem Stahlseil gegen Diebstahl. Diese Rekorder funktionierten mit Batterien. Das klingt heute so läppisch, aber 1983 war der Musikpark unsere Neuigkeit. Es bedeutete aber auch, dass diese Rekorder auf Play gedrückt werden mussten, und zwar möglichst schnell hintereinander, um eine harmonische Komposition zu ergeben. In jenem Sommer war ich dreizehn. Ich verbrachte die Ferien in Hodenhagen und es war klar, dass ich die Aufgabe übernahm. Mit meinem Fahrrad fuhr ich von Bank zu Bank und drückte überall auf Play. Allerdings musste man die Kassetten irgendwann umdrehen. Mittags hörte man überall so ein Klack-klack-klack, und ich flitzte wieder los und drehte die Kassetten um.

1983 war ein bitteres Jahr, und die Konkursverwalter rückten mit einer Delegation an. Schlimm, aber passen Sie auf, man muss wirklich permanent an Wunder glauben. Wenn man diese Geschichte hört, ist das einfach so. Es kann nichts anderes sein als ein Wunder. Und deshalb habe ich das Urvertrauen in diesen Park. Ich kann morgen sterben, aber diesen Park wird es immer geben, denn wenn er das überlebt hat, was ich Ihnen jetzt erzähle, überlebt er Meteoriteneinschläge, Klimakatastrophen und die Rückkehr der Dinosaurier. Es ist, als ob über diesem Park eine Art Aureole schweben würde, ein Strom aus positiver Energie. Vielleicht, weil dieser Ort dafür geschaffen ist, die Welt ein Stückchen besser zu machen. Wir versuchen, Kinder und Familien Hoffnung zu schenken, sie für die Zukunft zu begeistern, Tieren ein schönes Zuhause zu geben, Arten zu erhalten. Das sind so viele gute Sachen, verstehen Sie? Wir verschmutzen natürlich ein bisschen was mit den Autos, aber ansonsten ist alles voller Bäume. Es

Kapitel 13

ist ein kleines Paradies oder Reservat von Natur, wo sich Menschen und Tiere in Harmonie begegnen. Es sind so viele starke emotionale Energien über diesem Park, dass ich glaube, dass er sich selbst schützt. Er hat ein eigenes Schutzleben.

Im November kamen die Anwälte aus Chicago. Zwölf Anwälte, alle gleich angezogen mit schwarzen Mänteln und dunklen Hüten. Es war kalt und grau, und genauso sahen auch die zwölf Anwälte aus. So, als seien sie zu einer Trauerfeier angereist. Fehlte nur noch der Sarg. Sie saßen alle da und sagten: *Okay, es ist Zeit, dass wir den Park übernehmen.* Mein Vater nimmt seinen CEO-Vertrag aus der Tasche. Da kommt der abgebrühte Neapolitaner wieder heraus, und er geht auf Seite fünf, wo das Kleingedruckte steht, und liest einen Passus vor. Ungefähr stand da: *Falls etwas mit der Holding schiefläuft, habe ich als CEO Anspruch auf ein Vorkaufsrecht. Aus der Konkursmasse darf ich einen Park wählen, sofern er sich nicht in der Bauphase befindet, sondern bereits eröffnet ist.* Der Serengeti-Park war längst gebaut, mehrere Jahre in Betrieb, und die Anwälte mussten erst einmal schlucken und zugeben, dass sie von dieser Klausel nichts wussten. Sie müssten das erst einmal prüfen, sagten sie, und flogen zurück nach Chicago. Recht schnell kam die Antwort: *Okay, es stimmt, Sie haben ein Vorkaufsrecht, machen Sie ein Angebot!*

Mein Vater hatte allerdings kein Geld. Er war im Grunde ruiniert. In seiner Not macht er einfach ein Angebot über eine Million Dollar. Das war absolut lächerlich, wenn man bedenkt, dass der Park im Jahr 1972 neunundzwanzig Millionen Dollar gekostet hatte, das wären zweihundert Millionen von heute, und er bietet eine Million Dollar, bezahlbar in zehn Jahren mit Wechsel. Aber tatsächlich bekommt er binnen drei Wochen die Antwort: *Okay, ja, wir machen das.* Verträge gingen hin und her und wurden unterschrieben, und im Dezember gehörte uns der Serengeti-Park. Uns als Familie. Das heißt, die kleine Familie Sepe kaufte einem Riesenkonzern einen Park ab.

Aber die Freude hielt nicht lange, weil wir ja immer noch pleite waren. Der Park gehörte uns, aber die Situation war noch dieselbe. Mit einhundertdreißigtausend Besuchern können Sie nichts reißen, und so schlitterten wir mit einem Riesenskandal in das Jahr 1984.

Zunächst hatte mein Vater noch die Idee mit den Stierkämpfen, mit der Corrida. Das können Sie heute auch nicht mehr bringen. Mein Vater sagte: *Der Deutsche ist so ein Spanienfan! Er liebt Mallorca und die Costa Brava.* Und er hat gesagt: *Wer kein Geld hat, nach Spanien zu fahren, der kann in den Park kommen. Wir bieten dem Besucher Spanien-Flair in Niedersachsen!* Und er ließ eine Gruppe professioneller Toreros mit Stieren und Pferden aus Spanien kommen und baute eine Arena für, ich glaube, eintausendfünfhundert Besucher. Als Tierpark konnten wir die Stiere natürlich nicht töten lassen, das wäre komplett widersinnig gewesen. Deshalb haben sie die Show nur mit Stöcken ohne Spitze gemacht. Sie wurden jeweils für vier Monate gebucht, kamen dann aber mehrere Jahre hintereinander, so ein Erfolg war das.

Die Leute von der Corrida, die Spanier und überhaupt alle Künstler kamen immer zu uns nach Hause zum Essen. Mein Vater hat gern abends am Esstisch verhandelt. Nicht nur im Büro. Das ist die italienische Art, Geschäfte zu machen, indem man die Leute ein bisschen korrumpiert. So nach dem Motto: *Du hast dich bei mir vollgefressen und meinen teuren Whisky getrunken, wollen wir mal sehen, was du morgen zu meinem Vertrag sagst.* Das kommt noch von den Römern. Julius Cäsar und seine Armeen haben Gallien nicht zerstört, sondern sie taktisch eingenommen, damit sie lernen konnten, wie man Käse macht und Vasen herstellt, und andere kulturelle Techniken mit nach Rom nehmen konnten. Das ist so eine geerbte Sache. Heute geht das gar nicht mehr. Dagegen früher, mein Vater: *Okay, kommen Sie*

Kapitel 13

heute Abend! Das war eine Form, Kontakte zu pflegen, aber auch sich einzuschmeicheln. Als Kind fand ich das sehr schön, wenn wir diese ganzen Typen am Tisch sitzen hatten, die Toreros und Künstler.

Aber auch die Corrida konnte uns nicht aus der Patsche helfen. Es blieb dabei, wir hatten kein Geld, und jetzt kommen wir zu dem Skandal: Ein Großteil der Tiere wird mit Pellets gefüttert. Das ist gepresstes Gras, gemischt mit zusätzlichen Mineralien und Nährstoffen. Die Futterpellets kaufte man in großen Säcken bei der landwirtschaftlichen Kammer, und die waren nicht gerade günstig. Wir hatten zu dieser Zeit kaum Geld, und da kam mein Vater auf die Idee, die Pellets mit günstigen Sägespänen zu mischen. Im Krieg hat man in Bergamo auch die Polenta mit Sägemehl gestreckt, weil kein Geld da war. Schädlich ist das nicht, es macht den Magen voll, aber man hat eben weniger Nährstoffe zu sich genommen. Es lindert das Hungerfühl. Das gefiel einem der Tierpfleger aber nicht. Man kann ihm das nicht vorwerfen. Er war ein sehr engagierter Tierpfleger, der sich eben für seine Tiere einsetzte und dem es herzlich egal war, ob es der Firma schlecht ging oder nicht. Ihm gefiel das nicht und er meldete es der Presse.

Es war ein Riesenskandal und wir verloren die Mehrwertsteuerbefreiung als Zoologischer Garten. Wir verloren die Genehmigung, Tiere zu halten und verloren sogar noch die Anerkennung als Zoologischer Garten. Ein komplettes Desaster. In diesem Jahr kamen nur noch einhundertzwanzigtausend Besucher, also noch weniger als im Jahr zuvor. Eine Katastrophe.

Anfang Oktober sammelt mein Vater alle Schlüssel aus dem Park zusammen, um bei Gericht Konkurs anzumelden. So weit ist es. Die ganzen Schlüssel liegen ausgebreitet auf seinem Schreibtisch. Am nächsten Morgen will er sie in eine Tüte stecken und damit nach Walsrode zum Gericht fahren. Nun, in dieser Nacht brennt ein Kiosk komplett ab. Es hat einen Kurzschluss gegeben. Es war alles versichert und die Versicherung zahlt die neunhunderttausend Mark relativ schnell aus.

Kapitel 13

Und mit dem Geld der Versicherung, weil wir den Kiosk natürlich erst einmal nicht neu bauen, haben wir den Park gerettet. Der Versicherungsschaden hat den Park gerettet. Es gab das Gerücht, dass eine italienische Maus ein Kabel angeknabbert hat, damit es genau in dieser Nacht zum Kurzschluss kam, aber mein Vater hat mir geschworen, dass es wirklich reiner Zufall gewesen war. Dass es nicht fingiert war, keiner gefummelt hatte. Die Kripo oder die Gutachter der Versicherung hätten sonst auch etwas herausgefunden. Wir bekamen also das Geld und konnten das Unternehmen retten. Wir kauften besseres Futter, beruhigten den Tierpfleger und bekamen unsere Genehmigung zurück.

Somit gingen wir zuversichtlicher in die Saison 1985 und konnten gleich eine neue Attraktion präsentieren. Mein Vater hatte es geschafft, einem Schausteller ein altes Fahrgeschäft für dreißigtausend Mark abzukaufen, und stellte es im Park auf. Die Zeitungen berichteten damals über „Kosmos". Das war ein hydraulisches Fahrgeschäft, das hochfuhr und sich schnell drehte. Das brachte sofort zwanzigtausend Besucher mehr. Wahrscheinlich allein zu sehen, dass der Park irgendwas macht, hat schon ein paar Besucher animiert zu kommen. Mit diesen zwanzigtausend Besuchern mehr haben wir es geschafft, eine kleine Lebensmittelfabrik in Rethem zu kaufen. Sie war Konkurs gegangen und wurde in einer Auktion angeboten. Mein Vater bekam den Zuschlag für hunderttausend Mark, wahrscheinlich war er der einzige Verrückte, der sich für dieses marode Gebäude mit den Maschinen interessierte. Es waren so ähnliche Mischmaschinen wie früher bei der Invernizzi-Geschichte. Das Haus war aus Klinkersteinen, und es gab darin Wohnungen für Mitarbeiter und einen Hallenbereich mit Maschinen. Ich glaube, mein Vater dachte: Ich kaufe das mal schnell, denn wenn hier noch mal was passiert, also dass die Besucherzahlen in den Keller rutschen, haben wir wenigstens noch ein Standbein.

In diese Firma schickte er meine Schwester Veronica, einen Onkel von mir und noch einen Verwandten. Sie warfen diesen kleinen Betrieb an und begannen, Tortelloni, Parmigiano Reggiano, Pesto, Eis

Kapitel 13

und so weiter herzustellen. Alle möglichen italienischen Spezialitäten, die es zu der Zeit noch nicht so einfach im Laden zu kaufen gab. Diese Produkte wurden in die Gastronomie im Park geliefert und auch an Supermärkte verkauft. So hatten wir ein zweites Standbein.

Die Jahre waren nervenaufreibend und hinterließen auch Spuren im Haus. Stellen Sie sich vor, was bei uns zu Hause für eine Anspannung herrschte! Meine Schwester musste um fünf Uhr aufstehen und in die Firma fahren, damit der Park seinen Gästen rechtzeitig die frischen Tortellini servieren konnte. Ich werde nie vergessen, wie lecker das Eis war, das Veronica produzierte. Wir haben als Kinder den Kopf in die Maschinenluke gequetscht, auf den roten Knopf gedrückt und das Eis floss uns direkt in den Rachen rein. Aus dem Silo kam es schön weich. Haselnusseis, mega lecker. Und ja, es waren schwere Jahre. Jeder hat Pommes gekocht, jeder hat geholfen, wo er konnte. Lia saß bis spät in die Nacht über den Abrechnungen. Mein Vater war ab fünf Uhr morgens im Park unterwegs und gab, was er konnte.

Es gab auch ein paar lustige Ereignisse, die allerdings, als sie passierten, alles andere als lustig waren. Im Grunde waren das Katastrophen, die perfekt in diese Jahre passten.

Eins dieser Ereignisse passierte an einem Morgen, als ich in den Sommerferien zur Aushilfe im Park war. Ich weiß nicht, in welchem Jahr, aber ich war noch sehr jung. An dem Morgen waren fünf Bediener krank und zwei Leute hatten frei, also wirklich Personalnot, und er sagte: *So, du willst ja helfen. Heute kriegst du die Uniform.* Das waren damals lange blaue Hemden mit roten Streifen, ein bisschen wie im Zirkus, mit langen Ärmeln und einem Logo. Dazu trug man eine Serengeti-Park-Kappe. Mein Vater guckte sich die Listen an – er war immer mit dem Fahrrad und dem Walkie-Talkie unterwegs – und fragte so ein bisschen hin und her: *Wer bedient heute wo?* Und dann dreht er sich zu mir um und sagt: *Okay, du bedienst heute das kleine Riesenrad. Irgendwann musst du sowieso alles lernen.*

Kapitel 13

Das ist jetzt nicht so das super Fahrgeschäft, aber ich denke: *Komm, üb dich in Bescheidenheit!* Okay, ich ziehe mich um, setze mir die Kappe auf und gehe zum Riesenrad. Mein Vater sagt: *Warte da, bis der Chefmechaniker kommt, der Detlef.* Und ich stehe da mit meinem schrägen Käppi, warte, laufe nervös herum, sammle ein bisschen Papier auf, mache ein bisschen sauber, fege ein bisschen. Niemand kommt. Ich kann ja nicht anfangen, jemand muss mir zeigen, wie das Fahrgeschäft bedient werden muss. Woher soll ich mich auskennen? Irgendwann taucht dann dieser Detlef auf. Er hatte nicht gerade die beste Laune. An dem Tag gab es Probleme an der Kutschenbahn. Außerdem hatte es am Abend vorher geregnet und die Elektronik musste justiert werden. Detlef war also in Eile und genervt und zeigte mir, was ich zu beachten hätte. *So, hier lässt du die Besucher einsteigen. Bügel hoch, die Besucher steigen ein, Bügel wieder zu. Du gehst in die Fahrerkabine und drückst auf Start, dann drückst du auf Beschleunigen und dann, ganz wichtig, auf Konstant, so, konstant, damit du immer dieselbe Geschwindigkeit hast. Und dann kommt die nächste Familie, die lässt du einsteigen und dann machst du dasselbe, lässt sie vier Minuten fahren und dann drückst du auf Langsam, aber dann unbedingt, sobald du siehst, dass du die richtige Geschwindigkeit erreicht hast, um bald stoppen zu können, drückst du wieder auf Konstant, und wenn die Geschwindigkeit gering genug ist, wartest du, bis die Gondel an die Startposition kommt, und da drückst du auf Stopp. Das macht einen kleinen Ruck und die Leute können aussteigen, die nächsten steigen ein und so weiter.*

Das haben wir ein bisschen geübt und er ist wieder weg. Und ich: *Ah, cool, da kommt schon die erste Familie!* Die erste Familie, natürlich klar, ein riesiger Papa, so ein Hundertfünfzig-Kilo-Mann mit einer Filmkamera, die Mutter nicht viel dünner und der Sohn genauso. Sie sahen alle aus wie von Botero gemalt. Ich gleich Gondel auf und wieder zu, *herzlich willkommen, hallo,* ich drücke auf Start, dann Beschleunigen und Konstant. Und die liefen ganz fröhlich. Aber kaum eine Minute später kam die zweite Familie. Also ich geh auf Langsamer fahren, Langsam und dann Konstant. Gut. Und schon wieder die nächste Familie. Ich mache auf, lass die dritte Familie einsteigen. Ich beschleunige, drücke

Kapitel 13

auf Konstant. Und das Riesenrad fängt an, sich relativ schnell zu drehen, und mir fällt auf: *Moment mal, das wird ja immer schneller! Oh Gott!* Und das macht auch so ein komisches, ungutes Geräusch. Wumm, wumm. Und es wurde immer schlimmer. Immer schneller. Die Gondeln, die normalerweise so herunterhängen, die stehen schräg. Dieser etwas korpulente Vater filmt das Ganze mit seiner großen Kamera. Und irgendwann ruft er: *So, wir möchten jetzt aussteigen!* Und ich so: *Ah ja, äh, ich kümmre mich drum.* Ich flitze also in die Kabine und drücke auf Langsam, nur Langsam, und es hieß ja, Langsam und Konstant. Na ja, das Pult reagiert nicht und das Riesenrad geht immer schneller und die Leute rufen: *Hallo, es reicht jetzt!* Ich gerate in Panik und fange an, wahllos die ganzen Knöpfe zu drücken, und das Pult fängt an zu qualmen. Ich hatte kein Funkgerät, kein Handy, die gab's damals noch nicht. Ich brauchte Detlef!

Was sollte ich machen? Ich bin losgelaufen. Und das Riesenrad drehte sich mit voller Wucht. Ich werde das nie im Leben vergessen, diesen Moment, in dem ich in Richtung Werkstatt renne. Ich biege in die Rechtskurve und aus dem Augenwinkel, in der Ferne, sehe ich das Riesenrad mit den fliegenden Gondeln und die Frauen hatten alle die Haare so nach hinten. Und natürlich dauerte es ewig, bis ich Detlef gefunden hatte! Ich glaube, er hat dann einfach den Stecker gezogen, und das Riesenrad hielt. Er hatte vergessen, mir zu sagen, dass man das Riesenrad gegensätzlich beladen muss und nicht einfach die Gondeln hintereinander, weil sich sonst eine Unwucht aufbaut. Muss man erst einmal wissen …

Wenn ich das jetzt am Esstisch erzähle, lachen sich die Leute kaputt, aber damals war das alles andere als lustig. Nicht auszudenken, wenn da jemand verletzt worden wäre! Im Grunde war es sogar ein Wunder, dass alles gut gegangen ist. Die Leute bekamen Kaffeegutscheine, und nachdem sie mich alle einmal angeschnauzt hatten und ich erklärte, dass es mein erster Tag war, hatten sie wohl Mitleid mit mir und alles war gut.

Kapitel 13

Eine andere Geschichte in der Art gab es noch einmal mit dem Kosmos, jenem alten Rundfahrgeschäft, das mein Vater dem Schausteller abgekauft hatte. Die Gondeln waren in einem Kreis angelegt, der sich ein bisschen neigte. Man stieg ein und ging dann hoch auf zwanzig Meter und der Kreis drehte sich so schnell, dass die Gondeln aufgrund der Fliehkraft leicht nach außen standen. Betrieben wurde das Ding mit Hydraulik und man brauchte Öl, um das Ganze hochzuschieben. Es war so eine Mischung zwischen Hydraulik, Pumpen und Elektromotor.

Nun kommt eine Senioren-Busgruppe, alle so ein bisschen aufgekratzt, vielleicht angetrunken, ich weiß nicht, und sie wollen unbedingt mit dem Kosmos fahren. Ich komme gerade auf meinem Roller vorbei, sehe, wie sie einsteigen, der Bediener startet. Das Fahrgeschäft fängt an, hochzugehen, und ungefähr auf der Mitte, wo die Beschleunigung beginnt, platzt einer der Schläuche mit dem Hydraulköl. Genau auf Höhe der Gondeln. Das heißt, die ganze Seniorengruppe wird obenrum mit Öl bespritzt, und auch noch mit Druck dahinter. Der Bediener stoppt und kommt gleich aus der Kabine gerannt. Allerdings war schon überall Öl auf den Aluplatten. Die sind zwar gelöchert und mit solchen kleinen Noppen versehen, damit man nicht ausrutscht, nur das Fahrgeschäft war geneigt, und als die Senioren ausstiegen, sind sie gleich alle abgerutscht und bis vorn hingeschlittert. Katastrophe! Alle mit weißen Hosen, Lederjacken, und jetzt hatten sie das Öl nicht nur im Gesicht, sondern überall. Wir mussten alle auf unsere Kosten im Hotel unterbringen, Essen ausgeben, die Reinigungen bezahlen, aber dann waren sie beschwichtigt und glücklich. Die Szene war wie in einem Film.

Aber zurück zur Geschichte. Ostern 1987 standen wir erneut vor der Pleite.

Um den Park zur neuen Saison zu verschönern, hatte mein Vater fünf Tierpfleger mit einem Trecker und Anhängern in die Wälder geschickt. Sie sollten Tannen schneiden, mit so viel Stamm wie möglich.

Kapitel 13

Diese Stämme ließ er überall im Park einfach so reinstecken, nur als optische Verschönerung, um zu zeigen, dass wir ein bisschen was fürs Auge machen. Eine Art Fake-Wald. Nichts Halbes und nichts Ganzes. Solche Ideen werden in der Not geboren, genau wie das Vermischen von Pellets mit Sägespänen. Natürlich kann man diese Ideen kritisieren und zur Presse gehen wie der Tierpfleger – völlig respektabel, was er gemacht hat. Aber manchmal steht das Überleben im Vordergrund. So auch in der Corona-Pandemie. Da habe ich meinen Bereichsleitern gesagt: *Leute, wir lassen hier nicht los, wir müssen Ideen haben, bessere Ideen, pfiffige Ideen. Wir müssen neue Strategien entwickeln. Das ist, was jetzt gefragt ist von uns. Wenn wir in den Sack hauen – können wir gern machen, aber das bringt uns allen nichts.* Wenn ich so spreche, habe ich noch diese schweren Jahre im Kopf und in der Seele. Ich war damals noch sehr jung, aber alt genug, um alles mitzubekommen, und bin selbst mit dem Fahrrad los und hab die Kassetten im Musikpark an- und ausgemacht. Und wenn man vor diesem Hintergrund heute durch den Park läuft, kriegt man so eine Brust, und, ja, ich bleibe dabei, dass der Park ganz einfach unter einem guten Stern steht.

Im Jahr 1987 waren die Besucherzahlen wieder runtergegangen und wir standen vor dem Konkurs. Wieder hatte mein Vater die Schlüssel auf dem Schreibtisch liegen. Wieder wollte er am nächsten Morgen zum Gericht nach Walsrode und Konkurs anmelden. So ein Park hat unglaubliche Kosten wegen der Tiere. Sie kommen schnell an den Punkt, an dem Ihnen das Geld ausgeht.

Sie glauben es nicht, aber an dem Morgen, wo er zum Gericht will, ruft um neun Uhr fünfzehn die Kette Rewe an, die Supermärkte. Mein Vater sitzt noch im Büro und ist kurz davor, sich mit der Tüte voller Schlüssel auf den Weg zu machen. Das Telefon klingelt. *Wir sind von der Rewe-Kette. Wir möchten Ihre Fabrik in Rethem kaufen.* Mein Vater bleibt cool. Er müsse darüber in Ruhe nachdenken, sagt er und legt auf. Zwei Tage später ruft er zurück. Und sagt: *Ja, ich wäre bereit zu verkaufen, aber nur für anderthalb Millionen Mark.* Ein total überzogener Preis! Das Ganze ist im Grunde kaum etwas wert, aber sie sagen

Kapitel 13

sofort: *Ja, Herr Sepe, uns interessiert dieser Standort. Okay.* Es wurden Verträge gemacht und zwei Monate später war das Geld auf dem Konto und wir retteten den Serengeti-Park zum zweiten Mal! Diesmal mit dem Verkauf der Berimax, so hieß diese kleine Fabrik. Wenn ich daran denke, kommen mir die Tränen, ich bekomme Gänsehaut. Das ist so unglaublich und doch ist es genau so passiert. Keine Fiktion. Und mit diesen eins Komma fünf Millionen Mark konnte mein Vater endlich vernünftig investieren. Das brachte in den kommenden Jahren wieder mehr Besucher. Und dann kam das Jahr 1989. Die Wende.

Die Wende brachte uns einhundertfünfzigtausend Besucher mehr, weil die Leute im Osten so einen Park noch nie gesehen hatten. In Hodenhagen waren wir nicht weit von der ehemaligen Zonengrenze entfernt. Ich weiß noch, es standen nur Trabis am Eingang, Trabis so weit das Auge reichte, und diese Trabis explodierten außerdem quasi der Reihe nach, weil sie das Stopp und Go bei uns an der Kasse nicht packten. Also waren das auch goldene Zeiten für den ADAC.

Mit einhundertfünfzigtausend Besuchern mehr gingen wir mit einen Sprung hoch auf zweihundertachtzigtausend Besucher und die Banken fingen an, an uns zu glauben und uns zu finanzieren. Und langsam, langsam konnte sich der Park zu dem entwickeln, was er heute ist, mit fünfhundertsechzig Mitarbeitern, eintausendfünfhundert Tieren, sechshundertdreißigtausend Besuchern und fast tausend Betten in dreihundert Bungalows. Ein wirkliches Wirtschaftswunder.

KAPITEL 14

Im Internat

Meine Mutter brachte mich in die Schweiz, zum Zuger Berg. Sie lieferte mich im Internat ab und fuhr wieder fort. Ein bisschen wie damals, als sie mich nach Hodenhagen brachte, nur dass ich inzwischen gelernt hatte, mit solchen Situationen umzugehen. Trotzdem weinte ich das erste Jahr an jedem Abend. Ich kauerte mich auf den Fußboden und fühlte so eine Sehnsucht nach Heimat, so eine Einsamkeit und so eine Trauer im Herzen. Ich meine, normalerweise weint man eine Woche, einen Monat, aber doch nicht ein ganzes Jahr.

Tagsüber hatten wir volles Programm, Schule, Arbeitsgruppen, Sport und so weiter, aber am Abend war völlige Ruhe und ich dachte an meine Eltern. An Gemeinschaft, Zusammenhalt, Familie. Ich dachte weniger an Hodenhagen oder an Mailand, weil mir der Ort nicht wichtig war. Mittlerweile war ich mit Deutschland verwurzelt und gleichzeitig auch mit Mailand, auch wenn ich dort nur drei Jahre verbracht hatte, aber die waren intensiv gewesen. Das Internat war das erste Jahr ein purer Albtraum. Morgens um sieben mussten wir nackt in die Gemeinschaftsdusche. Es war ein reines Jungeninternat, Knabeninstitut Montana Zugerberg. Das Ding war ganz schön heruntergekommen. Mein Zimmer lag im zweiten Stock in einem der älteren Gebäude, in das sie die Neulinge steckten. Ich hatte zwei alte Fenster, durch die der Wind pfiff. Früher war es ein Hotel gewesen, und Churchill soll hier jedes Jahr für eine Woche eine Milchkur gemacht haben, also eine Woche lang hat er nur Milch getrunken, und sie hatten immer noch fünfundzwanzig Kühe im Stall. Morgens um sechs ließ der Landwirt sie auf die Weide, und jede der Kühe

Kapitel 14

trug eine große Glocke um den Hals. Von diesem Kuhglockensound schreckten wir aus dem Schlaf, und kaum waren die Kühe aus dem Stall raus, haben sie als Erstes gekotet und der Jauchegeruch kam durch die Fenster. So wurden wir geweckt und dann ab in die Gemeinschaftsdusche. Durch die Fenster zog es Tag und Nacht, da oben auf dem Berg. Felseneck nannten sie das Gebäude, in dem ich war, es war wirklich auf dem Felsen und thronte über dem Zuger See. Links ragte ein Berg namens Pilatus auf, und von daher kamen die Winde im Herbst und im Winter. Vor lauter Kälte konnte ich oft nicht einschlafen. Ich hatte die Idee, mir den Föhn mit unter die Decken zu nehmen und ihn schön auf höchste Warmstufe zu stellen. Das funktionierte gut, aber eines Morgens bin ich aufgewacht und der Föhn war komplett verschmolzen. Um ein Haar hätte ich wohl die ganze Schule in Brand gesetzt. Es war so eine Rattenkälte, und das Duschwasser war morgens eiskalt. Es war ein Albtraum. Dazu kam die Taufe, wenn du neu warst. Die älteren Jungs hielten dich mit zwölf Mann fest und kratzten dir mit einer Metallbürste über den Bauch, bis es blutete. Anschließend hauten sie dir mit Stöcken auf die Schienbeine, sodass sie tagelang blau waren, aber das war nichts gegen den Höhepunkt des Rituals. Sie träufelten dir Drakkar Noir, das war so ein Eau de Toilette, das in den Jahren ziemlich in war, auf den Penis obendrauf, auf die Eichel. Das war die Taufe für die Neuen.

Das Essen schmeckte scheußlich, in meiner Erinnerung gab es jeden Mittag Erbsen, die ich schon immer gehasst habe, und die hat man mit dem Löffel durch die Gegend geschnippt. Erbsenkriege nannten wir das. Ein bisschen lecker war das Essen vielleicht einmal oder zweimal in der Woche, sonst war es fürchterlich. Die Steaks zum Beispiel waren bretthart, zumindest zu meiner Zeit, vielleicht ist es inzwischen ein Gourmetrestaurant geworden.

Das erste Jahr war eine Katastrophe, dann, wie auch hier, hatte man langsam die ersten Freunde gefunden. Ich wurde immer besser in der Basketballmannschaft, wir sind Meister der Knabeninstitute geworden. Es gab zwölf Knabeninstitute in der Schweiz, und die haben

Kapitel 14

so ein kleines Basketballturnier organisiert. Die Mannschaften trafen regelmäßig aufeinander, und als wir Erster wurden und Medaillen holten, fing es an, ein bisschen Spaß zu machen.

Außerdem hatte ich meine allererste Freundin. Wir hatten uns im Zug kennengelernt. Ich fuhr jeden Monat an ein oder zwei Wochenenden nach Mailand zu meiner Mutter. Mein Vater besuchte mich vielleicht einmal im Jahr, weil er einfach zu viel im Park zu tun hatte, aber meine Mutter sah ich regelmäßig. Es waren viereinhalb Stunden mit dem Zug bis Mailand, und an der Stazione Centrale holte mich meine Mutter ab. Auf einer der Rückfahrten saß ich neben Sabrina. Sie war die Tochter vom Herausgeber des Magazins Penthouse, Amerikanerin, und natürlich kannte sie von zu Hause auch Scheidungen und all die Familienkatastrophen. Sie war wunderschön, blond mit blauen Augen, und sie war in einem Mädcheninstitut in Zürich untergebracht. Nachts bin ich daraufhin manchmal geflohen, um sie zu treffen, was natürlich strengstens verboten war. Ich nahm die Seilbahn und den Zug und wir liefen Schlittschuh auf einem Hügel über Zürich, wo eine Schlittschuhbahn war. Einmal habe ich sie mit hundert roten Rosen besucht und sie war vollkommen aus dem Häuschen. Leider hat sie sich nach zwei Monaten in einen älteren Jungen verliebt, der schon ein Auto hatte. Da haben Sie keine Chance als Siebzehnjähriger. Außerdem hatte ich noch eine Zahnspange. Das war sehr frustrierend. Ich hatte dieses verhasste Ding etwa vier Jahre, so von fünfzehn bis neunzehn. Das war wirklich ein Desaster.

Ich muss sagen, die Jungs, die mit mir im Internat waren, waren alle sehr extrem. Viele haben Drogen genommen, einer ist zu meiner Zeit an einer Überdosis gestorben. Viele sind schnell mit Autos gefahren und haben Rennen gemacht. Einer hatte kurz vorm Abitur einen schweren Unfall und beide Beine verloren. Wir haben wöchentlich Taschengeld von unseren Eltern bekommen, sind aus dem Büro gekommen, und da lauerten schon die älteren Jungs und haben es uns gleich abgenommen. Komplett. War dann also nichts mehr mit

Kapitel 14

Schokolade kaufen. Einmal die Woche durfte man nämlich für zwei Stunden mit der Seilbahn runter in die Stadt, ansonsten saß man im Knabeninstitut fest.

Die spaßigen Momente waren Sport, Sport, Sport. Im Winter war die einzige Straße, die hochführte, vereist und wir fuhren mit dem Schlitten. Das war allerdings so steil, dass man ganz schön abging und viele sich Knochen dabei gebrochen haben. Ich war dann doch ein bisschen vorsichtiger, aber ich weiß noch, dass manche an mir vorbeischossen und gegen die Felsen krachten. Ich war schon früh etwas vernünftiger. Irgend so eine Stimme in mir hat gesagt: *Okay, lass sie ihr Leben riskieren. Lass sie Drogen nehmen, lass sie zu Prostituierten gehen, lass sie saufen, bis sie tot umkippen, und du, du trinkst dein Bier, holst dir lieber einen runter als zu den Prostituierten zu gehen, und machst lieber Sport.* Also beschäftigte ich mich mit Basketball. Die haben mich alle wie einen Nerd gesehen. Ich habe mir sogar die Schaufel geholt und den Schnee weggeschippt, um Basketball zu spielen. Allein. Ich weiß nicht, ich hatte schon in dem Alter so eine Konstante und die hat mich gerettet. Ich hatte zwar nicht gerade die besten Noten, aber hab mein Abitur geschafft, während viele von den anderen Typen durchgefallen sind und wiederholen mussten. Es waren alles sehr einsame, verlassene und enttäuschte junge Männer, Kinder von reichen Eltern, die keine Zeit oder keinen Bock für die Erziehung hatten. Vielleicht Kinder, die einfach so gekommen sind oder vielleicht gewünscht waren, aber dann gab es große Scheidungen, wie bei mir. Verlassene Seelen mit Kohle, vielleicht das Schlimmste, was es gibt. Einer ist richtig berühmt geworden, der Regisseur Marc Forster, der Casino Royale von James Bond gemacht hat, und einer, den ich kannte, war der Sohn von La Prairie, der edlen Kosmetikmarke, und dann gab es noch ein paar reiche Afghanen, einen Prinzen aus Thailand und einen Sohn vom Unternehmen Fixemer Transport und Logistik.

Doch, es gab auch schöne Momente. Einmal haben wir die Schule geschwänzt und sind abgehauen, mein bester Freund Patrick, er war auch aus Mailand, und ich. Wir haben uns Langlaufski an die Füße gehängt und sind die Berge hochgetrampelt. Wir waren einen ganzen Tag weg. Die haben uns überall gesucht und wir wurden anschließend bestraft, aber der Tag war ein Traum gewesen und alle Strafe wert. Die Sonne schien von einem wahnsinnig blauen Himmel und vor uns breitete sich der Schnee unendlich aus und glitzerte. Wir sind mit den Ski bis ganz oben zum Zuger Berg gekommen und erst nachts wieder zurück.

Oder einmal war die Seilbahn kaputt und wir wollten unbedingt nach Zürich. Ohne Seilbahn waren wir im Internat komplett von der Welt abgeschnitten, aber wir ließen uns etwas einfallen, Patrick und ich. Wir montierten Taschenlampen an unsere Skihelme. Bis wir im Winter an den Donnerstagen unsere Nachmittagsfreizeit hatten, war es schon beinah dunkel, und wir mussten durch den Wald runter zum Bahnhof in Zug. Wenn man gut skifahren konnte, war das zu schaffen. Also fuhren wir mit den Ski durch die Wälder und das Licht der Taschenlampe brachte kaum etwas, erhellte gerade so ein bisschen die Umrisse der Tannen vor uns. Die Schweizer sind super

Kapitel 14

organisiert, die haben am Bahnhof extra Schränke für Skier. Wir haben alles dort eingeschlossen, sind aus unseren Overalls herausgeschlüpft, hatten Schuhe im Rucksack und sind dann schick angezogen ab nach Zürich. Um vier Uhr morgens schlichen wir uns heimlich zurück und tauchten flüchtig ins Bett. Wenn die uns erwischt hätten, wären wir rausgeflogen. Da gab es strikte Regeln, die wollten keine Verantwortung haben, aber die meisten hatten so ihre Tricks, die Regeln zu umgehen, und ich muss sagen, man konnte sich da manchmal wie James Bond fühlen. In diesen Momenten war ich frei und fand mich sehr cool. Zwar hatte ich diese grässliche Riesenspange im Mund, aber ahh, wow!

Im Knabeninstitut habe ich mich auch stark mit der deutschen Geschichte auseinandergesetzt, also vor allem mit der Zeit des Nationalsozialismus. Ich war schließlich in der Nähe von Bergen-Belsen zur Schule gegangen, vier Kilometer von der Gedenkstätte entfernt. Wir sind oft mit der Klasse dort hingegangen und die Lehrer haben uns viel erzählt. Das war auch nicht verurteilend gegenüber Deutschland, sondern schon korrekt, wie sie uns die Filme und Fotos gezeigt und alles erklärt haben, und mir war das im Kopf geblieben. In der Schweiz habe ich viel mit dem Philosophielehrer und dem Geschichtslehrer diskutiert, um herauszufinden, wieso das Volk der Propaganda auf den Leim gegangen war und wieso die Kirche nicht eingegriffen hat und so weiter. Ich wollte das einfach verstehen. Ich habe dann über zehn Konzentrationslager besucht, Dachau, Buchenau, Buchenwald, Auschwitz, durch ganz Deutschland und Polen, und hatte alles gelesen und hab immer wieder diese Professoren und Lehrer gefragt, um so viel wie möglich herauszufinden. Es war für mich wichtig, weil ich als kleiner Junge so dicht an diesem Lager gelebt hatte und es für mich wirklich überwältigend traurig und erschreckend war. Irgendwann hatte ich das Gefühl: Okay, jetzt habe ich verstanden. Entschuldigen kann ich auf jeden Fall die Wiesos, also Analphabetismus, Armut, die ganzen Gründe, die man so kennt. Was passiert ist, kann ich den Menschen, nicht den Deutschen von heute, aber den Menschen damals, nicht verzeihen. Ich war immer derjenige, der die Schulausflüge vorschlug, und jeder Schulausflug ging in ein KZ. Und doch, die anderen waren auch einverstanden, es waren auch Juden dabei, italienische Juden, ein paar englische Juden, und die sagten: *Mensch, du hast recht, warum nicht?* Man neigt dazu, einfach zu vergessen, aber es ist wichtig, so viel wie möglich in Erfahrung zu bringen und zu verstehen. Es hat mir auch geholfen, als ich wieder nach Deutschland kam, mit diesem Thema nicht so ängstlich umzugehen. Das hatte nichts mit Deutschland zu tun, sondern mehr mit mir selbst, ich war da noch unruhig und hatte etwas Angst. Nicht, dass ich Erfahrungen mit Ausländerfeindlichkeit gemacht hatte, nein, wobei diese Töne „Spaghettifresser" so ein bisschen in diese Richtung gingen, aber so explizit *Hau ab*, so etwas habe ich nie gehört. Aber Rassismus fängt bei „Spaghettifresser" schon an, wenn auch nur ein bisschen und nicht so schlimm. Die deutsche Geschichte hatte mir nur so ein Gefühl zwischen Trauer, Unruhe, Unsicherheit gegeben. Man möchte ja ankommen, als Mensch. Das ist eins der wichtigsten Ziele. Die Gewissheit zu haben, jetzt bin ich angekommen. Es ist nicht Italien. Es ist grauer, kühler, matschiger. Das Essen ist anders, und dann noch diese Geschichte! Ich war froh, dass ich in der Schweiz die Chance hatte, einen tieferen Einblick in die deutsche Vergangenheit zu bekommen. Das war für mich wichtig, um dann hier wieder Fuß zu fassen. Ich habe es nie gemocht, wenn Ausländer über die Deutschen schlecht gesprochen haben. Ich habe immer gesagt: *Fuck, du bist hier, saugst die Molke und sagst, die Deutschen können nur KZ und Hitler? What the fuck? Dann geh in dein Land zurück, bleib da, komm nicht her und schimpfe.* So jemand wollte ich nicht werden. Ich wollte so weit verstehen, dass ich mich fast wie ein Deutscher angekommen fühlen konnte, das war meine Kampfansage. Dazu fällt mir ein, dass ich 2011 in Australien, in Brisbane, in einem Trödelladen eine hübsche junge Dame kennengelernt habe. Ich hatte ein paar Sachen gekauft und bin weggegangen, aber hatte

Kapitel 14

gemerkt, sie fand mich attraktiv. Ich bin da aber nicht weiter drauf eingegangen. Acht Monate später ruft sie mich in Hodenhagen an. Sie ist über meine Kreditkarte an meine Nummer gekommen. Schon ein bisschen Stalking, aber egal. *Hi, ich bin die aus dem Trödelladen! – Ahh okay, hi, erzähl,* und nach einem langen Gespräch habe ich gesagt: *Komm doch mal rüber nach Deutschland! – Oh, ach so, nein, nach Deutschland komme ich nicht. Ich bin Jüdin, ich habe eine jüdische Familie, wir kaufen seit Generationen keine deutschen Elektrogeräte, nichts. Ich habe Angst, dass sie mir in Frankfurt den Pass wegnehmen und mich einsperren.* Das war 2011. Da denken immer noch Menschen irgendwo dahinten, die Deutschen sind alle Nazis. Deshalb sage ich, es ist sehr wichtig, aufzuklären und zu verstehen. Ob man es dann für sich selbst entschuldigt, wie weit man es entschuldigt, was man davon entschuldigt oder nicht, ist eine andere Sache, aber ich war so geschockt! Das war eine normale junge Frau. Die war vielleicht dreißig und bestimmt nicht dumm. Vielleicht wird das Thema in Australien nicht in den Schulen besprochen, ich weiß nicht, aber das hat mich geschockt, dass sie im Jahr 2011 Angst vor Deutschland hatte. Ich sagte: *Hallo, Deutschland hat um Gottes willen gelernt, damit umzugehen, und dir passiert nichts. – Ahh, nein, meine Eltern würden mich nie lassen und ich habe auch persönlich Angst.* Ich sagte: *Dir passiert nichts, du kannst mir vertrauen, ich bin Italiener. Sonst hätten sie mich auch schon zu Hackfleisch verarbeitet.* Aber sie blieb bei ihrer Angst.

Patricks Bruder war Schlagzeuger in Mailand. Von ihm wussten wir, dass die besten Drummer und vor allem die besten Perkussionisten aus Brasilien kommen. Wir standen total auf Schlagzeugmusik und wir mochten schnelle Rhythmen, und so wurden wir neugierig auf brasilianische Musik und begannen, die Plattenläden in der Umgebung abzuklappern. Zunächst in Zug und später fuhren wir bis nach Zürich. Überrascht stellten wir fest, dass die Schweiz fast eine Kolonie Brasiliens ist. Es lebten rund sechzigtausend Brasilianer dort, für so ein kleines Land enorm, und beim Jazzfestival in Montreux traten häufig brasilianische Musiklegenden auf. Dadurch gab es viel brasilianische Schallplatten und Musikkassetten, und wir rissen uns unter den Nagel, was wir kriegen konnten. Jeden Donnerstag, wenn wir unsere zwei Stunden Freizeit vom Knabeninstitut bekamen, flitzten wir los, kauften uns schnell unsere Schokolade und liefen gleich weiter in den Plattenladen. Je mehr wir hörten, umso mehr wuchs unsere Leidenschaft. Wir gingen komplett in dieser Musik auf, konzentrierten uns auf den Sound, die Texte, alles, und fingen auch an, uns brasilianische Schlaginstrumente zu kaufen und darauf zu spielen. Langsam lernten wir auf diese Weise Portugiesisch und nachdem ich allmählich die Songtexte verstand, liebte ich Brasilien nur noch mehr. Ich bekam ein Gefühl für die Mentalität dort und das traf bei mir einen Nerv. Es klang nach Barmherzigkeit und Fröhlichkeit, das bezauberte mich, und ich schwor mir: *Eines Tages bereist du das Land, du fliegst nach Brasilien, sobald das irgendwie möglich ist.* Zunächst musste ich mich noch ein bisschen gedulden, bis es tatsächlich so weit war.

KAPITEL 15

Studium in Mailand

Nachdem ich das Abitur in der Tasche hatte, fragte mich mein Vater: *Willst du Pornodarsteller, Zahnarzt, Anwalt werden oder kommst du in den Park?* Noch in der Zeit bei meiner Mutter in Mailand und anschließend im Schweizer Internat hatte ich davon geträumt, Basketballer zu werden. Im Laufe der Jahre wurde mir aber bewusst, dass ich zwar groß war, aber nicht groß genug. Um wirkliche Erfolge zu haben, müssen Sie über zwei Meter sein. Wenn Sie sich mit der 3. Liga zufriedengeben, ist das was anderes, aber ich wollte richtig in der ersten Bundesliga spielen, oder vielleicht in der NBA. Wenn Sie kleiner sind, müssen Sie eine Art Michael Jordan sein, ein Körperwunder, das aus dem Stand fast einen Meter springt. So war ich nie, also musste ich mir eingestehen, okay, das mit dem Basketball war ein schöner Traum, an den ich mich fast fünf Jahre geklammert hatte, aber es war Zeit, sich der Realität zu stellen. Mir fiel ein, wie ich meine Kindheit mit den Tierbabys und auf den Autoscootern verbracht hatte, mein erster Kuss im Park und all die schönen Erlebnisse, und eine Stimme in mir sagte: *Auf jeden Fall, Serengeti Hodenhagen ist mein Leben.*

Kommst du sofort oder willst du weiter studieren? Eigentlich bräuchte er mich so schnell wie möglich, sagte mein Vater. Doch, er hat schon ein bisschen gedrängt, weil im Park Not war. 1988 waren gerade die ganzen Wunder passiert, aber noch immer war es wackelig und er konnte jede Familienhand gebrauchen. Fragen Sie mich nicht, was mich getrieben hat, zu studieren. Ich war eigentlich der totale Kandidat dafür, gleich nach dem Abitur hierherzukommen. Aber mit 18 wusste ich plötzlich, dass ich eines Tages den Park übernehmen

Kapitel 15

wollte, aber vorher wollte ich Wirtschaft und Marketing studieren. Weil ich zwar italienischer Staatsbürger, aber in Deutschland aufgewachsen war, brauchte ich nicht zum Militär und konnte gleich nach dem Abitur an die Universität. Ich habe mich gefragt, ob es an Mailand lag, dass ich studieren wollte – Sie wissen, der AC Mailand, Basketball, alle diese schönen Mädchen mit den Miniröcken –, aber nein, es ging mir wirklich darum, mehr zu lernen. Die Bücher waren fast zwanzig Zentimeter dick, privates Recht, allgemeines Recht, EU-Recht. Wälzer waren das. Ich saß mit herabgelassenen Jalousien, mit eingeschalteter Leselampe mitten am Tag und Stöpsel in den Ohren, über die Bücher gebeugt, mit Linear und Bleistift. Ich las alles einmal ganz und dann noch einmal, Passage für Passage, und die Sachen, die ich überhaupt nicht verstand, schlug ich in der Bibliothek nach. Leider bin ich alles andere als ein Genie gewesen. Es gibt Menschen, die lesen ein Buch einmal durch und können gleich ins Examen gehen und kriegen eine zwei oder dreieinhalb und sind durch. Und haben dabei viel Spaß gehabt. Solche Typen habe ich kennengelernt und sehr beneidet. Ich habe für so ein Examen wie Öffentliches Recht sechs Monate studiert, jeden Tag vier bis sechs Stunden, jeden Tag, sieben Tage die Woche. Es war vielleicht ein Glück, dass ich nicht in Mailand aufgewachsen war und deshalb nicht so viele Freunde hatte, die mich vom Lernen abhalten konnten. Wobei, ich sage Ihnen: In Mailand laufen ab Frühlingsbeginn die wunderschönsten Mädchen in den allerkürzesten Röcken und High Heels herum, und ich war gerade achtzehn, zwanzig. Da half nur: Fenster zu, Ohrstöpsel rein und am besten eine Metallunterhose an. Ich kam aus dem Knabeninstitut in der Schweiz und da kullerten mir in Mailand fast die Augen heraus. Natürlich bin ich auch manchmal ausgegangen, habe Sport gemacht und Partys besucht. Ich war schließlich kein Streber. Aber eben nur ab und zu.

Vorher gab es noch eine unschöne Szene mit meiner Mutter. Sie war wie selbstverständlich davon ausgegangen, dass ich, wenn ich

Kapitel 15

in Mailand studiere, wieder zu ihr und Nonna blu in die Wohnung in der Via Pogatschnig ziehe. Als ich ihr erklärte, ich wolle allein leben, in einem eigenen Apartment, verstand sie die Welt nicht mehr. *Natürlich,* sagte sie, *du bist achtzehn, du kannst selbst entscheiden, aber du willst doch bestimmt wieder in dein altes Zimmer.* Wenn unsere Vorgeschichte anders gewesen wäre, hätte ich das vielleicht sogar gern gemacht. So aber kam das gar nicht infrage, und das machte ich ihr klipp und klar deutlich. Möglich, dass ich sie damit bestrafen wollte. Für das, was sie mir angetan hatte, als sie mich mit den beiden Koffern in Hodenhagen abgegeben hatte.

Ich fand ein Apartment in der Peripherie Mailands, in der Nähe vom San-Siro-Stadion. Es gehörte zu dieser in den 70er-Jahren gebauten Hochhaussiedlung, wo sich Wohnblock an Wohnblock reihte. Das Apartment lag im 5. Stock und hatte einen winzigen Balkon, von dem aus man andere Hochhäuser sah. Wenn AC Mailand spielte, konnte ich die Fans jubeln hören. Die Gegend war heruntergekommen und eine Menge arme Leute wohnten hier. Nachts fielen häufig Schüsse, die irgendwelche Mafia-Gangs abfeuerten. Immerhin war die Wohnung günstig. Mein Vater hatte mir zu verstehen gegeben, dass jede Mark zählte. Der Safaripark lief gerade nicht so gut.

Kaum war ich eingezogen, kreuzte meine Mutter auf. Es war Sommer und sie trug Hot Pants und hochhackige Sandalen. Sie war immer noch schlank, ihre Beine waren gebräunt und die blonden Haare wie immer aufwendig frisiert. Ein bisschen abschätzig blickte sie sich im Apartment um. Es kränkte sie unglaublich, dass ich diese

Bude dem Zusammenleben mit ihr vorzog. Ich weiß nicht, wie es anfing, aber schon nach wenigen Minuten gerieten wir aneinander. Wie in diesen dramatischen Filmen gab ein Wort das andere. Schließlich warf ich ihr vor, dass sie nie für mich da gewesen sei. *Eigentlich war Lia viel mehr meine Mutter*, knallte ich ihr vor den Kopf. *Jetzt sagst du, ich bin dein Blut, aber wo warst du denn all die Jahre, als ich dich brauchte?* Um sie noch mehr zu kränken, wandte ich mich ab und tat so, als wollte ich telefonieren. Sollte sie doch schmollen und beleidigt sein, was kümmerte mich das? Tonlos sagte sie: *Okay, dann habe ich wohl wirklich alles falsch gemacht.* Sie stand am geöffneten Fenster, und mit einem Mal sah ich so aus den Augenwinkeln, wie sie nach vorn kippte. Ich sprang vor und bekam gerade noch ihre Knöchel zu fassen. Ich umklammerte sie und zog sie mit ganzer Kraft rein. Weit unten das Pflaster – einen Aufprall hätte sie nicht überlebt. Und dann sind wir zusammen auf den Fußboden geplumpst, haben uns in den Arm genommen und geweint.

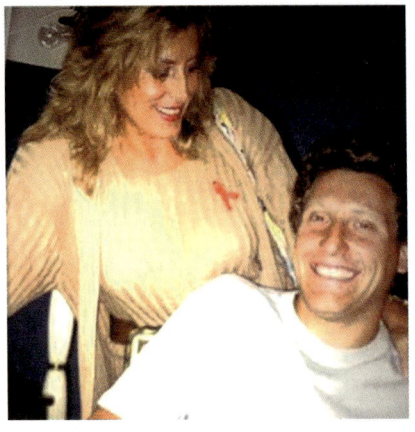

Eine Woche nach der Ankunft in Mailand hatte ich auch endlich nach vier Jahren meine Zahnspange entfernt bekommen, und ob Sie es glauben oder nicht, am selben Abend hatte ich meinen ersten Sex. Ich war mit Freunden in einer Bar und da traf ich sie, eine Frau aus Rom, mit der es gleich funkte, und wir sind noch am selben Abend zusammen in meine Studentenwohnung gegangen und es war schön und ohne Spange. Sie musste wieder zurück nach Rom und wir verloren uns aus den Augen, aber so fing gleich meine Zeit in Mailand an. Alles war überwältigend, vor allem, nachdem ich jahrelang auf dem Berg mit den Kühen eingesperrt gewesen war.

Jetzt fing endlich das richtige Leben an!

Kapitel 15

Mailand, das war eine so pulsierende Stadt, fast wie Paris oder London. So viele Clubs, Diskotheken, Partys, aber ich war immer etwas vorsichtig, meine innere Stimme warnte mich davor, zu extrem zu werden, aber am Anfang war das schon schwierig. Die Anrufe von Freunden: *Mensch, komm doch heute Abend, es ist eine Party mit Models, die sind alle mindestens ein Meter achtzig groß!*, und ich so: *Nee, ich hab morgen Prüfung, privates Recht, ich kann nicht.* Da musste man oft Nein sagen, weil Mailand viele Impulse gab, Einladungen zu Cocktails, Modenschauen, Fußballspiele, etwa AC Mailand gegen Real Madrid, damals war AC Mailand in der Champions League, und Basketball, Simac Milano war gerade Europameister, also es war sehr spannend, auch Basketball gucken zu gehen, und ich hatte eine Jahreskarte für AC Mailand im San-Siro-Stadion und eine Jahreskarte für Simac Milano, heute Olimpia Milano, und der Fußball endete um fünf und das Basketballspiel fing um halb sechs an, also hetzte man von San Siro ins andere Stadion. Es waren fantastische Jahre, auch wenn es viel Verschmutzung gab. Mailand ist eine der schlimmsten Städte der Welt, was Umweltschäden angeht. Das war ein Albtraum. Ich hatte oft Grippe und ständig Husten, aber ansonsten war es ein Traum.

Drei Monate lang arbeitete ich auch während der Zeit als Student in der Firma meines Bruders Luca Invernizzi. Ich hatte ihn gefragt, ob er mir finanziell etwas helfen konnte, und so engagierte er mich, Anzeigen einer Zeitung namens „Il Sole 24 ore" zu verkaufen. Ich musste von Tür zu Tür gehen und verkaufte im ersten Monat so gut wie gar nichts. Im zweiten Monat konnte ich mich steigern, so von etwa einhundertzwanzig Mark im ersten Monat zu ungefähr fünfhundert im zweiten, nur wusste ich nicht, dass ich im Büro meines Bruders ein bisschen zum Maskottchen geworden war, weil natürlich niemand diese Anzeigen verkaufen wollte und sich alle über mich lustig machten. Es liefen sogar Wetten, wie viel ich verkaufen würde.

Eine andere Geschichte, die mich mit meinem Halbbruder verbindet, ist noch skurriler. Es passierte bei einem Auswärtsspiel

Kapitel 15

von AC Mailand. Da wir beide große Fans waren, setzen wir uns zusammen ins Auto und fuhren nach Florenz. Florenz gegen AC Mailand war ein sehr wichtiges Spiel für die Meisterschaft. Damals war das im Frühjahr, und in Florenz pfeift um diese Jahreszeit ein sehr kalter Wind. Außerhalb des Stadions gibt es immer fantastische Essensstände, wo man, und das war der absolute Klassiker, Brötchen mit Mettwurst, Zwiebeln und Paprika bestellen konnte. Außerhalb des Stadions bekam man nicht so mit, wie kalt der Wind war. Erst als wir ins Stadion kamen, merkten wir, dass wir komplett falsch angezogen waren. Und das hatte dramatische Konsequenzen. Wir trugen beide leichte Jacken und sehr dünne Hosen und dann suchten wir natürlich die Ecke des Stadions, wo die Mailänder Fans saßen. Wir fanden zwei Plätze etwas weiter oben. Das Spiel begann, die Fans standen auf und setzen sich wieder und schrien, und mein Bruder und ich fieberten natürlich mit bei jeder spannenden Flanke und bei jedem Freistoß, sprangen auf und plumpsten auf unsere Sitze zurück und so weiter. Auf einmal aber spürte ich in meinem Magen eine komische Bewegung, die sich als fulminanter Durchfallangriff entpuppte! Zu allem Unglück war die Treppe, die zu den Toiletten führte, komplett voll besetzt mit Fans. Das konnte ich also vergessen. Nur der Toilettendrang beziehungsweise der Durchfallangriff wurde immer stärker und ich bekam eine mittelschwere Panikattacke. Was sollte ich bloß tun? Ich entdeckte hinter mir eine zusammengefaltete *Gazetta dello Sport*, die berühmte italienische Sportzeitung. Sie sollte meine Rettung sein. Ich wartete einen günstigen Moment ab, als alle Fans wegen einer besonderen Aktion aufstanden, ließ in diesem Moment meine Hose runter und ergab mich meiner Durchfallattacke auf den Rängen des Stadio Artemio Franchi in Florenz. Ganz schnell habe ich dann diese Zeitung drüber geworfen und schneller, als man gucken konnte, hatte ich meine Hose wieder hoch, und im nächsten Moment saßen dann alle Fans wieder. Ich war glimpflich davongekommen in dieser unglaublich peinlichen Situation! Natürlich fingen die Fans nach wenigen Minuten an, sich zu fragen, wo

Kapitel 15

dieser schreckliche Gestank herkam! Ich habe so getan, als ob nichts wäre, und erst nachher im Auto habe ich die Szene meinem Bruder erzählt, der auch nicht gemerkt hatte, was unmittelbar neben ihm abgelaufen war. Noch nie hatten mein Bruder und ich so doll gelacht wie auf dieser Rückfahrt zurück nach Mailand.

Und dann traf ich eines Tages auf einer Party in Mailand meine erste große Liebe. Ronny. Sie war halb Amerikanerin und halb Griechin, ein Meter fünfundachtzig groß und modelte für Dolce & Gabbana. Sie war schon dreißig, ich erst zweiundzwanzig, und ich habe lange nicht begriffen, wie sich so eine Frau in mich verlieben konnte. Inzwischen kann ich es mir erklären, weil sie eine Frau war, die bereits in jungen Jahren Extremes erlebt hatte. Ihr Vater war Lastwagenfahrer in Michigan gewesen und starb während eines Schneesturms in seinem Truck, weil er den Motor angelassen hatte und die Abgase in die Kabine eingedrungen waren. Daraufhin ist die Mutter Alkoholikerin geworden und geriet an einen neuen Partner, der ebenfalls Alkoholiker war und beide schlug und vergewaltigte. Nach diesen fürchterlichen Erfahrungen ist Ronny mit dreizehn von zu Hause abgehauen. Sie hatte den Kontakt zu ihrer Mutter und dem Stiefvater komplett abgebrochen. Ein paar Jahre lebte sie dann in einer lesbischen Beziehung. Später kam sie nach Italien, fing wieder an, mit Männern auszugehen, trieb sich auf Partys herum und wurde Teil dieser schillernden Party-, Sex- und Drogen-Szene. Und dann kam ich mit meinen Kulleraugen und Pickeln, frisch vom Knabeninstitut, mit meinem Faible für Schweizer Schokolade. Sicher, ich war spontan, gut angezogen und sportlich, aber ich glaube, sie hat sich in meine unschuldige Reinheit verliebt. Das gefiel ihr an mir, glaube ich. Genau deshalb ist es auch später in die Brüche gegangen, weil sie sich in die Reinheit und den sauberen jungen Mann verliebt hat, aber nicht in die Person, die ich wirklich war. Aber man muss auch sagen, dass ich als Mann noch lange nicht reif genug für eine Frau wie sie war. Wir lernten uns auf einer Party kennen und alles begann wie in einem

Kapitel 15

Traum, aber es führte uns zu einem absoluten Albtraum, geradewegs in die totale Katastrophe.

Wir beschlossen, zusammen nach Elba zu fahren. Wie Sie inzwischen wissen, ist die Insel Elba für mich immer ein besonderer Ort gewesen. Dort hatte ich als kleiner Junge mit den Kätzchen gespielt, war nackt am Strand herumgelaufen, hatte mich frei und unverwundbar gefühlt. Mit Ronny lernte ich Elba von einer anderen Seite kennen. Sehr dunkel. Fast unheimlich.

Wir fahren zur Insel Elba. Ich und diese besondere Frau. Ronny. Ich nannte sie immer Ronny Billie. Wir beide waren Persönlichkeiten, die sich magnetisch anzogen und sich gleichzeitig dann und wann heftig abstießen. Ich hatte meine Schutzmechanismen gegen das Weibliche entwickelt, weil ich von meiner Mutter zutiefst verletzt worden war. Sie dagegen war vom Männlichen extrem verletzt worden. So trugen wir also diese enormen Wunden mit uns herum, ohne uns darüber im Klaren zu sein. Wir hatten wunderschöne Momente zusammen, aber genauso haben wir sehr heftig gestritten.

Nun, wir entscheiden uns, nach Elba zu fahren und kommen in Piombino an. Wir nehmen die Fähre und nach etwa einer Stunde sind wir auf der Insel. Wir fahren in Richtung Osten, weil wir dort eine Verabredung mit ein paar Freunden von Ronny haben. Unterwegs im Auto haben wir einen furchtbaren Streit. Ich weiß nicht mehr, worum es ging, aber wir haben uns beide gegenseitig mega verletzt. Nun kommen wir bei den Freunden an. Wir stellen das Auto ab, gehen hoch ins Haus und uns empfängt eine Bekannte ihrer besten Freundin. Zufällig ist sie Wahrsagerin. Wir setzen uns und diese Frau nimmt Ronnys Hände, schaut sich die Innenflächen an und erschrickt. Sie wird ganz blass, guckt meiner Freundin tief in die Augen und sagt: *Pass gut auf dich auf, dir wird sonst in den nächsten Tagen etwas sehr Schlimmes passieren.* Ronny hat sich sehr erschrocken. Sie war nicht besonders abergläubisch oder esoterisch, aber diese Frau warnte sie so eindringlich, das konnte man gar nicht auf die leichte Schulter nehmen.

Kapitel 15

Wir fuhren spätabends wieder weg und verbrachten noch drei, vier Tage auf der Insel, bevor wir die Fähre zurück nach Piombino nahmen. Irgendwie hielten wir auf dem Parkplatz. Ich schaute noch etwas am Wagen nach und Ronny spazierte ein bisschen herum. Ein neapolitanischer Mastiff kam auf sie zugelaufen. Das sind diese Hunde, die die Römer mit in die Schlacht genommen haben, die haben so große Köpfe. Jedenfalls läuft der Hund auf sie zu. Er gehörte wohl dem Parkplatzwächter, und der sagte noch: *Alles gut, alles okay, der ist freundlich, der macht nichts. Das ist zwar unser Wachhund, aber unsere Kinder reiten auf dem, die halten sich an seinen Ohren fest und reiten.* Ronny beugt sich runter und will ihn streicheln, da springt er hoch und beißt ihr ins Gesicht. Er beißt es komplett auf, von einer Seite zur anderen. Das ganze Fleisch hing runter und von den kleinen Sehnen tropfte Blut. Der Typ vom Parkplatz wirft Ronny in sein Auto und fährt volle Kraft voraus zum Krankenhaus. Ich höre, wie sie schreit, und ich rase hinterher, durch Piombino bis zum Krankenhaus.

Sechs Stunden lang haben sie sie operiert. Mit einhundertachtundachtzig Stichen. Ihre Karriere als Model war natürlich ruiniert. Zunächst ging es nur darum, ob sie überlebt, aber dann nach ein paar Tagen überlegt man: Was machen wir mit diesem Hundebesitzer? Ist er überhaupt versichert? Es stellte sich heraus, dass er zwar versichert war, aber nur für eine geringe Summe. Typisch Italiener, die sparen gern an den falschen Stellen. Also haben wir ihn angeklagt. Ich habe die Anwälte bezahlt und wir haben gewonnen und mit dem Geld konnte Ronny plastische Operationen bezahlen, in der Hoffnung, ihr Gesicht zurückzubekommen. Dafür fehlte allerdings zu viel, der Hund hatte ihr ein großes Stück von der rechten Wange weggebissen, und so oft sie auch operiert wurde, es blieb ein Desaster. Ihr Gesicht blieb schief und sie konnte nicht mehr lachen.

Ich weiß nicht, ob es wirklich Menschen gibt, die in die Zukunft sehen können oder ob das nur ein seltsamer Zufall war, aber das war die unheimlichste Erfahrung meines Lebens. Von einem Hund hatte

Kapitel 15

die Wahrsagerin nichts gesagt, nur, dass Ronny aufpassen sollte, es käme etwas Schlimmes auf sie zu, und es kam und ganz schön dick.

Ich erinnere mich noch sehr gut, dass wir uns auf der Fahrt zum Haus der Freundin schlimm gestritten hatten. Ronny war mir gegenüber sehr gemein gewesen, sie hatte mich verletzt, und natürlich war ich Teil des Spiels und ich hatte das zugelassen oder womöglich provoziert, um Gottes willen. Es war ein richtig böser Streit und mit dieser schlechten Energie sind wir in die Wohnung der Freundin gekommen. Wir hatten den Streit noch nicht gelöst, keiner von uns hatte sich entschuldigt, das Gewitter hing praktisch noch über uns, und wer weiß, ob diese Energien nicht auch so etwas Negatives anziehen. Das geht weit in die Metaphysik. Aristoteles hat versucht, ein bisschen hinter den Vorhang zu schauen und das Dunkle zu ergründen, das wir vor uns verstecken. Dieser Vorfall war für mich eine Begegnung mit der Welt des Unheimlichen.

Auch der Mann vom Parkplatz war völlig entsetzt. *Das kann nicht sein, der Hund hat noch nie jemandem etwas getan, meine Kinder reiten auf ihm wie auf einem Pferd.* Von der Körpersprache her schien er mir ehrlich zu sein. Nun, wir werden nicht herausfinden, was der Auslöser war, dass der Hund so durchgedreht ist, aber es war eine Katastrophe. Ich habe mich viele Monate lang schuldig gefühlt, weil ich dachte: Mensch, wäre ich in dem Moment bloß bei ihr gewesen! Das denkt man dann. Was hätte ich besser machen können? Ja, und irgendwann musste ich lernen, sie loszulassen, weil sie nicht mehr mit mir zusammen sein wollte. Ich glaube, sie fühlte sich schlecht, wenn sie mich sah, weil sie mich mit diesem Unfall verband. Es war alles sehr schmerzhaft.

Komischerweise gibt es noch eine zweite unheimliche Geschichte auf einer anderen italienischen Insel. Das war etwa ein Jahr zuvor gewesen …

Mein Vater hatte immer von einem Segelschiff geträumt und hatte lange gespart, bis er sich endlich eins nach seinen Vorstellungen kaufen konnte. Es war fünfundzwanzig Meter lang, dunkelblau lackiert und hatte zwei Masten, acht Kabinen plus zwei für die Matrosen und für den Kapitän und eine kleine Küche. Es war ein sehr schönes Boot. Mein Vater hat uns immer alles erklärt. Ich musste alle Knoten lernen, ich kann die sogar mit verbundenen Augen, noch heute. Er hat mich damit so getrietzt. Und immer, wenn ich mit ihm an Bord war, musste ich Knoten üben. Er sagte: *Wenn Sturm kommt, musst du ganz schnell, zack, und ohne, dass du dir die Finger wegätzt … Du musst genau wissen, wo der Ring ist und was für ein Knoten und wie schnell, sonst machen wir das Schiff kaputt oder Menschen können sich verletzen. Knoten sind ganz wichtig!* Kaum waren wir in einem Hafen angekommen, lag ich unter dem Hauptmast und übte Knoten. Das Hauptsegel und die anderen Segel haben auf zwei Drittel Höhe etwa zehn bis fünfzehn kurze Seeschnüre, die heraushängen. Damit man trotzdem bei starkem Wind mit dem Segel fahren kann, reduziert man mit ihnen das Segel, und ich habe mit diesen ganzen Schnüren trainiert. Ich habe sie zusammengebunden und wieder losgemacht und dann hat mich jemand gerufen und ich habe dooferweise zwei dieser Seile zusammengebunden gelassen und vollkommen vergessen, sie wieder aufzumachen. Am nächsten Morgen fahren wir los, und mein Vater: *Ah, toller Wind, Segel hoch!* So ein Segel kostete 60 000, 70 000 Mark, nur das Segel. Das Segel beim Schiff ist wie ein Motor. Also mein Vater ruft: *Segel hoch!* Und im nächsten Moment macht es *kkrrr!* So ein Loch im Segel, weil die zwei Seile wegen mir immer noch zusammengebunden waren. Mein Vater vollkommen außer sich: *Was ist passiert? Wer war das?* Und ich so: *Papa, Scheiße, ich glaube, ich hab da einen Knoten vergessen.* Oh Mann! Ich musste jeden Tag von elf Uhr morgens bis drei Uhr nachmittags das Segel nähen, unter der Sonne als Bestrafung, mit einem Nylonfaden und einem speziellen Handschuh mit einem Metallding in der Mitte, weil man die Nadel sonst gar nicht reingeschoben kriegt. Der Stoff ist so dick. Ich musste es mehrmals losmachen, weil es schief war. Da habe ich nähen gelernt, in dieser einen Woche. Am Ende hat es gehalten, aber ich war von der Sonne halb verbrannt. Meine Ohren

Kapitel 15

waren knallrot. Es war ein Albtraum. Dieser Moment, als man das Geräusch gehört hat, dieses *kkrrr! – das Segel ist gerissen, oh nein!* – das werde ich nie vergessen!

Aber mein Vater konnte faszinierend sein. Wie er am Steuer des Schiffes stand und in die Weite blickte! Er beobachtete die Winde und die Strömungen, man könnte fast sagen, er war besessen vom Meer. Das war seine Welt. Er war unglaublich, wenn er mit seinen einhundertfünfzig, einhundertsechzig Kilogramm vom Boot aus ins Wasser sprang! Er tauchte fast fünf Meter in die Tiefe und schoss hoch wie eine Boje, er kam fast einen Meter fünfzig wieder hoch. Wie ein Wal. Und dann sah man dieses strahlende Gesicht. Das muss man erlebt haben. Am Mittelmeer ist diese salzhaltige, intensive Luft, und diese wundervollen Sonnenaufgänge, die Sonnenuntergänge, und auch auf dem Schiff kam der Hunger. Mein Vater rief dann: *Jetzt hier, zu Tisch!* Er schickte seine Matrosen jeden Morgen in die Mercati, damit sie frische Lebensmittel einkauften. Das waren manchmal sechshundert Mark nur für Lebensmittel. *Nehmen Sie mit, ja, Paprika, ja, müssen wir machen, Mozzarella, Fisch, alles!* Die italienische Küche geht ja von ... bis ...! Sie kennen die Peperoni, die auf dem Feuer geröstet werden, dann gehäutet und in kleine Scheiben geschnitten werden? Man vermischt sie mit einer Marinade aus Olivenöl, Knoblauch und Basilikum, lässt sie zwei Tage ruhen und isst sie mit kleinen Zwiebeln. Wahnsinn. Diese beiden Sachen liebte mein Vater über alles: das Essen und das Meer. Vielleicht früher auch Frauen, weil er ein sehr gut aussehender Mann gewesen war. Groß, mit einer angeborenen Eleganz, einer Art Klasse. Er hatte viel Elan, viel Charisma. Klar, viele Frauen haben in ihm sicher gleich den Macho erkannt und einen großen Bogen um ihn gemacht, aber er war so ein Mann à la Sean Connery, also schon sehr faszinierend, und Frauen sind dahingeschmolzen. Wie die Prinzessin von Brunei und Liz Taylor, wie ich schon erzählt habe.

Aber zurück zum Segelschiff. Im September 1991 hatte mein

Kapitel 15

Vater uns Kindern das Boot zur Verfügung gestellt, damit wir zwei Wochen Urlaub darauf verbringen konnten. Wir, das waren mein Freund Patrick, meine Schwestern Veronica und Sonia und zwei ihrer Freundinnen. Wir trafen uns auf Sardinien. Aus irgendeinem Grund war ich schon einen Tag vorher in Olbia und ging am Abend allein in eine dieser Hafenkneipen. Es dauerte nicht lange, und ich hatte ein paar Skipper kennengelernt. Wir saßen zusammen am Tisch und sie erzählten mir Geschichten vom Meer. Vielleicht eine Art Seemannsgarn. Eine Geschichte handelte jedenfalls von den Gefahren, wenn man auf hoher See von Bord fällt. Angenommen, es ist starke Windlage, das Schiff befindet sich mitten im Meer und man rutscht ins Wasser. Sie sagten, in dem Moment, wo man das Wasser berührt, sei man bereits so gut wie tot. Man hätte keine Felsen oder Berge, an denen man sich orientieren könnte, man wüsste nicht, in welche Richtung man schwimmen sollte, und auch für die anderen sei man nicht mehr zu finden. Es wäre schon ein großes Wunder, wenn man das überlebte. Das erzählten sie übereinstimmend und glaubhaft und noch hatte ich ja keine Ahnung, was ich schon bald erleben würde.

Am nächsten Morgen trafen wir uns alle, bestiegen im Hafen die „Stardust" und stachen in See. Es war ein wunderschöner Tag. Wir fuhren von Tavolara auf Sardinien in Richtung Ponza, eine kleine Insel gegenüber von Neapel. Für die Überquerung hatten wir einen Tag und acht Stunden eingeplant. Die Sonne knallte vom blauen Himmel, das Meer war flach, das Segelschiff glitt sanft dahin. Doch dann änderte sich das Wetter schlagartig, praktisch von jetzt auf gleich. Nachdem wir etwa zehn Stunden auf See gewesen waren, pfiff uns plötzlich der Wind um die Ohren und wir waren mitten in einem Sturm. Die Sonne schien noch, aber der Wind baute sich bis zu achtundvierzig Knoten auf und die Wellen türmten sich fünf, sechs Meter. Unser Kapitän war ein erfahrener Mann, ein Schotte, dem mein Vater mit gutem Gefühl das Schiff anvertraute. Er war relativ entspannt. Solange wir den Wind im Rücken hätten, meinte er, sei das nicht weiter gefährlich. Wir hatten die Segel hoch und auch den Hauptbaum nicht gesichert.

Kapitel 15

Wir jagten über das Meer, aber alles schien in bester Ordnung. Wir hatten keinen Grund, dem Kapitän nicht zu vertrauen. Nach einer Weile stand ich auf, um zur Toilette zu gehen. Die Sonne senkte sich bereits. Und irgendwie passierte es, dass der Wind durch die schräge Bewegung des Bootes über die Frontseite des Segels reindrehte und innerhalb Sekunden den Baum umschwenkte. Gerade, als ich mich auf den Weg zur Toilette machen wollte. Der Baum hat mich sofort getroffen. Ich bin mehrere Meter durch die Luft geflogen und mitten im Mittelmeer gelandet. Ungefähr zehn Stunden von Sardinien und circa zwölf Stunden von Neapel entfernt. An die ersten Sekunden kann ich mich nicht erinnern, vermutlich war ich bewusstlos. Die Erinnerung setzt erst ein mit einer dieser Riesenwellen, die auf mich zuraste. Mein rechter Arm war so komisch nach hinten verbogen, aber seltsamerweise bin ich nicht abgesoffen, sondern hielt mich auf der Meeresoberfläche. Später habe ich erfahren, dass mein Ellbogen zerschmettert und fünf Rippen gebrochen waren. Außerdem war meine Lippe komplett offen und blutete wie verrückt, weil in dem Moment, als mich der Baum erwischte, mein linker Arm mit der Uhr vorschnellte und mich am Mund traf. Es war ein Wunder, dass ich überhaupt noch atmen konnte.

Glücklicherweise wusste ich in dem Moment nicht, wie sehr mein Körper bereits lädiert war. Ich weiß nur, dass ich auch so schon genug Panik spürte. Ich habe mich im Wasser umgesehen und das Boot gesucht, aber konnte es nicht finden. Nur Meer um mich herum und diese hohen Wellen, Schaum und Gischt und Windgeräusche. Vollkommen verzweifelt drehe mich um. Verdammt, wo ist das Schiff? Und endlich sehe ich es. Winzig wie eine Streichholzschachtel! Damit hatte ich nicht gerechnet. Dass ich mich in so kurzer Zeit schon so weit entfernt hatte! Unglaublich! Ab dem Moment war die Panik gewaltig, aber ich habe meinen Arm in Richtung meines Körpers zurückgebogen und angefangen oder versucht zu schwimmen. Trotzdem kam ich nicht näher an das Boot. Es blieb winzig klein. Dann merkte ich, dass meine Lippe blutete, weil schon ein paar Fische an mir dranklebten. Sie fingen an, an mir herumzubeißen und ich dachte, jetzt ist alles vorbei. Es waren zwar keine Haie, aber recht große Fische mit ziemlich scharfen Zähnen. Ich hab dann nur noch versucht, stillzuhalten, mich quasi tot zu stellen. Das hat mich sogar ein bisschen beruhigt. Ich sah zum Himmel und die Wellen kamen von hinten und warfen mich hoch. Der Wind heulte in meinen Ohren. Man sagt ja, dass in Momenten, in denen man dem Tod nah ist, das Leben wie ein Film vor dem inneren Auge abläuft. Das kann ich nur bestätigen. Das ging so weit, dass ich sogar vor Augen hatte, wie ich nach meiner Geburt aus dem Brutkasten meine Mutter anschaute. Ich erinnerte mich an eine Szene, die an meinem ersten Geburtstag passiert war. Meine Mutter hatte über die Organisation der Feier vergessen, mir etwas zu essen zu geben, und ich stürzte mich völlig ausgehungert auf ein Tablett mit Brötchen. Nachdem mein Leben vor mir abgelaufen war, kam ein helles Licht auf mich zu und das war ganz klar eine Erfahrung, wie man sie vom Sterben erzählt. Ich hab mich dabei sehr entspannt gefühlt. Da war eine absolute Ruhe, auch die Geräusche waren weg, ich war bereit, in die nächste Dimension zu steigen, und auf einmal sehe ich links von mir einen riesigen Schatten. Das war das Boot. Sie hatten mich doch gefunden, hatten die Segel abgesetzt und sind mit dem Motor gekommen. Sie warfen mir ein Hanfseil zu. Ich habe keine Ahnung, wie ich es geschafft habe, dieses Seil zu nehmen, aber sie konnten mich mit der elektrischen Seilwinde aufs Boot ziehen. Zwölf Stunden später waren wir in der Bucht von Neapel auf Ponza. Kaum hatten wir im Hafen angelegt, brachte mich ein Rettungswagen ins Krankenhaus. Mein Arm wurde eingegipst und für meine Lippe war es zu spät: Sie konnten sie nicht mehr nähen, weil sie schon zu trocken war, ja und mit den Rippen konnte man sowieso nichts machen, sodass ich wieder zurück aufs Boot gehen konnte und zwei Tage später einfach ein Flugzeug ab Neapel wieder zurück nach Hannover nahm und nach Hause kam.

Im Sommer darauf hatte mich mein Vater wieder aufs Schiff eingeladen und da muss ich gestehen, dass ich wirklich Angst hatte,

Kapitel 15

an Bord zu gehen. Ich musste mich sehr überwinden, aber nur so konnte ich die Angst und das Trauma besiegen.

Diese Sterbeerfahrung mit dem hellen Licht plötzlich und die Endorphine im Körper, die so wirken wie Morphium, dass man die Schmerzen und die Angst nicht mehr spürt, das war schon eine krasse Erfahrung. Es hat mich sehr geprägt, weil ich seitdem das Gefühl habe, dass da etwas auf der anderen Seite ist, und ich werde immer sehr emotional, wenn ich die Geschichte erzähle. Ich habe jedes Mal Gänsehaut und Tränen in den Augen vor Dankbarkeit, dass ich noch immer hier auf der Erde sein darf. Seitdem denke ich, dass ich eine Aufgabe zu erfüllen habe, dass ich versuchen muss, die Welt ein Stückchen besser zu machen. Und wenige Jahre später ergab sich für mich diese Gelegenheit mit der Wiederauswilderung von Kai, dem Nashorn.

KAPITEL 16

Die 90er-Jahre im Park

Im März 1993 hatte ich promoviert und meinen Doktor in Wirtschaft und Marketing gemacht. Ende des Monats verließ ich Mailand stolz und sehr glücklich. In Hannover holte mich mein Vater vom Flughafen ab. Ich dachte, wie fahren in den Rosenweg, zu dem Haus, in dem ich aufgewachsen war, aber mein Vater machte einen auf mega geheimnisvoll, setzte sein Pokerface auf und druckste herum. *Warte ab, wo wir hinfahren.* Wir fuhren ein bisschen kreuz und quer durch Hodenhagen und er hielt schließlich vor einem neu gebauten Haus. Er drückte mir die Schlüssel in die Hand. *Es ist dein Haus,* sagte er. Als Geschenk für meinen guten Abschluss hatte er die Anzahlung übernommen. Das Darlehen zahlte ich dann in den nächsten neunzehn Jahren ab, langsam über meinen Lohn.

Ich hatte zwar den Doktortitel, aber mein Vater stellte mich zur neuen Saison im Park wie einen gewöhnlichen Angestellten ein.

Kapitel 16

Fabrizio, wenn du hier irgendwann Chef sein willst, musst du von der Pike auf lernen. Ab jetzt war ich Mädchen für alles.

Mein Vater ließ mir keine Illusionen: *Fabrizio, du musst lernen, wie man ein Fahrgeschäft bedient, wie man Pommes frittiert, wie man einen Stall ausmistet!* Sechs Jahre lang arbeitete ich als Servicekraft, Tierpfleger, Fahrgeschäft-Bediener, Gärtner, Pommes-Koch mit so einer kleinen Mütze und Handschuhen. Ich habe alles Mögliche gemacht. Vielleicht war es auch ein Privileg. Ich konnte sagen, okay, ich fahre für zwei Monate die Schiffsschaukel und einen Monat lang das Riesenrad, drei Monate übernehme ich die Bimmelbahn. Also hatte ich wenigstens die freie Auswahl und war als Sohn vom Boss nicht dazu verdonnert, eine komplette Saison die Schiffsschaukel zu bedienen. Im Winter musste ich mit den Mechanikern die Fahrgeschäfte abbauen, sie warten und mit Wachs einfetten, und ich hatte eine riesige Knorpelhaut. Ich war wie ein Bauarbeiter mit den Fettstrichen im Gesicht. In der Zeit hatte ich vier Lungenentzündungen und drei Bandscheibenvorfälle. Man muss bedenken, ich kam gerade aus Mailand. Von den schicken Sakkos, den schönen Mädchen, dem AC Mailand, den Diskotheken, dem Tanzen, den Partys, dem Basketball. Mailand, città della moda, viele Models, tolle Frauen und schicke Mode und Geschmack und Socken und Schuhe, und auf einmal kommst du hierhin und bist so ein Bediener! Da muss man wie ein Chamäleon umswitchen und alles akzeptieren. *Ja okay, ich mach das! Aber wenn ich eines Tages die Befehle gebe, kann ich von den Erfahrungen profitieren*, habe ich mir gesagt. Ich war drei Monate bei der Schiffsschaukel und kann mich in den Typen hineinversetzen, wie er sich fühlt bei dreißig Grad im Sommer, umringt von kreischenden Kindern. Wenn ich das nicht selbst ausprobiert hätte, wüsste ich heute nicht, dass die Kabine zum Beispiel im Schatten stehen sollte.

Tatsächlich hatte ich für meine Abschlussarbeit an der Uni einhundert Parks besucht. Das klingt enorm, aber es waren meist nur kurze Besuche mit knappen Gesprächen mit Leuten vom jeweiligen Marketing. Sofern ich Termine bekam. Ich meine, es waren dreißig

Wasserparks, zwanzig Zoos und der Rest Freizeitparks, unterteilt in diese drei Kategorien. Vor allem ging es um Marketing. Es war wichtig, wie hoch die Besucherzahlen waren, welche Zielgruppe, wie viele Mitarbeiter, die Größe des Parks in Hektar und solche nüchternen Fakten. Zum Beispiel Blackpool Beach in England. Von jedem Park hatte ich einen Plan, den ich fotokopierte und einfügte. Am Anfang waren erst einmal viele Seiten Beschreibung und zum Schluss eine Zusammenfassung. Insgesamt etwa siebenhundert Seiten.

Ich flog nach China und in die USA, aber die meisten Parks besuchte ich in Europa. An der Universität hatte ich niemandem verraten, dass ich der Sohn von einem Freizeitparkbetreiber war, weil ich Angst hatte, dass sie mir das Thema für die Doktorarbeit dann nicht genehmigen würden. Alles, was ich an Tricks und Marketingstrategien herausfand, konnte ich ja direkt für meine Arbeit im Park nutzen. Etwa die Ideen mit den Kindertagen und den Event-Wochenenden. Das kam alles aus den USA. Die dortige Freizeitindustrie war uns mindestens zehn Jahre voraus, diese Marketing-Mix-Techniken waren neu für Europa. Wir sprechen von 1992. In Amerika gab es schon „2 for 1" und Promotion auf Milchtüten. In China wiederum gab es davon gar nichts. China lebte von den Massen an Menschen und verbuchte allein dadurch Riesenerfolge. Dort gab es weniger Freizeitparks, sondern vor allem Tierparks. Ich hatte zunächst die vage Idee, in Hodenhagen auch Pandas zu halten, merkte aber schnell, wie schwierig das würde. Überhaupt – ein Pandabären-Paar zu bekommen ist ein Staatsakt. Im wahrsten Sinne des Wortes. Der chinesische Staat muss die Pandas mindestens einem Minister aus Deutschland schenken. Offiziell ist es eine Schenkung. In Wirklichkeit aber muss der Zoo jedes Jahr eine Million Euro Miete an China zahlen. Vier chinesische Tierpfleger kommen mitgeflogen. Der Zoo muss sie bezahlen und für ihre Unterkunft und Verpflegung sorgen. Es ist ein Desaster und das gibt es weltweit bei keinem anderen Tier. Aber wir haben mittlerweile Zuchterfolge. Der Panda ist neuerdings nicht mehr auf der Roten Liste von der IUCN, eigentlich bräuchte

Kapitel 16

der WWF ein neues Tier für sein Logo. So kann es sein, dass die Auflagen in den nächsten Jahren gelockert werden. In Deutschland hat bisher nur Berlin Pandabären. Sie waren ein Geschenk an Angela Merkel. Sie hat sie dem Berliner Zoo geschenkt, der durch die Bären gleich zwei Millionen mehr Besucher hatte. Da zahlt man die Million an China vielleicht nicht gerade aus der Portokasse, aber doch relativ leicht.

Dennoch bleibt es schwierig und zeitaufwendig. Sie setzen Verträge auf, bauen das Gehege für die Tiere. Wenn es fertiggestellt ist, wird es fotografiert, dokumentiert und der chinesischen Regierung vorgelegt. Danach wartet man auf die Genehmigung. Außerdem muss ein Gewächshaus vorhanden sein, in dem der spezielle Bambus für die Pandas angebaut wird. Der wiederum muss aus China importiert sein, angezüchtet werden und garantiert wachsen, weil der Panda sonst stirbt. Das ist schon eine große Nummer, aber bringt gleich zwei Millionen Besucher mehr in einem Zoo wie Berlin. Bei uns wären es natürlich nicht so viele.

Sechs Jahre Mädchen für alles waren vielleicht ein bisschen viel. Ich glaube, mein Vater hat das gemacht, damit ich nicht seinen Entscheidungen im Weg stand. Zwei Jahre hätten auch gereicht, aber ich hab's gern gemacht, auch weil ich dadurch viele Leute gut kennengelernt habe - die Mechaniker, Tierpfleger, Gärtner und den Cheftierpfleger. Ich bin mit dem Jeep durch den Park gefahren. All das hat mir später geholfen, als mein Vater eines Tages sagte: *Du Arsch, du hast doch in Marketing promoviert. Ich hab gerade festgestellt, dass unser Marketingdirektor eine Nebentätigkeit hat. Es steht aber dick im Vertrag: keine Nebentätigkeiten erlaubt, und ich hab's herausgefunden wegen der Telefonlisten, da tauchte immer wieder eine bestimmte Nummer auf.* Mein Vater fand dann heraus, dass der Typ nicht nur für uns das Marketing machte, sondern auch nebenbei für Citroën in Walsrode, und hat ihn Hals über Kopf herausgeschmissen. Natürlich hatte er dann das Problem, dass niemand mehr für das Marketing zuständig war, und

Kapitel 16

so rief er mich ins Büro und gab mir den Job. *Ab heute machst du das, du hast genug gelernt. Jetzt will ich sehen, wie gut du im Marketing bist, immerhin hast du das ja studiert! Hier hast du Frau Kässens zur Seite.* Das war die Sekretärin, die alles schreiben konnte, weil ich im schriftlichen Deutsch noch nicht so gut war. Eine Werbekampagne bei Radio FFN beispielsweise muss ja in einem bestimmten Schreibstil formuliert werden. Nicht *Hallo, ich bin der Fabrizio Sepe!* Also brauchte

ich die Sekretärin, und das war eine sehr nette und kompetente Frau. Gemeinsam haben wir das gut hinbekommen.

Wir sprechen jetzt von 1999. Es war noch nicht lange, dass die Mauer gefallen war und der ganze Sturm aus dem Osten Deutschlands durch den Park gefegt war. Das waren spannende Zeiten. Mein Vater hatte das Marketing und die PR-Arbeit immer so ein bisschen vernachlässigt. Das war meine Chance, etwas neu aufzubauen. Dank der vielen Monate, die ich im Tierpark verbracht hatte, wusste ich genau, welche Jungtiere wann kommen, und habe angefangen, Beziehungen zu Redakteuren und Fotografen aufzubauen. Zu dpa-Fotografen, zu den Chefredakteuren von Hallo Niedersachsen, dem Chefredakteur von Hallo Deutschland, der Chefredakteurin von Sat1, von RTL, und irgendwann reichte ein Anruf und sie kamen alle, weil ich tolle Geschichten hatte, etwa Babyboom im Serengeti-Park, Giraffenbabys, Schimpansenbabys, Nashornbabys. Wir luden zu großen Pressekonferenzen und ich organisierte Busse mit Tischen und wir fuhren mit den ganzen Presseleuten zu den Tieren. Das war jedes Mal ein Erlebnis, und wenn die Fernsehleute weg waren, bin ich noch mit den Fotografen gegangen, und wir waren per du – High Five und *Hey, Fabrizio, wir sehen uns nächstes Mal* –, und dann kamen

Kapitel 16

die großen Erfolge, das rote Sofa hat live aus dem Park gesendet. Sie haben das rote Sofa extra aus Hamburg hierhergebracht und mitten in die Tieranlage gestellt, und ich hatte drei kleine Löwen neben mir sitzen. Damals schauten noch über eine Million Leute „Das Rote Sofa" und „Hallo Niedersachsen". Die hatten sagenhafte Quoten in diesen Jahren vor Netflix und YouTube. Heute kann man sich das nicht mehr vorstellen. An solche Quoten kommt man nicht mehr heran, und auch die Tageszeitungen verschwinden immer mehr. Ist vielleicht für die Bäume und die Umwelt ganz gut, denn diese vielen Zeitungen zu drucken, mit der Druckfarbe, die dann später im Fluss landet ... Ich weiß nicht, wie das entsorgt wurde, heutzutage bestimmt sehr professionell, aber vor fünfzig Jahren – wer weiß, wo das gelandet ist? Und das ganze Papier, das waren ja Riesenrollen, das sind alles Bäume, und das will ja jetzt keiner mehr wegen der Klimakatastrophe, also ist es vielleicht ganz gut, aber die PR-Arbeit gestaltet sich schwieriger. Das geht nun in andere Kanäle. Leider. Ich weiß nicht genau, aber wir waren mindestens fünfzehnmal zu Gast auf dem Roten Sofa. Die 5555. Sendung wurde hier im Park gedreht. Die größten Persönlichkeiten vom NDR waren bei uns. Zum Beispiel der Dieter Thomas Heck von der Hitparade, genau, er hat irgendwann zur Schaubude gewechselt. In der Schaubude war ich vier, fünf Mal. Das war jedes Mal richtig live. Wenn die Kameralichter angehen und du weißt, wenn du einen Fehler machst, ist es gelaufen, du kannst nicht *stopp, noch mal* sagen. Das waren richtig coole Jahre. Also immer mit so einer Kamera im Gesicht und der Angel und *Sagen Sie mal, Herr Sepe, was ist Ihre Meinung ...?* Natürlich habe ich dabei auch ein paar schlechte Erfahrungen gemacht. Wo sie mich getäuscht und das Filmmaterial anders geschnitten haben, und dann war plötzlich alles negativ. Negativ zieht leider immer besonders, und die Medien sind ein bisschen so. Sie ziehen dich hoch und ziehen dich genauso wieder runter. So läuft das. *Sepe, Sepe, Sepe, toll, toll toll!* Und dann: *Sepe hat Scheiße gebaut!* Das zieht besonders. Die Medien machen das oft extra. Sie pushen die Leute erst und ruinieren sie für die Quote. Das ist ein knallhartes Geschäft. Eine Zeit lang war ich eine Art Liebling der Medien, denn Tiere ziehen immer, vor allem Geschichten über Tierbabys. Und wenn du irgendwann Boden gutmachst, wollen sie dich kaputt machen. Nicht alle Medien. Die Öffentlich-Rechtlichen überhaupt nicht. Aber RTL hat zum Beispiel einmal einen ganz schlechten Beitrag über den Park gebracht. Wir hatten leider ein bisschen viel riskiert, muss ich dazu sagen. Es ging um drei männliche Löwen, die bei uns überzählig waren. Zu diesen Löwen bekamen wir eine Anfrage über einen Tierhändler, und unser damaliger Zoologe sagte: *Ja, bloß weg mit diesen drei!* Wir hatten sie, wie gesagt, über, und wussten nicht, wohin mit ihnen. Wenn wir sie rausließen, kämpften sie miteinander, und wir hätten sie sonst für den Rest ihres Lebens hinter den Kulissen halten müssen. Das Beste war also, sie loszuwerden, und da kam diese Anfrage wie gerufen. Wow! Eine Farm in Südafrika wollte sie unbedingt haben. Nun gibt es in Südafrika wunderbare Farmen, in denen sie das Tierwohl respektieren. Aber leider gibt es auch Trophäenfarmen. Da zahlen Sie zwanzigtausend Euro und schießen einen Löwen, und im Preis ist enthalten, dass man Ihnen den präparierten Löwen anschließend nach Amerika oder wer weiß wohin schickt. Ich habe gleich gesagt: *Wenn das so eine Farm ist, verkaufen wir sie nicht,* und sie haben uns versichert, dass es natürlich eine Fotosafari-Farm ist. Ich habe gesagt, dass wir darüber eine schriftliche Bestätigung vom Ministerium brauchen, und ein paar Wochen später trudelte so ein Schriftstück ein, das bescheinigte, diese Farm ist seriös und macht nur Artenschutz und Fotosafari, niemand schießt Löwen. Also habe ich die Löwen verkauft. Übrigens für sehr wenig Geld, weiß nicht, fünfhundert Euro pro Löwe. Das war nicht lukrativ, aber ich habe gedacht: Okay, sie müssen weg und brauchen ein neues Zuhause. Was ich verpennt hatte, war, dass es 2009 war. 2010 war die WM in Südafrika. Da hätte ich hellhörig werden sollen. RTL war da mehr auf Zack. Die haben das gemerkt, weil 2009 überall auf der Welt Löwen nach Südafrika verkauft wurden, und vor allem waren Löwen aus Europa heiß begehrt, weil die mehr Mähne haben. Je üppiger die

Kapitel 16

Mähnen, umso mehr Geld können sie mit dem Löwenabschuss verdienen. In Afrika haben alle Löwen eine kleine Mähne, weil es dort so heiß ist. Hier bei der Kälte wachsen ihnen über die Jahre Riesenmähnen, die bis unter den Bauch gehen. Es sind prachtvolle Tiere. Gerade auch für Trophäenjäger. Ich habe anschließend gelesen, dass über fünfzig Zoos Löwen nach Südafrika verkauft haben. Darunter auch die großen, Zoo Berlin, Zoo Frankfurt, Zoo Köln und so weiter. Aber diesen prestigevollen Zoos wollte RTL wohl keinen reinwürgen. Verkauft hatten sie genauso wie ich, nur zu mir sind sie gekommen. Das lief unter dem Vorwand, dass sie einen Wetterdreh machen wollten. Am Ende der Tour steigen wir bei den Elefanten aus, weil man da aussteigen darf, und vor laufender Kamera fragen sie mich: *Was sind das hier für Löwen, Herr Sepe?* Und ich habe gesagt: *Das sind drei Löwen, ich habe sie an einen Händler verkauft.* Sie glauben nicht, was am nächsten Tag los war! Sie ließen ihre Sendung anfangen mit einem Jäger, der Löwen erschießt. Es waren nicht unsere, aber sie kamen schnell auf den Serengeti-Park zu sprechen. *Der Park hat drei arme Tiere an eine Abschussfarm verkauft!* Ein Skandal! Wir haben alles versucht. Wir haben das Dokument gezeigt, das wir als Bestätigung bekommen hatten, dass es sich um eine Zuchtfarm handelte, aber da war nichts mehr zu retten. Es war ein Desaster. Die schlimmsten acht Wochen. Wir waren nur am Telefon mit Besuchern, die uns verflucht haben. Das sind die zwei Seiten der Medien und der PR-Welt. Heutzutage, mit den sozialen Medien, sind Sie in zehn Sekunden tot! Wenn jemand postet, *Herr Sepe lässt Tiere quälen*, schreiben das gleich Zehntausende hinterher. Es geht unglaublich schnell. Man muss tierisch aufpassen. Politiker werden darin geschult, immer aufzupassen, was sie sagen. So ist das heute, alle sind vorsichtig geworden, was man in der Öffentlichkeit sagt, und dadurch ist die PR-Arbeit sehr viel weniger spontan als früher und hat viel von ihrem Reiz verloren. Alles ist vorbereiteter. Man muss erst einmal gucken, was die PETA sagt, und pass auf die Vier Pfoten auf!

Es war ganz bestimmt eine Riesenarbeit, die ich mit der

fantastischen Frau Kässens in die PR-Arbeit gesteckt hatte, und über die Jahre haben sich echte Freundschaften entwickelt. Mit vielen der Fotografen bin ich noch heute befreundet, auch wenn sie mittlerweile fast alle in Rente gegangen sind. Oder auch mit den Chefredakteuren. Der Chefredakteur von Bild Nord hat sich wirklich in den Park verliebt. Er verwaltete Bild Hamburg, Bild Bremen und Bild Hannover und war sehr tieraffin. Der Kontakt kam über einen befreundeten Fotografen. Den kannte ich schon lange und er hatte mir immer gesagt: *Den Hans müssen wir mal einladen, ich bin sicher, der dreht durch bei dir, wenn er sieht, was du auch für Risiken auf dich nimmst, was du investierst!* Und irgendwann hat er es geschafft, diesen Hans einzuladen, und als er kam, sagte er: *Ich kann's nicht glauben, du als Familienunternehmer, so viel Risiko mit so vielen Angestellten! Wer macht denn so was? Spinnst du, bist du verrückt? Dich unterstütze ich auf jeden Fall!*, und ab dem Moment lief eine klasse PR, weil er alle diese wichtigen Prominenten kannte. Daraufhin kam Udo Lindenberg und taufte einen kleinen Leoparden mit seinem Eierlikör, und dann kam Heino mit der komischen Brille und hat drei kleine Löwen getauft, und das ging natürlich durch die ganze Presse, Bild national, so groß! Also, das waren schöne Jahre! Und die Giraffe Linda! Das war so eine Sommergeschichte. Diese Giraffe kam aus einem Zoo in Italien und wollte nicht aus dem Stall, solche Angst hatte sie.

Kapitel 16

Also haben wir die ganze Geschichte ein bisschen gepuscht: *Unser italienischer Parkchef versucht, die italienische Linda aus dem Stall zu locken.* Ich habe tatsächlich mit ihr im Stall geschlafen, im Stroh mit einer Decke, und hab vom Aufwachen an mit ihr geredet, und es hat vierzehn Tage gedauert, bis sie mit mir aus dem Stall gekommen ist. An jedem dieser vierzehn Tage waren wir im Blatt, weil sie täglich die Entwicklung und einen eventuellen Fortschritt brachten, das war der absolute Hammer! Und dann sind zwei Mal im Abstand von sechs Jahren Kängurus entlaufen und wir waren mit allen Redaktionen aus halb Niedersachsen auf der Suche nach Urmel und Toto und das erste – mein Gott, wie hieß denn das erste Känguru noch mal? Weiß ich nicht mehr, aber ich erinnere mich noch gut, dass ich in einem Interview bei Radio FFN sagte: *In Australien machen sie das so, dass sie die Bäume auf der Höhe von neunzig Zentimetern mit Erdnussbutter einschmieren. Also bitte, liebe Leute, macht das, helft uns!* Ich schwöre, Supermärkte haben bei uns angerufen: *Hören Sie auf mit dem Scheiß, wir haben keine Erdnussbutter mehr!* Man sah an den Straßenrändern die Mütter mit den Kindern, wie sie mit Pinseln Erdnussbutter an die Baumstämme aufgebracht haben. Das war sehr niedlich! Wir haben sie beide Male wohlbehalten wiedergefunden. Während der Suche habe ich mir acht Zeckenbisse eingefangen und unser Tierpfleger hatte vierzehn. Wir bekamen Spritzen gegen Borreliose und machten weiter mit Kescher, Fernglas und Betäubungsgewehr, Betäubungsspritzen, und die ganzen Medien hinterher. Es war jedes Mal im Sommer. Im Sommerloch. Also eine Art Sommermärchen. Die Kängurus sind bis Mellendorf gekommen. Das ist vielleicht zwanzig, fünfundzwanzig Kilometer entfernt. Im Sommer finden die Tiere viel zu fressen. Sie fressen kleine Blätter und vom Gras die obersten, zarten Spitzen und nach zehn Minuten haben sie so viel im Magen, dass es für den Tag reicht. Einfacher würde man sie im Winter fangen können, weil dann die Blätter weg sind, das Gras niedrig ist. Es war gute Arbeit, dass man sie gefangen hat, aber bis dahin war das jedes Mal wie ein Albtraum. Mitten in der Nacht, so gegen elf, ruft etwa die Redaktion an:

Kapitel 16

Herr Sepe, Leute aus Burgdorf sind am Telefon. Die haben ein Känguru gesehen! Sie müssen sofort dahin! Also anziehen, ab ins Auto, und am Ende war es ein Rehkitz. Die haben ein ähnliches Gesicht, und wenn man sie im Acker entdeckt ... Die Autos hielten an, da ist eins von den Kängurus! und dann war es doch bloß ein Reh! Das war sehr anstrengend, aber eine geniale PR, ja.

Ende der 90er-Jahre kamen die Schimpansen aus Arnheim zu uns. Auch das war eine fantastische Erfahrung. Es war eine Familie von Schimpansen, die der Tierforscher Jan van Hooff studiert hatte. Im Internet kursiert ein sehr berührendes Video über seine Wiederbegegnung mit der neunundfünfzigjährigen Schimpansendame *Mama*. Sie war die älteste Schimpansin der Niederlande, und van Hooff hatte sie Anfang der 70er-Jahre kennengelernt. Als sie im Sterben lag, besuchte van Hooff sie noch einmal. Obwohl sie sich jahrelang nicht gesehen hatten, erkannte Mama ihn wieder, begann zu strahlen und umarmte ihn. Aber das ist eine andere Geschichte.

Unsere Schimpansengruppe kam aus Arnheim, nachdem sich der Zoo dort entschieden hatte, sie abzuschieben. Sie wollten sich damals auf Orang-Utans spezialisieren und die ganze Familie mit Oma, Onkel, Opas und so weiter abgeben. Überwiegend waren es schon ältere Tiere.

Als ich klein war, hatten wir Schimpansen, aber dann nicht mehr, und das war das erste Mal, dass ich als junger Mann bewusster mit einem Tier wie dem Schimpansen in Kontakt gekommen bin. Das ist eine unglaubliche Erfahrung. Vor allem ist es faszinierend, die Interaktionen einer geschlossenen Gruppe zu sehen. Zunächst waren sie drei Wochen im Stall, damit sie sich einleben konnten. Wir hatten ihnen eine wunderschöne Inselanlage gebaut, sehr groß, mit Wasserläufen und Klettermöglichkeiten. Wir haben an den Schieber ein Gitter gebaut, damit sie herausschauen konnten, und dann noch eine Woche gewartet und das Gitter weggenommen. Wie das aber oft so ist: Es traute sich keiner raus. Die hatten Angst vor Wasser. Das kannten sie nicht aus Arnheim, da waren sie einfach hinter einem

Kapitel 16

Graben gewesen. Wir warteten und warteten und endlich irgendwann kam ein Schimpanse raus. Das war natürlich ein Weibchen. Die Oma, das älteste Weibchen. Oma Paust streckte den Kopf raus, sah sich um und bewegte sich vorsichtig ins Freie. Sie lief über einen Baumstamm auf die Insel, sah sich alles an, drehte sich, nickte ein paarmal mit dem Kopf und gab den anderen ein Zeichen, dass alles in Ordnung sei. Nach und nach wagten sich alle raus. Das waren unglaubliche Momente und Emotionen, die man da fühlt. Sie sind uns so ähnlich. Sie haben zu achtundneunzig Prozent die gleichen Chromosomen wie wir. Zu Schimpansen und Gorillas können Sie so eine besondere Verbindung aufbauen, schon allein, wie sie einen von der Seite angucken. Eine der Schimpansinnen hat schnell gelernt, mit den Händen zu klatschen, um Futter zu bekommen. Ich war jeden Tag mehrere Stunden bei ihnen zu Besuch. Sie haben mich immer erkannt. Erkennen mich sogar heute immer noch.

Wir hatten ein gutes Männchen, den Pongo. Er zeugte vier Junge, ein Männchen und drei Weibchen, und die kleinen Schimpansen, die müssen Sie einmal im Leben gesehen haben: so ein kleines Wesen mit großen Augen, großen Ohren und komplett behaart, aber es sieht fast aus wie ein Mensch. Es ist unglaublich berührend, wenn Sie in den Stall gehen und die Mutter Ihnen das Baby zeigt und Ihnen erlaubt, das Baby am Bauch zu kraulen. Das ist schwer zu beschreiben, was das mit einem macht. Überhaupt die Zärtlichkeit zu sehen, mit der die Schimpansinnen ihre Babys umsorgen. Da könnten viele Frauen lernen, wie man mit Neugeborenen umgeht. Sie sind so vorsichtig. Sie betten das Kleine ins Stroh, klettern, um sich eine Banane zu holen, kommen zurück, nehmen das Baby zart in den Schoss, und erst dann essen sie die Banane.

Tierbabys sind sehr wichtig für den Erfolg eines Tierparks, aber man ist natürlich schnell an einer Grenze, dass es zu viele werden. Das muss man lernen zu verwalten und sich mit anderen Tierparks austauschen. Manchmal entscheidet man sich, zu kastrieren oder

Kapitel 16

zu sterilisieren oder man nimmt solche Stäbchen, die man unter die Haut setzen kann, zur Empfängnisverhütung. Das gilt es gut zu durchdenken, aber das kriegt man hin. Es gibt siebentausend Zoos in Europa, weltweit insgesamt sechzehntausend Zoos, allein eintausend in Deutschland. Darunter sind viele kleine, aber immerhin wirklich eintausend genehmigte zoologische Einrichtungen. Eintausend Zoos und achtundfünfzig Freizeitparks. Das muss man sich bewusst machen, damit man ein Gefühl dafür bekommt, was da für eine Konkurrenz existiert. Safariparks gibt es allerdings nur zwei in Deutschland. Stukenbrock und wir. Luftlinie keine fünfundvierzig Kilometer von uns entfernt liegt mit dem Heidepark Soltau Norddeutschlands größter Freizeitpark. Dann haben wir in Walsrode gleich um die Ecke den weltgrößten Vogelpark. Luftlinie fünfzig Kilometer ist der Erlebniszoo Hannover, einer der schönsten Zoos überhaupt. Sie haben ihm ein Facelifting verpasst, und sie haben mit rund eins Komma vier Millionen Besuchern jedes Jahr einen Riesenerfolg. Es gibt den Zoo Hagenbeck in Hamburg, Zoo Osnabrück, Zoo Münster und so weiter. Allein hier in der Region sind siebzehn Freizeitparks, dazu zählen auch Rastiland, Pottpark und der Windmühlenpark, so ein Freilichtmuseum mit historischen Windmühlen. Das ist sehr beliebt, Scharen von Menschen spazieren durch die Windmühlen und machen Fotos, aber wenn sie dahinfahren, kommen sie nicht hierher, obwohl ich hoffe, dass es doch einige verbinden. Trotzdem, es bleibt eine Riesenkonkurrenz. Lüneburger Heide, Freizeitpark und Tierpark Thüle, Tierpark Jaderberg, Fischotterzentrum Hitzacker, Schmetterlingspark von Schieß mich tot, Wildpark Schwarze Berge und noch ein Dino-Park, in dem zwar alle Tiere aus Plastik sind, aber sehr gut gemacht, Dinosaurier so lang wie ein ganzes Wohnzimmer, Brontosaurus, Tyrannosaurus. Die bewegen sich zwar nicht, aber wirken sehr realistisch. Dort gehen auch Tausende Besucher jedes Jahr hin, weil Kinder Dinosaurier lieben. *Mama, Papa, wir wollen zu den Dinos!* Und dann fährt man dorthin und nicht zum Serengeti-Park. Aber gut, vielleicht machen sie das dann den nächsten Sonntag, aber

Kapitel 16

es kommt darauf an, ständig im Gespräch zu bleiben, sonst gehen die Leute woanders hin. Das Marketing ist für uns wie für einen Menschen das Blut.

Dazu kommt neuerdings immer mehr die Frage, ob Zoos überhaupt noch zeitgemäß sind. Wir werden damit nicht so sehr konfrontiert, weil man uns eher als Tierreservat sieht, glaube ich. Man liest es oft in den Internetkommentaren: *Wenn Zoo, dann so,* also ohne eingesperrte Tiere. Das loben die Besucher. Dass die Tiere bei uns Platz haben und nicht in kleine Stadtgehege gequetscht werden. Das werfe ich den Zoos auch vor. So vor fünfzehn, zwanzig Jahren gab es die Chance, dass sich der Stadtzoo in den Zoo der Zukunft wandelt, aber nicht mit Facelifting, sondern mit Umgebungen und Gehegen, die mehr tiergerecht wären. Also, dass man zum Beispiel die Elefanten verkauft, sie wieder nach Indien oder Afrika bringt und die Gehege für kleinere Tierarten nutzt, die sich darin wohlfühlen. Meinetwegen Gorillas, die benötigen weniger Fläche als Elefanten. Ich meine, es müssen ja nicht gerade Hamster sein. Die Zoologen wehren sich immer dagegen. Sie sagen, wenn wir die Elefanten weggeben, bleiben die Besucher aus. Das ist sehr kommerziell gedacht, und das werfe ich ihnen vor, und es wird ihnen jetzt wie eine Steinschleuder zurück ins Gesicht kommen. Der Zoo Hannover hat zum Beispiel für neunundzwanzig Millionen einen Dschungelpalast aus Spritzbeton gebaut. Neunundzwanzig Millionen hat nur allein dieser Spritzbeton gekostet! Dadurch haben die Tiere nicht einen Zentimeter mehr Lebensraum erhalten. Ich habe damals gedacht: Macht das nicht! Werdet lieber die Elefanten los und baut ein wunderschönes Areal für ein Pärchen Eisbären, nur als Beispiel, mit viel Glas, durch das man sie beim Schwimmen beobachten kann. Glas, das wie ein Eisblock aussieht und ein Gehege umfasst, das groß genug für zwei Eisbären ist. Man würde sehen, dass sie sich wohlfühlen. Aber nein, wir müssen Elefanten haben. Elefanten gehören in den Zoo. Alle haben so konservativ gedacht. Niemand wagte sich an progressive Ideen. Jetzt haben sie dreihundertzehn Millionen Euro in den Zoo

Hannover hineingepumpt. Mit welchem Erfolg? Im Grunde haben sie noch immer denselben alten Zoo, nur mit Facelifting, so wie man ein altes Auto nimmt, etwa einen X5, und Sie machen die Schnauze schön, aber es ist noch immer der alte X5, und irgendwann merken das alle und keiner kauft das Auto mehr. So wird es auch mit den Stadtzoos sein, ist meine Theorie, und wie gesagt, bei uns mit diesen großen Gehegen passiert das nicht, weil es art- und tiergerecht ist.

Ich habe selbstverständlich gut reden, weil ich diesen Park habe und den Tieren diesen Platz schenken kann. Ich hab viele Kollegen, auch Zoologen, auch Politiker, die unbedingt an dem alten Konzept des Zoos festhalten wollen, und ich sage dazu: *Passt auf, das haut euch wie eine Latte ins Gesicht, weil sich das Tier schließlich wohlfühlen muss. Es kann sich auch in einem Stadtzoo wohlfühlen, aber das Gehege muss ungefähr seiner Herkunft entsprechen. Also, meinetwegen haltet eine Gruppe Affen mit wunderschönen Gesichtern, etwa Mandrillen, oder diese zweite Pavianart, die Sifaka. Oder nehmt Lemuren, die in Bäumen leben. Die könnte man prima in einem heutigen Elefantengehege unterbringen. Sucht euch hübsche Arten aus, aber haltet keine Elefanten, die sich mit dem Arsch anstoßen. Das sollte man ihnen ersparen und das kann man heute nicht mehr zeigen.* Die Besucher sind heute viel sensibilisierter und reagieren empört, wenn sie das Gefühl haben, den Tieren geht es nicht gut. Wie gesagt, wir sind davon bisher nicht betroffen.

Im März 1993 hatte ich promoviert und anschließend meine erste Saison im Park gemacht. Die Winterpause stand an und wir begannen, die Fahrgeschäfte abzubauen. Da rief mich mein Vater in sein Büro. Selbst für mich als Sohn war es immer ein bisschen einschüchternd, vor seinem Schreibtisch zu stehen. Man wusste nie, was einen erwartete, wie seine Laune gerade war. Anscheinend hatte ich meine erste Saison gut gemacht. Er war nie der, der Lob aussprach, aber er sagte: *Du hast dir einen Urlaub verdient. Wohin möchtest du?* Ich brauchte nicht lange zu überlegen …

KAPITEL 17

Brasilien sehen und lieben

Ich hatte so lange von Brasilien geträumt. Schon in der Zeit im Internat, als ich die Sambamusik entdeckte und mit Patrick anfing, CDs zu sammeln. Jetzt saß ich im Flieger. Zur Vorfreude kam auch ein wenig Angst. Um mich nicht in Gefahr zu bringen, hatte ich mich für den Norden entschieden. Für Recife anstatt für Rio de Janeiro. Rio schüchterte mich noch zu sehr ein. In dieser Metropole leben zehn Millionen Menschen und da hört man unglaubliche Geschichten, etwa von Entführungen. Da kam ein Ohr im Briefumschlag nach Deutschland mit der Forderung, fünfzigtausend Euro für die Freilassung der entführten Person zu bezahlen. Ich habe Geschichten gehört von einem Bus, der auf dem Weg vom Flughafen in Richtung Stadt von einer Gang mit einem Holzklotz gestoppt wurde. Sie sind mit Pistolen in den Bus gestiegen und haben alles an sich genommen, auch die Pässe. Der Bus musste drehen und wieder zurück zum Flughafen fahren, die Leute sind gar nicht nach Rio reingekommen. Nein, stimmt nicht ganz: Sie mussten noch zur Botschaft, um sich neue Pässe ausstellen zu lassen, aber sie haben nicht einen Tag den Strand gesehen, sind gleich wieder weg. Also kein Wunder, dass ich mir diese Stadt für später aufsparen wollte. Sofern ich es schaffte, in Recife nicht ausgeraubt oder verschleppt zu werden. Sofern ich mich nicht am Essen vergiftete. Sofern ich nicht in der Ferne verlorenging.

Ich kam in einer kleinen Bed-and-Breakfast-Pension in Recife an, nur mit ein paar T-Shirts und einer Jeans im Rucksack. Natürlich war ich vorbereitet und wusste, dass man mit dem Essen vorsichtig sein

Kapitel 17

muss. Nichts von den Straßenständen essen, Vorsicht beim Wasser, Vorsicht bei ich weiß nicht was alles. Aber eine Mango schien mir recht sicher. Ich hatte Leute gesehen, die in Mangos bissen, und hatte solche Lust auf diese Frucht, dass ich mir unten an der Straße eine kaufte. Ich nahm sie mit auf mein Zimmer, holte das Schweizer Messer aus dem Rucksack und versuchte sie zu schneiden. Allerdings hatte ich nicht erwartet, dass die Haut so weich war. Ich schnitt kraftvoll hindurch und erwischte gleich meine Hand mit. Ich habe heute noch die Narbe. Das Blut spritzte und ich schnappte mir ein Handtuch und wickelte es um die Finger. Ein paar Häuser weiter gab es eine Apotheke, wusste ich, und ich rannte auf die Straße, stürzte in die Apotheke und fuchtelte mit dem Handtuch über der Hand herum. Die Frau hinter der Theke lächelte. Sie war schwarz und trug einen weißen Kittel mit einem Namensschild. Anna stand darauf. Sie hatte lockige Haare und eine sehr sympathische Ausstrahlung. Sie kam zu mir, sagte etwas wie *Beruhige dich, wir gucken uns das mal an*, und sie hat die Wunde desinfiziert, Pflaster drauf und fertig, und ich jammerte vor mich hin: *Ohhh, das tut so weh …* Anna da Sosa da Silva da Costa war ihr voller Name, und sie – da sieht man die Unterschiede in der Kultur – lud mich zu einem Drink ein. Eigentlich hätte es umgekehrt sein sollen. Ich war erst ein bisschen vorsichtig im fremden Land. Wer weiß, wie die so drauf ist?, dachte ich, ging also zu diesem Drink – das war noch nicht richtig ein Date –, und dann brannten wir einfach durch. Wir tanzten die ganze Nacht. Wir waren zwei Charaktere, die wie Hand und Handschuh perfekt zusammenpassten. Es gibt Handschuhe, die sind hier ein bisschen zu groß, da ein bisschen zu klein, aber es gibt auch welche, in die Sie reinschlüpfen, und sie passen auf Anhieb perfekt. So fühlte sich das mit Anna an. Sie sah meinen Charakter und mochte mich, meine Persönlichkeit, und ich ihre auch. Das war fast magisch. Sie nahm eine Woche Urlaub, weil sie sich so verliebt hatte, und dann sind wir mit einem Buggy über die Strände von Pernambuco gestreift, haben in kleinen Bed and Breakfasts geschlafen oder auch einfach am Strand. Sie wollte mir alles zeigen und immer, wenn wir an einen neuen Strand kamen, spielten sie dasselbe Lied. Es war der große Sommerhit in jenem Jahr, aber für uns war das wie ein Zeichen. Immer dieses Lied, ein Liebeslied. Kaum saßen wir am Strand, lief es, als hätten sie es für uns aufgelegt, und wir guckten uns jedes Mal an: *Oh mein Gott, schon wieder das Lied!* Alles lief so flowfull, so fließend, mit einem Riesenenthusiasmus, und wir fuhren in den Dschungel und sie kannte jede Affenart und jede Pflanze und sie kletterte die Bäume rauf und runter. Ich hatte noch nie zuvor eine Frau gesehen, die so etwas konnte. Ein paar Tage vorher hatte sie im weißen Kittel in der Apotheke gestanden und jetzt pflückte sie athletisch eine Mango nach der anderen von den Bäumen.

Vielleicht ist die Geschichte typisch für einen Touristen, einen jungen Mann, der das erste Mal eine große Reise unternimmt, aber es war großartig. Der Schockmoment kam, als sie sagte, dass sie schon ein Kind hatte. Damit hatte ich nicht gerechnet, aber natürlich haben die meisten brasilianischen Frauen schon früh Kinder, und als sie mich anschließend in ihre Wohnung etwas außerhalb von Recife einlud und mir Fernando vorstellte, schloss ich ihn auch ins Herz.

Es war keine Favela, in der sie lebte, aber nicht weit davon entfernt. Sie hatte geschafft, sich von der Favela, in der sie geboren war, zu emanzipieren, hatte ein bisschen studiert und konnte als Fachkraft in der Apotheke arbeiten. Für mich war es ein Glück, an eine normale Brasilianerin geraten zu sein und nicht, wie das unerfahrenen Touristen oft passiert, an eine Prostituierte. Das war immer meine Angst gewesen, dass sie dich betäuben und dir eine Niere rausschneiden. Über Brasilien war bekannt, dass sie dort mit Organen handelten, und mein Vater hatte mir noch vor dem Abflug gesagt: *Pass auf, dass du mit allen Organen zurückkommst!* Ich meine, das kann ja schnell gehen: eine Frau mit tollem Lächeln und langen Beinen, in zwei Sekunden bist du verführt, und wenn du schläfst, betäubt sie dich mit einem getränkten Lappen und irgendwelche Typen kommen rein und schneiden dir die Niere raus. So schnell, wie du verblutest, können sie

Kapitel 17

dich nicht wieder zusammennähen. Ich hatte jedenfalls Glück. Wir haben später noch ein bisschen hin- und hergeschrieben, aber sie hat dann einen Mann kennengelernt und geheiratet. Ich habe sie ein paar Jahre später noch einmal zum Karneval besucht. Nach Rio und Salvador de Bahia ist der Karneval in Olinda zusammen mit dem in Recife der drittschönste Karneval Brasiliens. Es war schön, sie wiederzusehen, aber da war sie vergeben.

Diese Liebesgeschichte brachte mir das Land und seine Kultur gleich viel näher. Die Region um Recife ist bekannt für die Musik – Musikstil Fevrò und Focho, aber mehr Fevrò, und das tanzt man mit einem kleinen farbigen Schirm. Die Frauen tanzen frenetisch mit den Beinen hin und her und hüpfen hoch und runter, es ist ein schwieriger, sehr schneller Tanz, und immer mit diesen niedlichen Sonnenschirmen, die sie öffnen und schließen. Das ist sehr faszinierend, wie sie das machen. Anna hatte mich zu einer Schule gebracht, wo man diesen Tanz lernen konnte. Sie konnte ihn auch, und das hat mir in wenigen Tagen so einen Schub gegeben! Und als sie feststellte, dass mir viele der Musikkünstler, die sie kannte, auch vertraut waren, haben wir zusammen viel Musik gehört. Das verband uns noch intensiver. Man kann mit jemandem durchbrennen, mit dem die Chemie stimmt, aber wenn der eine Yogalehrer werden will und der andere am liebsten im Fitnessstudio pumpt und mit Ruhe und Namaste nichts am Hut hat, gehen sie doch schnell auseinander. Mit Anna und mir war das anders. Es ging: *Ah, du kennst den, ah, und du kannst das spielen, dieses Instrument*, und dann hat sie mich in eine Bar gebracht und mich überredet, mit den Musikern dort zusammen zu spielen. Es war ein Konzentrat von brasilianischer Kultur, von innen gelebt durch ihre Seele, das da verschmolz mit meiner in diesen Tagen. Das war wie ein Turbo, vom Verständnis der Kulturen, Persönlichkeiten, Mentalitäten her. Das brachte mir Brasilien sehr nah. Es ist ein unvorstellbar großes Land, über zweihundert Millionen Einwohner, wenn man überhaupt alle gezählt hat, und sie haben Erdöl, Tourismus,

Edelsteine, unglaublich viele Flüsse, die Energie erzeugen, alles. Es ist ein Skandal, dass die Schere so weit auseinanderklafft zwischen Arm und Reich, und ich hatte schon gleich den Wunsch, etwas für dieses Land und seine Bewohner zu tun. Was genau, war mir zu dem Zeitpunkt noch nicht klar, aber ich wollte etwas zurückgeben, dafür, dass man mich so herzlich aufgenommen hatte.

Von da an bis ich jedes Jahr dorthin geflogen, etwa sechzehn oder siebzehn Mal hintereinander, und mir ist nie was passiert. Einmal wurde mir am Strand von Ipanema eine Bauchtasche gestohlen, als ich im Sand eingeschlafen war. Ich hatte rund zwanzig Euro drin, also fünfzig Real, und die Schlüsselkarte vom Hotel. Als ich aufwachte, war das Ding weg, aber letztendlich war das harmlos. Ich habe Geschichten gehört von Touristen, die mitten am Tag auf der Straße ein Messer in den Hals bekamen. Oft bin ich um zwei Uhr morgens aus den Sambaschulen gekommen, allein als Tourist im Bus, und natürlich haben mich die Einheimischen angestarrt, aber mir ist nie was passiert. Das mag einfach Glück gewesen sein, aber manchmal denke ich, vielleicht habe ich diese Liebe für das Land und die Musik und die Menschen ausgestrahlt, sodass man mich in Ruhe gelassen hat. Ich habe aber auch nie etwas Verrücktes gemacht. Habe mich nie besoffen und bin irgendwo am Straßenrand eingepennt. Nein, und ich habe immer aufgepasst: Welche Sambaschule um wie viel Uhr? Also nicht zu spät. Und allein, nie mit einer Clique von fünf Deutschen oder Italienern. Mir ging es darum, die Musikszene so authentisch und intensiv wie möglich kennenzulernen und zu erleben. Ich besuchte viele Live-Konzerte. In Brasilien geben die Künstler am Ende ihrer Konzerte eineinhalb Stunden lang Autogramme, anstatt schnell abzuhauen. Man hat Gelegenheit, mit den Künstlern zu sprechen. Das war für mich das Größte, diese Stars kennenzulernen.

Nie vergessen werde ich zum Beispiel das Konzert von Ney Matogrosso. Dieser Mann macht eine Wahnsinns-Bühnenshow. Er trägt goldene Anzüge und fantastische Kopfbedeckungen und hat eine unglaubliche Ausstrahlung und Ausdruckskraft. Nun, der ist natürlich ein Megastar und ich brannte darauf, ein Autogramm von ihm zu ergattern. Bis ich es allerdings geschafft hatte, aus dem Saal und hinter die Kulissen zu kommen, war er schon weg. Aber ich kam mit einem der Perkussionisten ins Gespräch. Ich war so begeistert. *Was für ein Konzert*, habe ich gesagt, *ich liebe diese Musik!* Und er stellte mich den anderen Musikern vor und sagte spontan: *Weißt du was, wir gehen jetzt in Villa Isabell in die Sambaschule, willst du mit?* Das ließ ich mir nicht zweimal sagen!

Und dann haben wir zusammen bis in den frühen Morgen getrommelt. Unglaublich!

Die Musik packt mich, die geht mir unter die Haut. Und wenn Sie sehen, wie die Leute tanzen …! Zum Beispiel Samba de Gafieira. Gafieira kommt von gaffa, das ist eine Flasche, und der Mann tanzt um diese Flasche herum und muss die Dame erobern, indem er die Flasche beim Tanzen hochnimmt und ihr zum Trinken anbietet. Das ist eine Geste zum miteinander Ausgehen, zum Daten, aber sehr elegant, nicht frech oder sexuell. Alles ist Eleganz, Schönheit. Man sagt, man soll sich so viel und so oft wie möglich mit Stil, Eleganz und Schönheit umgeben, um graceful zu leben. Wie kann man graceful ins Deutsche übersetzen? Anmutig vielleicht. Ich glaube, das ist der schönste Weg zu leben. Man sollte täglich so viel gute Energien wie möglich tanken. Wenn Sie täglich nörgeln und sich beschweren und sich immer nur mit Menschen, die auch nörgeln, umgeben, nörgeln Sie nach fünf Jahren auch nur noch. Aber stellen Sie sich vor, Sie treffen sich regelmäßig mit einem Pärchen wie Marcelo Chocolate und Tamara Santos und Sie sehen, wie die tanzen, und spüren die Freude, werden Sie selbst ein anmutiger, eleganter Mensch, und genauso möchte ich leben. Graceful.

Viele Menschen fliegen für die Sehenswürdigkeiten nach Brasilien. Viele auch für Sex, klar, diese prallen Hintern und die Tangas! Und die Frauen kommen schnell ins Bett, es wimmelt nur so vor Prostituierten. Aber ich bin wegen der Musik nach Brasilien gekommen. Wie viele unterschiedliche Sambastile es gibt! Zehn insgesamt: Maracatu, Fevrò, Focho, Samba no Pé, Samba duru, Samba Pagode – da ist immer so eine Art Sambarhythmus darunter, aber schon sehr unterschiedliche Stile –, Bossa Nova, das etwas langsamere von Antônio Carlos Jobim, „Das Mädchen aus Ipanema" („wenn sie geht, ist  das wie eine Samba"), es gibt aber in Rio eine Samba-Art, die man zu zweit tanzt, fast wie Tango, aber schneller, nicht dieser ganz frenetische Samba-Rhythmus, aber schon relativ schnell, und Sie glauben nicht, was da für Figuren entstehen, da staunt man. Unglaublich, was dieser Mann mit dieser Frau macht an Figuren, und es ist gar nicht so sehr erotisch, sondern einfach wunderschön! Natürlich müssen Sie ein Tänzer sein und nicht mit so einer Wampe hier … Für mich ist Samba no Pé oder Samba Bachata leider zu schwierig. Ich hab Sambatanzen gelernt, so stehend für die Sambaschule und den Sambadrom, ein bisschen die Schritte, und das sah gar nicht so verkehrt aus, aber diese Samba zu zweit? Da müssen Sie lange trainieren oder ein Wahnsinnstalent haben, das ich leider nicht habe. Aber immerhin habe ich die Instrumente relativ gut zu spielen gelernt.

Ich bin immer von Januar an bis zum Karneval geblieben, wenn im Park Winterpause war, und zweimal war ich als Tourist im Sambadrom. Der Karneval in Rio ist der kommerziellste, leider. Millionen

Kapitel 17

Zuschauer aus der ganzen Welt schauen live zu. Die Touristen sitzen in den Rängen. Da ist eine lange Straße mit zwei Rängen, zweihundertfünfzigtausend Menschen passen rechts und links hin, und in der Mitte sind zwölf Sambaschulen à fünf- oder sechstausend Menschen, und alles passiert in einer Nacht. Jede Sambaschule kommt mit einem anderen Thema in den Drome, mit anderen Kostümen, mit anderen Umzugswagen. Einer zum Beispiel mit bunten Vögeln, der andere hat Pyramiden, enorm, alles aus Pappmaché, aus PVC oder aus Styropor, geformt und lackiert. Die brauchen Monate, um die ganzen Kostüme herzustellen. Das Samba-Komitee gibt ein Thema vor, zum Beispiel „Amazonischer Wald, den wir schützen müssen", und jede Sambaschule macht einen Song. Sie fragen bei mehreren Dichtern, Autoren, Songwritern an und stimmen in den Schulen darüber ab, wer den besten Song getextet hat. Dann geht man zu mehreren Sängern, lässt sie den Song vor der Schule singen, und wählt. Es ist ein langer Prozess, und auf den Song abgestimmt werden die Kostüme, Hüte und Mützen entworfen und angefertigt, und dann musst du gehen lernen. Angenommen, sie wollen bei einem Umzug darstellen, wie die Portugiesen damals ins Land gekommen sind. Dann nähen sie also Kleider, die damals die portugiesischen Kolonialherren trugen, mit diesen Kniestrümpfen, und in der nächsten Sektion sind kleine Bäume aus dem amazonischen Wald. Es folgen große Motorsägen, also Leute in Kostümen, die Motorsägen darstellen, und währenddessen tanzt man zu dem Song, unterlegt mit frenetischer Samba. Das ist beeindruckend, wunderschön, aber auch sehr kommerziell, weil es um viel Geld geht. Um Sponsorengelder, etwa von Brauereien, die Geld in die Sambaschulen reinpumpen, und es geht um die Fernsehrechte und so weiter. Trotzdem ist es heute noch einer der Höhepunkte der Emotionen, wenn man es lebt, wie man es leben sollte. Sie müssen verstehen, was ein Brasilianer sofort versteht, ein Tourist natürlich erst einmal weniger. Sie sollten wissen, woher die Tradition kommt, die Dimensionen dahinter, die Bedeutungen. Es ist weit mehr als ein Spaß oder ein buntes Fest.

Kapitel 17

Früher haben sich während der Umzüge Menschen mit Messern gegenseitig abgestochen. Früher, also in den 1920er-Jahren, hat die Königin der Samba, die Frau, die die Sambaschule führt, allein getanzt und wurde von der Kommission der Samba beurteilt. Ob sie im Rhythmus tanzt, wie sie lächelt, wie sie das Kostüm trägt, wie elegant sie ist, wie schön und so weiter. Das sind Kriterien für die Benotung gewesen. Es ging dabei eben auch um Geld und so haben andere versucht, die jeweilige Sambakönigin auszutricksen. Ihr Beinchen zu stellen, damit sie hinfällt oder zumindest aus dem Rhythmus gerät. Inzwischen wird sie von einem männlichen Sambatänzer mit Fahne oder Instrument begleitet. Er dreht sich permanent um sie herum, und das sieht heute folkloristisch aus, aber an sich dient das nur dazu, dass sich niemand der Königin nähert. Man muss auch verstehen, dass der Karneval geboren ist als Feier der Befreiung von der Sklaverei. Das ist unglaublich emotional für einen Brasilianer. Das ist nicht so was wie Halloween, sondern da steht eine ganze gedemütigte Kultur hinter, das Leiden von mehr als zweihundertachtzig Jahren Sklaverei. Afrikaner, die von den Europäern unfassbar gequält worden sind. Sie glauben nicht, was alles mit den Menschen angestellt wurde, um die Smaragde und Saphire ans Licht zu befördern. Brasilien ist ein Wunder an Edelsteinen und Kristallen, und die Kolonialbesatzer legten Minen an, indem sie die Sklaven zur Arbeit zwangen. Sie mussten mit der Spitzhacke Löcher in den Berg schlagen, und wer sein Pensum nicht schaffte, wurde gepeitscht oder getötet. Hinderlich war, dass die meisten Sklaven im Grunde zu groß für die Minen waren und so haben sie angefangen, Pygmäen aus Afrika zu holen und sie mit Frauen zu paaren. Als endlich die Sklaverei abgeschafft wurde und die große Befreiung kam, wurde der Karneval geboren. Als Fest der Freiheit.

Wenn Sie diese Hintergründe kennen, explodiert Ihnen nicht nur der Kopf, sondern auch das Herz, wenn Sie dort mit der Sambaschule stehen, so wie ich damals mit meiner Mutter in der Scuole de Samba da Magueira – Magueira ist Mangobaum –, und sie die

Kapitel 17

berühmte Linkskurve machen. Jede Schule stellt sich eine Stunde vor dem Schuss auf und zwei Böller wie an Neujahr läuten dann den Beginn des Karnevals ein. Während die erste Schule in den Drome einzieht, hört man aus der Ferne den Jubel, und man rückt langsam näher. Wir waren die sechste Schule. Um acht waren wir angekommen und kamen gegen halb zwölf in den Drome. Wie gesagt, als Erstes kommt die Königin der Sambaschule mit ihrem Beschützer, und der erste Block fängt an zu spielen. Sechshundert Männer an Schlagzeugen. Große Schlagzeuge wie hier beim Schützenfest, kleine mit hohem Klang, die man mit zwei Stangen schlägt, und es gibt Scheiben, die man mit beiden Händen hin- und herschaukelt, und allein das machen etwa hundert Menschen. Und dazu noch die Cuica. Alle tanzen, alle lächeln, alle freuen sich! Dieser Moment, wenn man reingeht und die Energie all dieser Menschen spürt, die von den Rängen herunterschauen und sich an der Pracht freuen! Das sind solche Glücksmomente!

Es vermischen sich die Energien. Einmal die Menschen, die zuschauen, bewundern und sich am Spektakel erfreuen, und zum anderen die Menschen, die die Botschaft ihrer Sambaschule verbreiten. Diesen Moment nennt der Brasilianer *Apotheosi du Samba*. Das ist der Höhepunkt der Samba. Man hat Gänsehaut und das Herz explodiert. Sie wissen nicht mehr, wo Sie sind. Ihr Kopf explodiert. Es ist unbeschreiblich. Aber Sie müssen sich mit den Hintergründen vertraut gemacht haben, müssen Brasilien quasi unter der Haut haben. Mich hatte der Jefferson Guide mit einer Kerze durch die Minen geführt und mir die Geschichte seiner Vorfahren erzählt. Wie sie nur gezeugt worden waren, um durch diese Löcher in den Felsenwänden zu kriechen, und dass sie mit neunzehn blind waren, wegen der Dunkelheit da unten, und wenn sie dann blind waren, mussten sie weiter Steine brechen, bis sie mit fünfzig gestorben sind, und was mit den Frauen alles passiert ist, das müssen Sie vor Ort gehört haben. Sie müssen mit dem Mietauto zu den Minen fahren, sich alles anhören und umschauen und anfassen und weinen. Ich habe zehn Minuten

Kapitel 17

lang geweint, als ich die Geschichten hörte. Und wenn Sie dann in den Sambadrome biegen, erleben Sie die Apotheose.

Wenn Sie allerdings dahinfliegen und sagen: *Oh, ich habe sechshundert Euro für den Flug bezahlt und noch sechshundert Euro für die Kostüme, da habe ich mir jetzt aber mein Bier verdient,* oder wenn Sie als Sextourist ankommen und nur irgendwelche jungen Brasilianerinnen verführen wollen, dann weiß ich nicht, ob Sie das so genießen können wie jemand, der weiß, was hinter allem steckt. Was da für eine Kraft und für Emotionen dahinter sind. Natürlich wird es trotzdem noch wunderschön sein, aber anders ist es tausendfach intensiver und schöner. Das ist wirklich einer der Höhepunkte meines Lebens.

Wenn Sie versuchen, sich Brasilien anzunähern, müssen Sie natürlich auch die Favelas kennenlernen. Eine meiner ersten Erfahrungen mit Favelas habe ich in Recife gemacht. Ich hatte eine Taxifahrt gebucht, um einen Überblick über die Stadt zu bekommen, und der Fahrer meinte, ich als Tourist sollte nicht nur Olinda, die schöne Altstadt und das andere Hochglänzende zu Gesicht bekommen, sondern auch die Armenviertel.

Für Europäer ist das alles verwirrend und gefährlich, genauso wie das Essen. In den Favelas habe ich nie etwas gegessen, aber schon an Straßenständen, an denen Verkäufer aus den Favelas arbeiten. Das eine Mal war in Fortaleza: Ich komme an, fahre mit dem Taxi zu einer dieser Bed-and-Breakfast-Pensionen und schlafe eine Stunde. Als ich wach werde, sehe ich gegenüber vom Fenster eine Bude mit einem Motorrad angeflanscht, wo sie Zuckerrohrsaft verkaufen. Sie schieben die Zuckerrohre durch eine Maschine, die das Rohr quetscht, und unten kommt der Saft raus. Und ich gleich: *Oh, cool, da ist kein Eis, kein Wasser, das ist reines Zuckerrohr! Es kann mir also dieses Mal nichts passieren!* Ich gleich runter, ich weiß nicht, zweieinhalb Real, das sind vielleicht fünfzig Cent. *Ahh,* so einen schönen dicken Zuckerrohrsaft hatte ich noch nie getrunken. Ich trank den Becher leer und am Abend fing es an. Ich war fast tot, die nächsten drei Tage lang.

Kapitel 17

Die ersten Jahre habe ich, wie gesagt, aus Angst einen großen Bogen um Rio gemacht. Erst meine vierte Reise nach Brasilien brachte mich in diese gigantische Metropole, und ich muss sagen, da ist mein Herz einfach stillgestanden, weil Rio eine der schönsten Städte der Welt ist. Oscar Niemeyer, der Architekt, sagte einmal, man könnte Rio de Janeiro den fünf schlechtesten Architekten der Welt geben und trotzdem würde es eine hübsche Stadt, weil es von Natur aus an einer unglaublich fantastischen Lage des Planeten liegt.

In Rio habe ich die fünf berühmtesten Sambaschulen besucht: die Schule de la Magueira, Saulgeiro, Portela, Villa Isabel und Unidos da Tijuca, und habe dort Samba-Tanzfiguren und Instrumente gelernt. Und in Rio habe ich mir dann auch einen Guide gemietet und mir die Favela zeigen lassen. Diese ganze Favela-Landschaft dort hat mich sehr betroffen gemacht. In anderen Teilen des Landes hatte ich auch Favela-Zustände gesehen, aber in Rio war das urban, also eine Stadt-Favela, vielleicht ein bisschen wie in Caracas. Das hat eine andere Dimension. Es stinkt mehr. Es leben Millionen von Leuten im Schmutz. Es gibt Häuser, die keine Dächer haben, sondern einfach ein paar Müllsäcke, die an Bretter genagelt sind.

Kapitel 17

So nach und nach habe ich mehr gewagt. Natürlich musste man sehr aufpassen und natürlich bin ich nicht zu Fuß in die Favela alemao gegangen, also die Deutschland-Favela, die als die gefährlichste gilt. Ich weiß nicht, warum das mit den Deutschen assoziiert wird. Zunächst zum vorsichtigen Gucken bin ich in die sicheren Favelas gegangen, zum Beispiel nach Leisabelle, Santa Teresa, Vidigao, in Teile von La Rossinha, wo Sie als Tourist nicht gleich erschossen werden. Der Brasilianer an sich ist gutmütig und solange Sie nicht mit einer dicken, goldenen Armbanduhr herumlaufen, sind Sie relativ sicher. Viele Favelas sind für touristische Besuche offen.

Wenn ich dort hingegangen bin, habe ich oft Zahnbürsten und Zahnpasta verteilt, weil mir gesagt worden war, dass Zahnpflegeprodukte Mangelware sind, ja und dann kamen diese ganzen Kinder, die wie Äffchen auf mir herumgeklettert sind, aber nicht, um mich zu bestehlen, sondern spielerisch und einfach, weil ich für sie fremd aussah mit meinen blonden Haaren, an denen sie herumgezogen haben. Ich hatte oft ein Kind hier, ein Kind da, und natürlich hatten sie schmutzige, zerlöcherte T-Shirts an, aber sie hatten Spaß und ich ließ sie herumklettern. Was soll ich sagen? Ich habe sofort Zuneigung gespürt für dieses Volk, und vor allen Dingen für dieses arme Volk, das vom Staat im Stich gelassen wird. In Deutschland würde man eine Kanalisation bauen und zunächst Container bereitstellen und so nach und nach richtige Häuser. Der brasilianische Staat unternimmt so hier und da ein paar Versuche, baut Häuser und versucht, die Favela-Bewohner dort hineinzuverfrachten, was aber nicht klappt. Ich kann mich an ein Projekt erinnern, wo sie so verdammte Reihenhäuser gebaut haben, die wie eine Hühnerzuchtanlagen aussahen. Immerhin hatten die Badezimmer, Dusche, nichts Besonderes, aber alles vom Staat bezahlt. Die Bewohner wurden zwangsumgesiedelt. Eine Woche später waren sie alle wieder in den Favelas, weil sie wahrscheinlich ihre Umgebung vermissten und sich in den Häusern nicht wohlgefühlt hatten, und jetzt standen, ich weiß nicht, wie viele Jahre, diese ganzen Wohnungen leer. Also auch der

Kapitel 17

brasilianische Staat unternimmt etwas, aber das Problem Favela bleibt. Auf der anderen Seite leben da unglaubliche Menschen, die von der allgemeinen Gesellschaft kaum berührt sind. Die Kinder gehen nicht zur Schule und lernen alles von der Straße. Sie klettern an den Mangobäumen hoch, wenn sie Hunger haben, öffnen die Mangos mit den Fingernägeln, die sie ein bisschen länger halten, damit sie sie als Werkzeug benutzen können. Das hat etwas sehr Ursprüngliches und hat mich sehr beeindruckt. Diese Menschen sind auch ohne Schulbildung hochintelligent und wissen, wie sie den katastrophalen Zuständen trotzen und überleben. Also ohne Kanalisation, mitten im schlimmsten Gestank, und ich weiß nicht, was ich in Kauf genommen habe, um die Leute und ihre Lebensumstände kennenzulernen, also vielleicht Cholera, Colibakterien, Salmonellen, und sehr oft habe ich die schlimmsten Durchfälle gehabt, derentwegen ich mehrere Tage kaum von der Toilette kam. Meist, weil ich dann doch zu voreilig etwas gegessen hatte.

Aber es hat mich fasziniert. Wenn Sie die kleinen Mädchen sehen – ich hoffe, das hört sich jetzt nicht pädophil an –, wie sie schon mit vier, fünf Jahren tanzen! Sie tanzen neben der Mama, die das Essen kocht. Sie haben immer das Radio laufen, sehr wahrscheinlich, um vieles zu vergessen. Diese fröhliche Musik lindert die Sorgen mit ihren Rhythmen aus Portugal, von den Indios von Amazonien oder den afrikanischen Rhythmen der Sklaven. Brasilien ist eins der letzten Länder, welche die Sklavenhalterei verboten haben, also sehr spät, und noch heute gibt es Regionen in Brasilien, wo Schwarze für einen Hungerlohn für einen superreichen Hazienda-Besitzer arbeiten. Das sind halt die Verhältnisse: Er ist mein Boss und er ist gut zu mir; im Grunde ist das Sklaverei. Diese ganzen Rhythmen haben sich vermischt, verschmolzen zur Samba, und der Name kommt von einem Tanz aus Uganda namens Semba, den die Frauen in Schilfröcken tanzten, um die Götter um Regen zu bitten. Dieser Tanz kam mit den Sklaven nach Brasilien und hat sich mit dem melancholischen Chorro aus Portugal vermischt. Dazu kamen die Rhythmen und Geräusche

Kapitel 17

der Indios. Es gibt in Brasilien einen Baum mit riesigen, hohlen Wurzeln, und darauf haben die Indios mit den Händen geklopft, um sich untereinander Signale zu geben, etwa wenn sich Eindringlinge näherten. Die Cuicatrommel dagegen imitiert die Geräusche von bestimmten Affen. Diese Trommel, von der Form her ein Metallzylinder, hat in der Mitte der Lederbespannung ein Loch, durch das eine Stange gespannt ist, und man trägt die Trommel mit einem Arm etwa auf Brusthöhe, mit dem anderen Arm greift man mit einem feuchten Tuch hinein oder reibt, und es entsteht genau der Laut, den dieser Affe von sich gibt. Wenn Sie bei einem Sambastück gut hinhören, erkennen Sie die Cuica im Hintergrund. Diese Musik schafft es, einen innerhalb von Sekunden in ihren Bann zu ziehen. Sie geht sofort ins Blut und ich kann sehr gut verstehen, dass eine Frau, die mit fünf Kindern in der Favela lebt, gerade mit fünf Mangos aus dem Wald kommt und jetzt etwas zu essen zaubern muss, erst einmal ihr kleines Radio anstellt und es ihr dann schon hundertmal besser geht. Automatisch tanzt sie so ein bisschen beim Kochen und ihre kleinen Kinder machen die Bewegungen nach.

Ich hatte gehört, dass in den Favelas jedes Jahr Tausende Kinder sterben, weil sie zu Hause die Waffe ihres großen Bruders finden, damit auf die Straße laufen und beim Spielen zufällig einen Freund erschießen, weil sie nicht damit rechnen, dass die Waffe geladen ist. Das brach mir fast das Herz und ich überlegte, ob ich nicht irgendetwas dagegen tun konnte. Man muss sich das nur mal vorstellen: So ein kleines vier oder fünf Jahre altes Kind steht plötzlich vor seinem sterbenden Freund, einfach aus einem Spiel heraus! Ich wollte etwas tun, um das Elend zu lindern, aber zunächst fiel mir nichts ein, was ich machen konnte.

Einmal, als ich auf dem Rückflug von Rio war, erreichte mich die Nachricht vom Tod des italienischen Schauspielers Alberto Sordi, und ich erinnere mich, dass ich sehr lange geweint habe. Sordi war in Italien sehr bekannt, ich glaube, in Deutschland weniger. Er wurde in

Kapitel 17

Rom geboren und hatte die Höhepunkte seiner Karriere in den 50er- und 60er-Jahren, in der Zeit, als Italiens Kino boomte. Sordi arbeitete mit den besten Regisseuren Italiens, hat in über hundert Filmen mitgespielt und war einfach eine Ikone. Ich glaube, halb Rom hat seinen Sarg zum Friedhof begleitet, so sehr haben ihn die Italiener geliebt.

Seine Filme, ich habe eine ganze Sammlung, haben mich so begeistert und zum Lachen gebracht, ich habe mir manche Szenen sogar in Zeitlupe angeschaut und häufig immer wieder. Oft habe ich auch einige witzige Sachen daraus nachgemacht und damit meine Freunde unterhalten. Wir haben Tränen dabei gelacht. Aber er war nicht nur unglaublich lustig, sondern stand auch in seinen Filmen für ein Italien, das es heute nicht mehr gibt. Das Nachkriegsitalien, in dem die Menschen lernen mussten zu überleben, sich anpassen mussten wie Chamäleons. In Sordis Filmen wurde Italien in seiner realistischen Armut gezeigt, aber gleichzeitig gab es da auch viel Zuversicht. Das verkörperte er mit seiner humorvollen Ader. Bis heute gehören Filme wie „Brevi amori a palma di Maiorca", „Un giorno in pretura" oder „Un americano a Roma" (der in Deutschland unter dem Titel „Ein Amerikaner in Rom" in die Kinos kam) zu meinen absoluten Lieblingsfilmen.

Ob Sie es glauben oder nicht, es ist mir über einen Familienangehörigen gelungen, ihn ans Telefon zu bekommen und am Ende des Gesprächs war er so begeistert von dem Tierparklärm, dass er sagte, er wolle mich unbedingt besuchen. Hat er leider nie gemacht, aber er notierte sich meine Adresse, und bis zu seinem Tod bekam ich jedes Jahr an Weihnachten eine Karte von ihm. Das bedeutet mir sehr viel. Dieser Mann aus bescheidenen Verhältnissen hat mir gezeigt, dass ein Tag ohne Lächeln ein verlorener Tag ist.

Im Winter 2005 flog ich in den Norden Brasiliens, in den Amazonischen Wald, um eine Auffangstation für Woll- und Klammeraffen zu besuchen. Es ist furchtbar, wie sehr der Amazonaswald nach und nach zerstört wird und wie viele Tiere dadurch ihren Lebensraum verlieren. So auch die Woll- und Klammeraffen. Als ich am Flughafen landete, holte mich eine kleine Expeditionsgruppe mit Helmen ab. Ich war sehr gespannt, weil der Amazonas wie ein Ozean ist, ein ruhiger, aber sehr lebendiger Riese. Vorher hatte ich mich gut vorbereitet, viele Bücher gelesen und mich gegen Gelbfieber, Malaria und andere Krankheiten impfen lassen, und war so was von aufgeregt. Am Anfang der Reise bestiegen wir ein kleines Boot und zogen über den beeindruckenden Amazonas. Die Pracht der Natur, die Vielfalt der Tiere und Farben, diese intensiven Gerüche, das alles kann ich mit Worten nicht beschreiben. Nachts war es ein bisschen unheimlich, wenn vom Ufer her die seltsamsten Geräusche, Tierschreie, Knurren und Knacken und so weiter herüberschallten, aber gleichzeitig war es auch auf eine gewisse Art beruhigend. Ich fühlte mich der Natur ausgeliefert und zugleich geborgen. Man kann schließlich nichts anderes tun, als darauf zu vertrauen, dass die Natur es gut mit einem meint.

Vier Tage waren wir unterwegs, bis wir mit dem Boot an einer Pontonstation anlegten. Von dort aus gingen wir fünf Tage zu Fuß weiter. Leider hatte ich mir meinen Proviant nicht vernünftig eingeteilt. Es war mir nicht so recht klar gewesen, dass die Lebensmittel in meinem Rucksack bis zum Ziel reichen sollten. So musste ich nach drei Tagen feststellen, dass ich alles aufgegessen hatte und es für mich keinen Nachschlag mehr gab. Das war schon ein kleiner Schock. Ich musste den Marsch in den nächsten zwei Tagen hungrig fortsetzen. Aber die Ranger hatten Mitleid mit mir und bereiteten mir in einer Kokosnussschale eine Mahlzeit aus Riesenameisen zu. Das war nicht unbedingt das, worauf ich Appetit hatte, aber schließlich hatten sie die Ameisen extra für mich gefangen. Der Körper der Ameise besteht aus drei Teilen, und die amazonische Ameise hat in ihrem Unterteil praktisch eine Art Futterdepot, ein fast murmelgroßes Hinterteil. Wenn man es geschickt anstellt, lässt sich das Unterteil so von der Ameise abtrennen, dass sie nicht stirbt, sondern dass der Po wieder nachwächst. An jenem Tag bekam ich also Ameisenpopos in der Kokosnussschale, und da sie gut gewürzt waren, schmeckten sie gar

Kapitel 17

nicht mal schlecht. Ich glaube, wenn man hungrig im Urwald dasteht, freut man sich über alles Essbare.

Zwei Tage später kamen wir zur Auffangstation und das war der absolute Traum. Die Wollaffen waren mit der Hand aufgezogen worden und ich durfte mit ihnen spielen. Die Einheimischen zeigten mir, wie man mit ihnen am besten umging. Diese Affen wollten so viel kuscheln und ich holte für sie Obst aus dem Wald, schnitt es klein und fütterte sie. Nach ein paar Tagen waren sie schon an mich gewöhnt. Sie suchten sogar frühmorgens nach mir, kamen an mein Bett und stupsten mich an, damit ich wach wurde. Dabei waren sie so vorsichtig, so respektvoll und gleichzeitig zärtlich. Das ist eine Erfahrung, die ich nie vergessen werde.

Dieses Land hatte mir so viel an glücklichen Erlebnissen geschenkt, dass ich gern etwas zurückgeben wollte. Lange wusste ich nicht, was ich tun konnte, aber dann, es war so 2006 oder 2007, hatte ich plötzlich eine Idee. Ich hatte bereits erzählt, dass so viele Kinder jedes Jahr an Schusswaffenverletzungen starben. Ich forschte genauer und erfuhr, dass es neunundzwanzigtausend tote Kinder allein in den Favelas von Rio waren. Eine unglaubliche Anzahl! Mir fiel ein, dass es in Walsrode Ende der 90er-Jahre eine Aktion gegeben hatte, die sich die „Verkehrsengel" nannte. Die Ausgangslage war, dass sich jedes Jahr so viele junge Männer totfuhren. Sie kamen Samstagsnacht mit Alkohol im Blut aus den Clubs, setzten sich hinters Steuer ihres Golfs, luden noch vier, fünf Freunde dazu und bretterten viel zu schnell über die für Niedersachsen typischen Alleen, krachten gegen eine Eiche und starben alle. Für Touristen sind diese Alleen wunderschön, aber für alkoholisierte Fahranfänger sind sie eine Katastrophe. Die Politik musste etwas tun und da entwickelten sie die Kampagne, die sich an junge Frauen richtete, die ja bekanntlich vernünftiger als ihre männlichen Altersgenossen sind. Die Frauen sollten den Jungs sagen: *Moment mal, du bist betrunken, gib mir die Schlüssel und lass mich fahren.* Das fiel mir eines Tages am Strand von Rio ein und ich dachte, so etwas in der Art müsste man hier auch machen.

Kapitel 17

Ich rief sofort meinen Vater an und fragte, ob er so ein Projekt finanziell unterstützen würde, und er hat gesagt: Nö, das kannst du schön allein machen mit deinen Brasilianern. Zufällig war aber zur gleichen Zeit meine Lebensversicherung auszahlungsreif. Die Versicherung war für mich abgeschlossen worden, als ich achtzehn war, und inzwischen auf siebzigtausend Euro angewachsen.

Da ich die vielen Sambaschulen besucht hatte, wusste ich, dass man als Tourist Jahreskarten kaufen konnte, und ich dachte, es sei schon mal ein guter Ansatz, wenn ich soundso viele Jahreskarten kaufe und sie Brasilianerinnen zur Verfügung stelle. Ich begann, die Sambaschulen eine nach der anderen abzuklappern und stellte ihnen meine Idee vor. Sie sagten, das sei zwar nicht üblich, aber sie könnten eine Ausnahme machen.

Jeder Favela-Bezirk hat seine eigene Sambaschule, die sich im Gebäude einer Fazenda befindet. Das waren ursprünglich Landgute, die von den Eigentümern eines Tages verlassen wurden, weil die Industrie lukrativere Arbeit bot. Sie gingen und hinterließen die Fazenda ihren Arbeitern zum Wohnen oder um darin Geschäfte aufzubauen.

Der Besuch einer Sambaschule kann für einen Touristen ziemlich traumatisch sein, weil man mit dem Taxi vorfährt und sich beeilen muss, unauffällig ins Gebäude zu schlüpfen, damit man nicht überfallen wird. Es heißt, die Gefahr besteht, dass man entführt wird, also man muss ein bisschen aufpassen. Man sollte sich zum Beispiel nicht auffällig anziehen. Der Taxifahrer fährt einen vor die Sambaschule, man springt raus, zahlt den Eintritt am Tor und ist drin. In einigen Sambaschulen ist man nur als Beobachter der Karnevalsvorbereitungen zugelassen, in anderen kann man Tanzstunden nehmen und lernen, Instrumente zu spielen. Man kann mit den Bands vor Ort in Kontakt treten – *Hallo, ich bin Tourist, aber ich möchte gern lernen, wie du diese Musik machst, mit diesem Ding da, wie heißt das?* Meistens finden sie es gut, wenn man sich interessiert und nicht so arrogant daherkommt, und sie beziehen dich gern mit ein. Du kannst mit ihnen üben, falls es nicht gerade ein besonderer Abend ist.

Kapitel 17

Neben fast allen Sambaschulen befindet sich ein Polizeipräsidium. Vielleicht weil es in den 60er-, 70er-Jahren vor den Schulen viele Schlägereien gab, ich weiß nicht. Jedenfalls kam mir die Idee, mit der Polizei über das Problem der erschossenen Kinder zu sprechen. Würdet ihr meine Initiative mit unterstützen?, habe ich gefragt. Ich bin in zehn Polizeipräsidien gegangen und hab angefangen, mit den Kommissaren dort zu verhandeln. Das waren die Präsidien neben den berühmtesten Sambaschulen, also Portela, Mangera, Villa Isabel. Sechs davon waren zunächst zögerlich und sagten vielleicht, die anderen vier sagten zu. Einfach war das nicht. Die Polizei in Rio ist leider korrupt und ich musste sie auch ein bisschen ölen, bevor sie bereit waren, mich zu unterstützen.

Es war ein langsamer Prozess. Zum Glück spreche ich fließend Portugiesisch. Ich musste eine Menge Leute kennenlernen und mich mit ihnen abstimmen. Mein Plan war, Flugblätter drucken zu lassen und sie über den Favelas abzuwerfen. Da fingen schon mal die Schwierigkeiten an. Wie finde ich ein Flugzeug dafür? Wo kann ich Prospekte drucken lassen? Wie erreiche ich möglichst viele Menschen mit meiner Idee? Da ich bereits viele Monate im Land verbracht hatte, hatte ich schon ein Gespür dafür, was möglich war und was nicht. Und ich hatte einfach Lust, etwas Tolles für dieses Volk zu machen. Ihnen etwas zurückzugeben, dafür, dass sie mich mit so viel Lebensfreude und Spontaneität empfangen hatten. Doch natürlich war es auch ein riskantes Projekt und nur dank einem Staat, der nicht auf alles guckt, hat man das machen können. Direkt mit der Polizei. Hier müsste man sich über das Ordnungsamt die Genehmigungen holen. Aber so war das eine runde Sache und wenn ich davon erzählte, ging es allen gleich unter die Haut. Nach einer Weile wollte jeder mitmachen, weil das Ziel am Ende nicht nur war, die Kinder weniger töten zu lassen. Die Kleinen, die ganz Kleinen, haben die Pistolen gefunden und spielerisch rumgeschossen und dabei ihre Freunde getötet. Das sind diese typischen Favela-Kindertötungen. Ich fand das so verrückt. Stellen Sie sich vor, ein Vierjähriger, der auf

Kapitel 17

seinen gleichaltrigen Freund schießt und denkt, er hat nur gespielt ... – und dann verblutet dieses kleine Kind! Das ist ja ein Trauma, das kann man gar nicht mehr heilen. Aber das eigentliche Ziel war, die Mädchen zu schützen, die mit zwölf, dreizehn in der Copacabana als Prostituierte landen und die Touristen fragen: *Willst du mit mir ins Zimmer gehen? Ich kann Massage machen.* Dass diese Mädchen, anstatt sich zu prostituieren, in die Sambaschule gehen und dort für Touristen Kostüme nähen, das war der hauptsächliche Grund. Deshalb war das so rund als Idee. Natürlich mit Risiken, aber ich habe es einfach gemacht, weil es so wenig kontrolliert wurde. Ich habe mir in den folgenden zwei Jahren die Statistiken angesehen und im dritten Jahr hieß es: Nee, wir müssen aufhören wegen der Schwarzverkäufe, denn auch in den Polizeipräsidien gibt es die Ehrlichen und die Unehrlichen. Aber als der Schwarzverkauf der Waffen anfing, musste das Projekt leider gestoppt werden. Das war schade, aber, wie gesagt, ob das Zufall war, dass die Zahlen runtergingen auf zwölf- und sechzehntausend Tote von neunundzwanzigtausend vorher fast in jedem Jahr, und dann wieder hochgingen, kann ich nicht sagen. Ich habe die Hoffnung, dass es wegen meines Projekts war. Leider gab es Polizeibeamte, die die Waffen, die reinkamen, weiterverkauften an die Gangs, die mit Drogen handelten, also musste das Projekt eingestellt werden.

Das war ein Projekt, das ist mir total unter die Haut gegangen ist, ein verrückter Bürgerversuch. Am Ende war es ganz einfach, in Rio ein Flugzeug zu mieten, und auch gar nicht teuer, und ich ließ eine halbe Million Flugblätter drucken, buchte vier Flüge über die zehn wichtigsten Favelas und ließ die Prospekte hinabregnen. Das war nun wirklich keine große Sache. Jedes Polizeipräsidium hatte von mir fünftausend Sambaschulen-Jahreskarten bekommen und auf dem Flugblatt stand: Wenn die Mädchen in der Familie eine Waffe finden auf den Nachttischen, in der Wohnung, bei dem Bruder, der besoffen von einer Feier kommt, und den Mut haben, so eine Waffe ins Präsidium zu bringen, bekommen sie eine Jahreskarte für die Sambaschule. Ja, und dann ging es los.

Kapitel 17

Mein Ziel mit dem Park ist eine Million Besucher in einer Saison. Das ist mein Traum. Eine Million Besucher innerhalb von acht Monaten. Vermutlich ist das utopisch. Wir sind dabei, ein Konzept zu entwickeln, mit dem sich eine Winteröffnung realisieren lässt. Das ist alles andere als einfach, weil diese Gegend wunderschön ist, wenn man als Tourist kommt, nur leider nicht im Winter. Und das passt überhaupt nicht mit Serengeti zusammen. Wo sind die Giraffen im Winter? Gucken die aus dem Schnee? Haben die eine Mütze auf? Ich glaube, es könnte sich drehen, wenn wir richtig heftige Winter hätten. Wenn unsere vier großen Teiche im Park vereist wären. Dann könnte man darauf Schlittschuh laufen. Aber es bliebe schwierig. Wieso sollte jemand an einem grauen Tag bei minus vier Grad aus Hannover losfahren, um im Serengeti-Park auf dem Eis zu laufen? Da muss schon etwas Besonderes her. Sie kriegen die Leute auch nicht über den Preis. Vielleicht könnte man mit Langlaufski durch die Tieranlagen fahren, aber dafür bräuchten wir Schnee. Ich weiß nicht. Vielleicht lassen wir hundert- bis hundertfünfzigtausend Besucher einfach auf der Straße liegen, weil uns kein gutes Konzept für diese Wintermonate einfällt. Aber zurück zu der einen Million Besucher. Wenn das erreicht ist, würde ich den Park eventuell in gute Hände übergeben. Ich würde ihn immer noch in Besitz behalten, aber mich dann in Rio umschauen, ob es möglich wäre, eine Sambaschule zu gründen. So aus dem Nichts eine Sambaschule zu gründen, das ist ein Traum. Damit könnten Sie eine heruntergekommene Ecke Rios komplett wieder aufwerten. Zum Beispiel eine alte brasilianisch-deutsche Bahnhalle von Neunzehnhundertschießmichtot, die irgendwo in einer vergessenen Ecke der Stadt als Ruine vor sich hingammelt. Sie kaufen das Gebäude, reißen es ab oder sanieren es, je nachdem, und gründen eine Sambaschule in der Nähe der Favelas, wo sich die Mädchen und jungen Frauen bewerben, um Kostüme zu nähen. Es hängt von den Finanzen ab, wie viele junge Frauen Sie vor der Prostitution retten können. Es würde den Frauen dort eine neue Perspektive geben, weil es schon allein zwölf Monate dauert, um einen Karneval zu organisieren. Das heißt, die Frauen hätten einen Fulltime-Job. Das wäre schon klasse, weil da alles drinsteckt: Sie machen was Gutes für die Community, Sie urbanisieren neu, machen die Stadt attraktiver, Sie ziehen Leute aus der Armut heraus, vor allem Frauen, Sie helfen jungen Leuten, nicht in die Drogen, in die Prostitution zu fallen, Sie pflegen Ihre Leidenschaft weiter mit der Musik und können das von innen sogar steuern mit den Themen, den Titeln. Also das könnte ich mir schon für die Zukunft vorstellen. Aber erst, wenn wir die eine Million Besucher haben. Bisher liegt unser Besucherrekord bei sechshundertdreißigtausend.

KAPITEL 18

Auf Messers Schneide

Es gab viele Ereignisse, die auch sehr dunkel waren, vor allem, weil sich fast alles um den Vater drehte. Um den Patriarchen. Er hat sich selbst als die Sonne definiert, um die sich die Planeten drehen, aber man muss dazu sagen, dass auch sein Vater nicht einfach gewesen ist. Vieles lässt sich durch seine harte Erziehung unter den faschistischen Einflüssen von Mussolini erklären. Daher kam sicher auch sein gestörtes Verhältnis zum Weiblichen. Ich will nicht sagen, er hat Frauen verachtet, aber er hat sie schlecht behandelt. Er war ein faszinierender, lustiger Mann, der große Gesellschaften bei Laune halten konnte, aber die Frau hatte in der Beziehung die Klappe zu halten und sich um das Essen zu kümmern. So in etwa. So war er erzogen. Wir sind ja, was wir in den ersten Jahren des Lebens lernen. Das sind unsere Überzeugungen und unsere Glaubenssätze und die lassen wir nicht los. Als ich neunzehn war, war mein Vater weit über sechzig, und das machte die Beziehung zwischen uns nicht leichter. Auf der anderen Seite hatte er durch seine Reisen und seine Lebenserfahrung auch viele gute Eigenschaften. Wie eben auch die Großzügigkeit. Mein Vater war bereit zu sagen: *Ich habe gesehen, du hast gearbeitet, suche dir etwas aus und ich bezahle dir die Reise. Wo willst du hin? Flieg dahin, hab Spaß*, und er hat alles bezahlt. Und ich war zum Glück bescheiden aufgewachsen, hab nicht gesagt: Ich will ins Ritz nach Paris, ich habe ganz normale Studentenreisen gemacht. Zwar nach Südamerika, da war der Flug vielleicht ein bisschen teurer, aber sonst hatte ich Rucksack und Pension und dann quer durch Brasilien und Venezuela und Guatemala und solche Reisen. Da war ich Anfang,

Kapitel 18

Mitte zwanzig. Wessen Vater macht so was? Da war er großzügig.

Schlimm waren seine Schwankungen. Ich gebe mal ein Beispiel. 1995 eröffneten wir unsere Wildwasserbahn. Das war damals die absolut größte Attraktion. Diese Wildwasserbahn stammte aus einem Park aus Dijon, der Konkurs gegangen war. Ein Freizeitparkfahrgeschäftehändler hatte uns den Tipp gegeben. Passt auf, da geht ein Park Konkurs, die haben da eine riesige Wasserbahn von der Firma Mack, das ist der Rolls Royce unter den Fahrgeschäften. Eine gute Gelegenheit, da günstig ranzukommen! Mein Vater fuhr gleich zur Bank und bekam grünes Licht für die Finanzierung. Wir beide sind zusammen nach Dijon geflogen. Wir gucken uns die Bahn an und er kauft sie. Dann wird sie aufgebaut und es muss ein Riesenteich angelegt werden. Die Pumpen müssen funktionieren, es ist ein Riesenkomplex, alles total spannend, und mein Vater will unbedingt zu Ostern eröffnen. Damit er zur neuen Saison schon gleich den Eintrittspreis um eine oder zwei Mark erhöhen kann, um die Wasserbahn refinanzieren zu können.

Wir haben Ostern den Park wieder aufgemacht, alles gut, bloß vor der Bahn war ein sechs Meter tiefes Loch, wo die Kabel verlaufen sind, weil die Elektriker noch nicht fertig waren. Mein Vater hat einfach ein paar Bretter drüberlegen lassen, ohne Geländer, ohne gar nichts – so, fertig – und die Bahn aufgemacht. Das war seine Art von Entschlossenheit und Kreativität. Typisch Neapolitaner. Schön sah das allerdings nicht aus. Ich wollte ihm eine Freude machen und habe gedacht: Ich versuche mal, das Ganze etwas hübscher für die Besucher zu gestalten. Vater ist so beschäftigt, der merkt vielleicht gar nicht, wie scheußlich das aussieht. Also bin ich zum Baumarkt gefahren und habe mehrere Säcke große weiße Kieselsteine gekauft. Zwei Tage lang habe ich bis in die Nacht hinein versucht, die Bahn zu dekorieren und zu verschönern. Ich habe mein Auto so geparkt, dass die Scheinwerfer Licht gaben, habe Unkraut entfernt, mit Handschuhen und dem Spaten gearbeitet. Ich habe alles darangesetzt, es wirklich schön zu machen. Wenn wir schon so eine Wasserbahn

Kapitel 18

aufmachen, soll es auch schön sein, habe ich gedacht. Die weißen Kieselsteine habe ich rund um den Teich verlegt, damit man die grobe, hässliche graue anthrazitfarbene Plane nicht mehr sah. Das war *so* eine Arbeit, und am Morgen um zehn ruf ich meinen Vater mit dem Walkie-Talkie dorthin, stolz wie Oskar, dachte, die Wasserbahn hat zwar immer noch das furchtbare Loch, aber wenigstens sind ein paar Ecken schön für das Auge. Und mein Vater kommt mit seinem Fahrrad hochgefahren, steigt ab, und ich so: *Papa, guck mal,* komplett schmutzig, meine Hände aufgeschürft und blutig, und er sieht die weißen Steine. *Was soll das denn? Das kann aber nicht so bleiben. Mach das mal wieder weg!*

Das ist, was ich meine. Zwei Wochen später spendiert er Ihnen eine Reise nach Brasilien. Diese ganzen Extreme. Auf und ab. An dem Morgen war das wie ein Fausthieb in den Magen. Ach, noch viel mehr. Ich habe überhaupt nichts mehr gesagt, bin nach Hause gefahren und habe angefangen, meine Sachen zu packen. Ich war es leid. Das habe ich als eine solche Kränkung empfunden, dass ich nur noch wegwollte. Meine Stiefmutter kam. *Mensch, Fabrizio, nein, überleg dir das, was machst du da? Dein Vater hat dich trotzdem lieb. Der ist einfach so. Überleg dir das, überleg dir das!* Schließlich hat sie mich überzeugt, zu bleiben. Aber ab diesem Moment war mir klar, wie wenig Raum mir dieser Vater ließ, wie wenig Freiheiten ich hatte. Er entschied, basta! Ich habe mich daraufhin zurückgezogen und eine Weile überlegt, wie es weitergehen soll. Am einfachsten wäre es gewesen, einzuknicken und in allem nachzugeben. So nach dem Motto: *Oh, ich muss jetzt die Klappe halten, mein Vater bestimmt sowieso.* Aber damit hätte ich eine Opferhaltung eingenommen und wäre heute mit Sicherheit ein sehr schwacher Mann. So ein richtiger Schlappschwanz. Da habe ich gemerkt, ich werde viele Niederlagen kassieren, aber ich werde für meine Ideen kämpfen. Ich werde neue Wege finden, ihm diese Ideen zu präsentieren, sie ihm so schmackhaft machen, dass er sich für die eine oder andere Idee doch begeistern wird und sagt: Okay, mein Sohn ist doch nicht ganz so ein Vollpfosten.

Kapitel 18

Über die Jahre blieb es hart, wurde aber auch spannend, weil ich bald den Park in- und auswendig kannte und selbstbewusster meine Ansichten vertrat. Wenn ich Verbesserungsvorschläge hatte, versuchte ich sie durchzusetzen und geriet dabei oft mit meinem Vater aneinander. Es gab eine Menge schlafloser Nächte. Die hatte mein Vater wahrscheinlich auch. Ich gebe Ihnen ein Beispiel. Im Jahr 2004 konfrontierte ich meinen Vater mit den Antwortkarten. Ich war ja für das Marketing im Park verantwortlich und hatte mich dazu entschieden, die Meinung der Besucher stärker zu beachten. Es war nicht mehr zeitgemäß, über die Köpfe der Gäste hinweg zu entscheiden. So führte ich die weißen Karten ein, auf denen der Besucher Kritik und Lob hinterlassen konnte. Die häufigste Kritik war: *Wir schaffen nicht, alles an einem Tag zu sehen, wie schade. Ich habe die weißen Tiger nicht gesehen, ich habe die Elefanten nicht geschafft* und so weiter. Da habe ich gesagt: Papa, die Leute möchten hier übernachten, und er schmetterte das gleich ab. *Nein, wir sind keine Hoteliers, wir haben darin keine Expertise, das riskiere ich nicht.*

Die ersten achtzig Lodges haben wir 2007 eröffnet. Ich habe drei Jahre gekämpft. Nicht drei Tage oder drei Wochen, nein, drei Jahre, um die Idee durchzubekommen. Irgendwann habe ich etwas sehr Mutiges gemacht, denn wenn mein Vater das herausbekommen hätte, hätte er mich aus dem Park geworfen. Ich bin nämlich als Sepe junior zum Banker gegangen! Vorher habe ich immer nur als Vaters Begleitung bei den Terminen herumgesessen und kaum ein Wort gesagt. Jetzt hatte ich den Mut, unseren Bankvertreter hinter dem Rücken meines Vaters anzusprechen. *Herr Ahrens, wissen Sie was? Ich bin so überzeugt, dass die Leute hier schlafen wollen und dass wir etwas daraus machen müssen, nur schaffe ich es nicht, meinen Vater davon zu überzeugen. Können Sie vielleicht helfen?* Es war mir unangenehm, aber ich habe so sehr an diese Idee geglaubt. Herr Ahrens sagte gleich: *Nee, das ist genau richtig, dass Sie mich ansprechen,* und mir fiel ein Stein vom Herzen. Es sei bekannt, dass in solchen Familienunternehmen der Vater sehr dominant ist und dem Sohn kaum Spielraum lässt, sagte Herr Ahrens, und hatte auch gleich einen konkreten Vorschlag. *Wissen Sie was? Wir fahren zusammen nach Holland und gucken uns einen Riesenpark an!* Slagharen war das, ein Freizeitpark mitten im Nirgendwo mit achthundert Bungalows. Wir fuhren dorthin, er machte Fotos und als wir im November unser offizielles Gespräch bei der Bank hatten, zeigte er meinem Vater die Bilder und tat so, als sei er mit seiner Frau da gewesen. *Sehen Sie sich das mal an! Die haben achthundert Bungalows mitten in der Walachei! Das ist nicht in der Nähe von Amsterdam, sondern die liegen genau wie Sie mitten im Land und haben einen Riesenerfolg mit ihren Übernachtungsangeboten. Wäre das nicht auch eine Idee für Ihren Park?*

Das war schon skurril. Gleich nach dem Termin machte sich mein Vater auf die Suche nach Firmen, die solche Bungalows bauen. Natürlich hat er die Idee als seine ausgegeben, was wiederum gegen meinen Stolz ging, aber ich habe meinen Ärger runtergeschluckt und zum Wohl des Parks die Klappe gehalten. Einfach war es nicht mit meinem Vater, aber ich bin froh, dass ich nie aufgegeben habe. Dass ich damals nicht den Koffer gepackt habe und gegangen bin, hat mich in vieler Hinsicht gestärkt. Als Mann und als Person. Aber es hat mich auch heruntergezogen in Wut, in Angst, in Trauer. Das sind starke, ungesunde Emotionen. Wenn ich gegangen wäre, dann natürlich nach Mailand. Ob ich dort genauso ein starker, bewusster Mann geworden wäre, lässt sich heute nicht sagen. Ich bin jedenfalls stolz, gekämpft zu haben. Damals hatte ich die Wahl, ein Schwächling zu sein, der zu allem Ja sagt, mit dem Schwanz zwischen den Beinen und dem Kopf herunter oder ein bisschen verrückt mit Drogen, vielen Frauen, so ein Partymensch mit Sonnenbrille, oder eben der durchsetzungsstarke, zuversichtliche Mann, der ich zum Glück geworden bin. Sie sehen, mit welchen Extremen ich aufgewachsen bin. Dass mein Vater einen erst heruntergedrückt hat mit seiner Autorität, und dann kam etwas Großzügiges. Meistens war das materiell, ein Auto oder ein toller Urlaub. Also einerseits Großzügigkeit, andererseits ein sehr harter Ton, sehr harter Umgang.

Und dann gab es Tage, wo er sehr lustig war, an denen wir

Kapitel 18

stundenlang zusammen im Auto gelacht haben über irgendeine Szene, die er am Vortag im Fernsehen gesehen hat. Ihn als bipolar zu definieren ist jetzt ein bisschen übertrieben, aber es gab eben viele Extreme. Ein Fahrgeschäftevertreter hat mir mal gesagt, er hätte richtig Angst, zu meinem Vater ins Büro zu gehen, weil er ihn an Hitler erinnere. Er saß da ernst und groß, ein sehr dominanter Typ, für Verhandlungen ideal. Da kommt ein Vertreter rein aus Bremen und will ein Fahrgeschäft verkaufen und mein Vater saß da so nach vorn gebeugt – er sah auch ein bisschen aus wie Schwarzenegger, hatte einen Riesenkopf – und hat ihm in die Augen geguckt. *Was, Sie wollen zwei Millionen Mark für das Fahrgeschäft?* Dann hat er die Sekretärin gerufen und sich ein Scheckheft bringen lassen, hat sechshunderttausend Mark draufgeschrieben, den Scheck abgerissen, unterschrieben und ihm hingeworfen. *Oh nein, Herr Sepe, ich kann das nicht machen!* Und mein Vater eiskalt: *Überlegen Sie und rufen Sie mich an!* Der Vertreter ist so wieder hinausgelaufen und eine Woche später hat er Ja gesagt. Mein Vater war einer dieser Kaufmänner von früher. Heute könnten Sie den nirgendwohin setzen, so ein Ton und Umgang wird nicht mehr toleriert. Aber damals war es ein Megavorteil, eine solche Autorität zu haben. Natürlich war das eine Führung durch Angst. Wir wissen, was Führung durch Angst bewirkt. Sie kostet wenig Energie und es scheint sehr leicht, Menschen zu kontrollieren. Man sieht das in China. Nur was machen die Menschen wirklich, wenn sie in den eigenen vier Wänden sind? Oder wenn sich der Chef umdreht? Mögen sie so einen Chef? Wir hatten damals vielleicht zweihundertfünfzig oder dreihundert Mitarbeiter. Es gab sicher welche, die ihn mochten, aber die meisten konnten ihn nicht ausstehen.

Am schlimmsten waren seine Launen. Manchmal war er auch zu den Mitarbeitern großzügig, hat zum Beispiel plötzlich einen Bonus gegeben, wenn er gemerkt hat: Wow, die haben in den letzten zwei Monaten richtig was geleistet! Die Mechaniker zum Beispiel hat er ins Büro gerufen – fünftausend Mark Bonus, einfach so. Im nächsten Monat: *Warum läuft der Bus nicht?* Richtig hart ins Funkgerät gerotzt,

Kapitel 18

und viele haben das mitgehört, und das hat dem ganzen Unternehmen einen Stil von Angst gegeben. Das waren unter vielen Aspekten schöne Jahre, aber auch sehr harte Jahre, die mich als Mann geprägt haben. Wenn Sie viele Jahre in Angst und Trauer, Frustration, Irritation und Aufregung leben, macht das was mit Ihnen, und die Präsenz eines solchen Vaters prägt. Das habe ich mit Anfang vierzig gemerkt, als meine fünfte Beziehung zerbrach. Ich wusste, es war höchste Zeit, meine Seele zu reparieren, und habe daraufhin eine Therapie gemacht. Ich habe angefangen, auf mich zu achten und an mir zu arbeiten. Aber dazu später.

Solange mein Vater noch lebte, wäre an eine Therapie gar nicht zu denken gewesen. Ich hätte auch nie die Freiheit gefühlt, die Frau danach in mein Leben zu lassen. Da war dann noch diese Vaterpräsenz. Es ist sehr komplex.

Die Wasserbahn haben wir 1995 eröffnet, ein Jahr vor der Auswilderung Kais. Wie Sie sehen, wird in einer Familie schnell wieder alles gut. Vielleicht leider. Natürlich war es auch nur vordergründig gut. Unter der Oberfläche schwelten die Konflikte weiter. Es gab noch einmal eine sehr unangenehme Sache, als mir mein Vater sagte, wenn er jetzt eine Pistole im Schreibtisch hätte, würde er mich erschießen. Da war er schon recht alt, er hatte bereits seinen Gehstock. Er hat es ernst und richtig böse gesagt. Wir hatten einen Riesenstreit. Lassen Sie mich überlegen. Das war in seinen letzten Jahren. Ich konnte diese Arroganz einfach nicht mehr ertragen. Dieses „Jetzt komm ich", auch wenn er alt war und kaum sehen konnte, weil er diese Makulaprobleme bekommen hatte. Aber sein Gehabe ließ nicht nach. Im Gegenteil. *Scheiß drauf, solange ich noch atmen kann, entscheide ich!* Er war damals nur noch selten im Park, verbrachte sechs Monate in der Karibik, vier Monate in Neapel auf seinem Schiff und nur noch zwei Monate im Jahr in Hodenhagen. In diesen wenigen Wochen hat er mehr kaputt gemacht als geholfen, weil er sich in alle Entscheidungen reingequetscht hat, auch wenn er gar keinen Einblick mehr hatte.

Kapitel 18

Ich konnte gegen Ende nicht mehr, ich habe manchmal sehr heftig widersprochen und bei diesem schlimmen Streit habe ich gesagt: *Also nee, das mach ich nicht mehr mit, von mir aus schieß mich tot!* Worum es ging bei dem Streit, weiß ich nicht mehr, aber es fiel dieser Satz. Erst wollte er mich mit dem Stock schlagen und dann hat er vom Erschießen gesprochen. Er muss da schon so achtundsiebzig gewesen sein. Das war in den letzten Jahren, wo er noch konnte. Das hatte fast mafiose Züge. Ob er mich wirklich erschossen hätte, weiß ich nicht, immerhin war ich der Sohn, der seinen Park weiterführte, aber er hat sich sehr ernst angehört, ich kann Ihnen versprechen, das war sehr beängstigend, auch wenn ich mittlerweile gelernt hatte, damit umzugehen. Mein Vater war jemand, vor dem die Leute Angst hatten. Zu mir sagen sie heute auch manchmal, dass sie Respekt haben, wenn sie zu mir ins Büro kommen. Das tut mir weh, weil ich innerlich ein sehr fröhlicher und netter Mensch bin. Ich mach immer Witze und versuche, eine gute Atmosphäre um mich herum zu schaffen. Natürlich kann ich auch ernst sein, wenn es die Situation erfordert, aber sonst verletzt es mich fast, wenn ich höre: *Wir haben so einen Respekt vor Ihnen, Herr Sepe.* Ich möchte diese Angst nicht in meinem Unternehmen, weil ich selbst bei meinem Vater so lange darunter gelitten habe.

Er hatte auch nie die Idee, mit fünfundsechzig abzudanken, und ich muss sagen: Da gebe ich ihm recht, der Mensch braucht eine Aufgabe, auch bis hundertzwanzig. Natürlich kann man sich eine Garage mieten und Modellflugzeuge bauen, aber wenn Sie so ein Tycoon waren, ein Entrepreneur, so ein Macher, denken Sie nur an die Jahre mit Charles Stein, dieses Glitzerleben mit Coco Invernizzi, auch wenn es nur ein paar Jahre dauerte ...

Zuletzt hat er immer schlechter gearbeitet. Er war immer dicker geworden, immer blinder, immer ungeduldiger, immer genervter. Die letzten Jahre waren schon sehr heavy und das werde ich einmal anders machen. Ich stelle mir vor, dass ich an Kreativmeetings teilnehme, aber ich würde nie meiner Tochter vorschreiben, wie sie etwas machen sollte. Ich glaube daran, dass der Kopf bis ins hohe Alter gefordert werden möchte, und – wer weiß? – wenn ich achtzig bin, haben wir vielleicht in Afrika Land gekauft und machen tatsächlich diese In-situ, Ex-situ. Vielleicht bin ich dann dort vor Ort und kümmere mich um die Verteilung der Tiere, wer weiß.

KAPITEL 19

Nashorn Kai wird ausgewildert

Wenn ich eine Vision habe, die mich wirklich begeistert, lass ich nicht los. Ich bin Steinbock, vielleicht daher die Hartnäckigkeit, wer weiß? Die Idee mit der Auswilderung eines Nashorns kam eines Tages wie angeflogen. Das war zunächst eine ungeheuerliche Idee, weil noch niemals zuvor ein im Tierpark geborenes Nashorn wieder zurück in die Wildnis gebracht worden war und man daher nicht wusste, ob das überhaupt funktionieren würde. Aber der Reihe nach …

Wir hatten plötzlich überzählige Nashornbullen im Park. Wie Sie wissen, ist das immer ein Problem. Was macht man mit den Tieren? Verkaufen darf man Nashörner nicht, weil sie zu den gefährdetsten Tierarten der Welt gehören. Vor einhundertfünfzig Jahren gab es etwa siebzigtausend Nashörner. Heute sind es keine zwanzigtausend mehr. Also eine hochgefährdete Tierart. Man darf schon allein aus ethischen Gründen nicht mit ihnen handeln, und es gibt auch Gesetze dagegen. Also sagte mein Vater: *Verdammt noch mal, was machen wir mit dem Nashornbullen? Wir haben keinen Stall, wir finden keinen anderen Zoo, der ihn uns abnimmt. Was machen wir?* Das sind Probleme, vor denen man auf einmal steht. Und dann hatte ich die Idee: *Lass uns doch das Nashorn zurück in die Natur bringen!* Das wäre doch auch eine gute PR-Geschichte! Mein Vater hat mir erst mal einen Vogel gezeigt. *Du spinnst! Das Tier ist doch unheimlich viel wert!* Und ich wieder: *Ja, aber du kriegst es doch sowieso nicht verkauft.* Wir also mittendrin im Streit. *So ein Tier ist zu wertvoll. Was ist, wenn was passiert? Wenn das Tier tot da unten ankommt?* Immer hin und her. Ich hatte das Gefühl, dass sich mein Vater hauptsächlich sperrte, weil die Idee nicht von ihm gekommen

Kapitel 19

war. Das ist wohl der Klassiker bei Patriarchen. Bei anderen Dingen war er nämlich oft sehr optimistisch, fast schon verrückt wagemutig. Natürlich war das Risiko nicht gerade klein.

Nun, irgendwann kam er zu mir ins Büro, sagte: *Fabrizio, wenn du es über Sponsoren schaffst und wir nicht einen Cent ausgeben für Flüge, Kisten, Transporte, Lastwagen und so weiter, dann – weißt du was? – mach das mit diesem Nashorn!* Okay. Ich hab mich darangesetzt. Acht Monate lang habe ich herumtelefoniert. Mich mit den Behörden auseinandergesetzt, weil man eine Ausfuhrgenehmigung braucht, die nach Afrika geschickt werden muss. Die Behörden dort prüfen alles und wenn es okay ist, erteilen sie eine Einfuhrgenehmigung. Aber wir sprechen über Ministerien! Das dauert Ewigkeiten. In der Zeit habe ich insgesamt neun Sponsoren gefunden - die Sparkasse Bremen, deutsche Leasing, VW und VW Nutzfahrzeuge. Cargolux hat uns die Flüge quasi geschenkt, der Zoo in Berlin die Kiste für den Transport geliehen, ja und dann kam September, alles war organisiert, der Flug ging von Luxemburg, weil sich nur Cargolux bereiterklärt hatte, den Flug durchzuführen, alle andere Airlines lehnten ab. Ja, dann sind wir losgetrampelt mit unserem Kai, dem Nashorn, fünf Jahre alt. Ab in die Kiste, runter nach Johannesburg!

Wir hatten einen Nationalpark in Namibia gefunden, den Etosha-Nationalpark, der Kai aufnehmen wollte. In diesem Nationalpark waren im Jahr 1857 noch zwanzigtausend Nashörner gezählt worden. Als Kai 1996 eintraf, waren nur noch dreizehn übrig. Er war Nummer vierzehn. Alle anderen waren wegen des Horns gewildert worden.

Was jetzt kommt, ist die emotionalste Geschichte meines Lebens. Vielleicht zusammen mit der Elefantengeburt.

Mein Vater hatte mir das Projekt komplett überlassen. Er hat gesagt: *Wenn du das machen möchtest, bitte, aber es ist ganz allein deine Sache.* Ich war sechsundzwanzig, hatte zwar einen Doktortitel in Marketing, war aber bisher vor allem Mädchen für alles im Park gewesen. Nun traf ich am Frankfurter Flughafen auf dreiundfünfzig Journalisten,

Kapitel 19

von „Bunte" bis ZDF, Bild, Sat1, RTL, Geo und so weiter. Da waren sogar Leute von National Geographic, weil es schließlich das weltweit erste Breitmaulnashorn war, das aus der Obhut des Menschen zurück in die Natur befreit wurde. Man hatte keine Ahnung, was passieren würde. Ob das Tier den Flug überstehen, ob es mit dem Klima klarkommen, ob es Wasser finden würde. In Namibia regnet es manchmal fünf, sechs Jahre lang nicht und die Erde trocknet aus. Es gibt nur hier und da ein Wasserloch. Kai war solche Anstrengungen nicht gewohnt. Er hatte bisher im Robinson Club gelebt. Immer genügend Wasser, Futter und eine perfekte Ausstattung. Und beim kleinsten Wehwehchen stand der Tierarzt parat. Ich traf nun diese dreiundfünfzig Journalisten und tappte aus mangelnder Erfahrung gleich in die erste Falle, und zwar war ich zu nett. Vielleicht zu italienisch. Sie haben mich daraufhin behandelt, als sei ich der Reiseleiter. Das fing an bei „Ich habe meinen Koffer verloren" über „Gucken Sie mal, ich habe hier so einen komischen Ausschlag am Arm" bis hin zu „Herr Sepe, wieso gibt es hier keinen Handyempfang?". Damals gab es diese Handys von Siemens und Nokia mit Antennen, die man rauszog, und natürlich hatten wir im Busch keinen Empfang. Die Journalisten waren auch alle so grünlich im Gesicht, weil sie vollgepumpt mit Resorcin waren. Sie hatten sich an das Tropeninstitut in Hamburg gewandt, das damals dieses Mittel gegen Malaria empfahl. Heute ist das Hydrochlorcin. Ich hatte nichts genommen. Ich stand in Kontakt mit den Nationalparkmenschen und die hatten gesagt, September sei keine Mückensaison, es war Sommeranfang und es hatte kaum geregnet, und außerdem sei das gar keine Malariagegend. Sie hatten mir empfohlen, Polio, Gelbfieber, Tetanus, Hepatitis A, B und C zu machen, das waren fünf oder sechs Impfungen, aber nichts gegen Malaria.

Es war mein erster Flug nach Afrika und ich war geschockt, weil das Flugzeug voll war mit Jägern. Alle waren grün angezogen und hatten ihre Gewehre in speziellen Taschen mit im Handgepäck. Achtzig Prozent der Flugpassagiere waren Großwildjäger, die aus Jux

Kapitel 19

nach Windhoek flogen, um auf den Farmen Tiere wegzuschießen. Leute, die ein bisschen mehr verdienen und sich einmal im Jahr eine Reise gönnen, um ein Wildtier abzuballern. Es ist dort zulässig. Diese Farmen machen ein Riesengeld. Das hatte ich natürlich gewusst, aber dass es so viele Jäger waren, hätte ich nie erwartet. Ich denke, dass das heute weniger geworden sind, es ist ja fünfundzwanzig Jahre her, aber ich als Tiermensch war völlig geschockt. *Ich setze Himmel und Hölle in Bewegung und bringe hier gerade ein Nashorn runter und ihr ballert die ganzen Tiere weg, fuck.* Danach musste ich lernen, dass es für diese Farmen einfach die Haupteinnahmequelle ist, und natürlich schießen die Jäger dort nicht auf Nashörner, sondern auf Antilopen und Ochsen, die gibt es nun mal wie Sand am Meer, und wer will, lässt sich die Trophäe nach Deutschland schicken oder sie essen das Fleisch gemeinsam auf dem Grill.

Am Flughafen in Windhoek wurden wir von einem Bus abgeholt und in vier Stunden Fahrt zur Etosha-Farm gebracht, wo wir in einer Bungalow-Siedlung untergebracht waren. Dort haben wir auf Kai gewartet. Er hatte zunächst sieben Stunden Fahrt im Lastwagen von Hodenhagen bis zum Flughafen Luxemburg durchzustehen. Danach kamen zwölf oder dreizehn Stunden Flug nach Johannesburg und noch mal sechs Stunden bis in den Etosha-Nationalpark. Er wurde vom Tierarzt Professor Michael Boer und einem Tierpfleger begleitet. Wir hatten keinen Kontakt, weil, wie gesagt, die Handys keinen Empfang hatten. Die Einzigen, die über Festnetz informiert waren, waren die Tierwächter. Die gaben die Infos an uns weiter: Nashorn ist losgefahren, ist jetzt da und da, und so weiter.

Vier Tage dauerte das. Geplant war das anders, aber in Afrika passieren andauernd unerwartete Dinge. Reifen mussten unterwegs gewechselt werden, Straßen waren gesperrt, alles Mögliche. Aber diese vier Tage waren lustig. Wir hatten Zeit, uns kennenzulernen, und ich knüpfte gute Kontakte zu den Journalisten, was für später nicht unwichtig war. Leider nur war ich in der verflixten Reiseleiterposition. Immer kam so etwas wie: *Hören Sie mal, kriegt man nicht was anderes zu essen als Gnu?,* und ich sagte: *Leute, wir sind im Busch, ich steuere das nicht. Vielleicht gibt es morgen Spießbock, was man hier eben isst. – Ah so, ich esse aber so was nicht ...* Die verrücktesten Gespräche, und es waren die unter-

schiedlichsten und witzigsten Charaktere da. Vom Kameramann, der ständig bekifft in die Ferne schaute und mystische Sachen von sich gab, bis zu den zwei Journalisten vom Hamburger Abendblatt, die ganz hanseatisch Polopullover mit Kragen trugen, trotz der Hitze im Busch. Eine Bild-Redakteurin aus Hannover war mit, eine Redakteurin von RTL, und es begannen auch kleine Flirts untereinander. Man hatte bald das Gefühl, das Nashorn würde nie ankommen, und irgendwann akzeptierte man das, entspannte sich und überließ sich der Buschatmosphäre. Es gab übrigens dann doch Mücken, und man hörte ständig so ein Klatschen. Die Leute sagten: *Wir gehen jetzt mal die Nashörner am Wasserloch beobachten,* und so nach und nach fiel die westliche Welt-Jalousie runter und man verfiel dem Zauber Afrikas. Plötzlich so: *Oh, diese Felsenansammlung dort, die ist ja riesig und wunderschön!* Die hatte man in den ersten Tagen gar nicht wahrgenommen, sondern erst jetzt, als die Stille einwirkte, diese Gerüche und diese Langsamkeit, weil da ja nichts zu tun war. Es funktionierte kein Telefon. Wenn man Glück hatte, war Wasser zum Duschen da. Irgendwann macht es Klick und Sie bewundern dieses Land einfach nur noch. Jeder kleine Busch wird wichtig und hübsch, und diese Tierwelt! An dem Wasserloch in der Nähe konnte man abends mit einem Scheinwerfer Elefanten, Nashörner, Spitzmaulnashörner, Antilopen, Impalas und Wasserböcke, Rappenantilopen und Kudus bewundern, wie sie zum Trinken kamen und sich im Wasser spiegelten. Ich glaube, diese Stille macht unheimlich viel mit uns. Wenn man in Kontakt mit der Natur

Kapitel 19

kommen will, braucht man Stille. Das war interessant, wie sich auch die hektischsten Journalisten allmählich entspannten.

Endlich kam der Transporter mit Kai an. Es dämmerte bereits. Es war einer dieser typischen Sommerabende, wo man noch ziemlich viel sieht, aber das Licht so ein bisschen anfängt wegzugehen. Die Journalisten standen mit den Kameras bereit. Ich hatte Angst gehabt, dass Kai den Transport nicht überstehen würde, aber es war alles gut gegangen. Klar, er kam recht kaputt an. Man sah eins seiner Augen durch einen Spalt in der Kiste. Ein sehr müdes Auge. Natürlich war er fertig von der Reise, dem langen Flug, die langen Lastwagenfahrt. Ein Kran ließ die Kiste vom Wagen herunter und wir machten die großen Stangen vorn von der Kiste hoch, damit er herauskam. Erst einmal sollte er in ein kleines, separates Gehege, um sich langsam anzupassen. Nun kam das Tier allerdings nicht aus der Kiste. Wir haben ihn gerufen und mit Futter gelockt, aber nichts passierte, und da kam mir die Idee: *Moment mal, wie hat das die Tierpflegerin immer gemacht?* Und dann bin ich hinter die Kiste gegangen und hab ihm auf den Po geklatscht, das sind ja Dickhäuter, die Häute sind acht Zentimeter dick. Ein Schlag, der uns wehtun würde, ist es bei denen nur ein kleiner Klatsch. Jedenfalls kam er daraufhin herausgeschossen wie ein Projektil. Die Journalisten waren völlig überrascht. Die meisten hatten die Kameras runter, weil sie bereits müde waren und nicht mehr damit rechneten, dass Kai sich heute noch zeigen würde. Und dann schoss er heraus und alle so: *Nein, wieder zurück!* Das war schon ein historischer Moment. Hochemotional. Glück. Liebe dem Tier gegenüber. Und auch ein Riesengefühl von Erleichterung. Immerhin standen da dreiundfünfzig Journalisten. Stellen Sie sich vor, wir machen die Kiste auf und Kai ist tot. Ich fühlte mich, als hätte ich ein Endspiel gewonnen.

Danach folgten tausende Interviews. *Wie fühlen Sie sich? Was denken Sie? Wie stehen die Chancen, dass Kai sich einlebt?* Dann musste man sagen: *Er muss sich erst anpassen. An das neue Klima, das neue Futter. Wir müssen sehen.* Und dann hieß es auch: *Herr Sepe, Sie sind Italiener. Sie sind doch nicht doof. Sagen Sie mal ganz ehrlich: War das nicht alles nur eine PR-Aktion?*

Noch am selben Abend habe ich meinen Vater aus dem Festnetz angerufen. Da hat er sich so sehr gefreut wie selten.

Kai musste für die nächsten sechs Monate in einem eigenen Gehege isoliert bleiben. Einmal um sicherzustellen, dass er keine Krankheiten einschleppte und die anderen Nashörner mit irgendwelchen Viren infizierte. Zum anderen, damit er sich an das neue Klima, das andere Futter, die neuen Gerüche und Geräusche und alles gewöhnte. Wir hatten ihm den Tierarzt dagelassen, zusammen mit zwei Studenten, die an einer Doktorarbeit schrieben. Sie fanden heraus, dass Kais Haut durch die intensive Sonneneinstrahlung in den ersten zwei Monaten um fast sechs Zentimeter gewachsen war. Man hatte ihm unter Narkose ein kleines Loch ins Horn gebohrt, einen Sender eingesetzt und es mit Zement verschlossen, und als er nach sechs Monaten Isolation und Blutabnahmen und Gesundheitschecks wirklich in die Freiheit entlassen wurde, konnten wir ihn jederzeit wiederfinden. Erstaunlicherweise hat er gleich die Wasserlöcher in der Umgebung entdeckt. Die Studenten fanden heraus, dass die Fußsohlen des Nashorns eine solche Sensibilität haben, dass sie Wasseradern spüren.

Kapitel 19

Der für mich emotionalere Moment kam sechs Monate später, als wir Kai wirklich befreit haben. Dafür bin ich wieder runtergeflogen. Wir haben den Zaun aufgemacht und er ist rausgekommen mit seinem Band um den Hals, das nach einer halben Stunde schon ab war, weil er sich irgendwo an einem Stein geschubbert hatte. Aber wir hatten ja den Sender. Die beiden Studenten waren mit einem alten Jetta vom Serengeti-Park unterwegs und folgten ihm in einiger Entfernung. Manchmal verloren sie ihn ein bisschen aus den Augen, wenn er im Busch war, aber er kam immer wieder in die Nähe des Autos und sie konnten ihn studieren. Erst nach diesen sechs Monaten im Gehege begann die wirkliche Auswilderung, auch wenn die Medien das anders wiedergegeben haben. Die hatten natürlich nicht die Zeit, noch einmal wiederzukommen und zu berichten. Das hatten sie in großem Ausmaß getan, als wir das erste Mal aus Namibia zurückkamen, da gab es eine Menge Artikel, aber ich hätte mir gewünscht, dass sie auch weiterhin über Kai geschrieben hätten. Aber Sie kennen ja diesen Satz: Es gibt keine ältere Geschichte als die von gestern.

Für mich war das der emotionalste Moment, weil wir allein mit Kai waren. Es war morgens gegen zehn. Ein wunderschöner Tag. Totale Stille. Diese Stille in Afrika ist so intensiv, dass sie fast ein Geräusch hat. Die Grillen fangen erst abends an zu zirpen, wenn es kühler wird. Also diese Stille. Wir waren entspannt, weil die Angst verschwunden war. Wir wussten zwar noch nicht, ob er Wasser finden würde, das stellte sich erst später heraus, aber der Druck war fort, es waren keine Journalisten dabei, und ich weiß nicht, warum, aber ich war zuversichtlich, dass er es schaffen würde. Ich hatte so ein Gefühl von Liebe und Verbundenheit mit Kai und der Natur. In solchen Momenten ist es gut, wenn man allein ist. Die beiden Wächter, die das Tor aufgedreht haben, störten den Moment nicht. Afrika ist zum Glück noch so wild, dass Sie von Gerüchen überrannt werden. All diese Mikroorganismen, die man gar nicht wahrnimmt, die im

Busch sind. Es riecht permanent nach Stall, gleichzeitig mit so viel Gras vermischt, fast wie ein Parfüm. Es ist schwer zu beschreiben. Sie nehmen Millionen von Gerüchen wahr, bis zur kleinsten Grille, die herumhüpft. Und dann dieser Moment, wie dieses Tier, das in Hodenhagen geboren war, da langsam herausspaziert. Er hat sich noch einmal zu uns umgedreht, einmal rechts, einmal links, weil die wie ein Wal die Augen seitlich haben, so, und noch ein bisschen weiter nach links, und dann jetzt tschüss. Er hat quasi Abschied genommen, sich umgedreht und ist langsam im Dickicht verschwunden.

Was das bedeutete, konnten nur eine Handvoll Menschen fühlen. Der Tierarzt Professor Boer, die beiden Studenten und vielleicht die Wildhüter vom Nationalpark, die paar, die die ganzen Dokumente gemacht haben, die uns geholfen haben. Wir haben gefühlt, was diese Auswilderung für ein Symbol für die Natur war.

Sieben Mal habe ich Kai insgesamt noch besucht. Man musste ihn über den Sender suchen und ist so lange mit dem Flugzeug über den Busch geflogen, bis das Signal lauter wurde und man ihn unten gesehen hat. Wir sind gelandet, durch den Busch gegangen und haben ihn gefunden. Erst mit Fernglas und dann sind wir langsam, vorsichtig hinter den Büschen hervorgekommen. Man konnte ihn erkennen, weil er unter dem Kinn eine kleine Fettzyste hatte. Wenn ich ihn gerufen habe, ist er gekommen. Er hat mich jedes Mal wiedererkannt. Er hat sich zu mir umgedreht, die Ohren bewegt. Beim letzten Mal habe ich mich von ihm endgültig verabschiedet. Ich habe gesagt, du musst jetzt wild sein. So ein Tier muss verwildern. Ich hatte mich dazu verlocken lassen, ihn erneut zu besuchen, aber die Anwesenheit von Menschen ist natürlich nicht gut. Er hatte sich dann auch im Inneren des Nationalparks eingelebt und war Teil einer

Herde. Da sollte man ihn nicht mehr stören.

Kai lebte noch fünfzehn oder sechzehn Jahre und zeugte neun Kälber in Namibia. Nach drei Jahren war er einmal in einem Matschloch stecken geblieben. Zum Glück haben die Wächter das gesehen und ihn mit Seilen und einem Jeep rausgezogen, sonst hätte er das nicht überlebt. Das heißt, ich könnte morgen sterben und Greta und all den Tierschützern mit ruhigem Gewissen sagen, dass ich etwas getan habe. Diese neun Nashornbabys sind mein Beitrag. Es war ein Riesenaufwand, den Bullen da runterzufliegen. Acht Monate Verhandlungen, Sponsoren suchen, mit Behörden kommunizieren. Das war sehr anstrengend, aber es hat sich für die Natur gelohnt. Neun Kälber. Das Projekt hatte so einen Erfolg, dass der Krüger-Nationalpark weitere vierundvierzig Nashörner in den Etosha-Nationalpark brachte. Sie wurden leicht sediert und mit einem Gurt unter dem Bauch mit einem Hubschrauber ausgeflogen. Inzwischen leben dort dreihundert Breitmaulnashörner. Vorher waren es dreizehn. Also wenn man will, kann man viel machen, man muss es nur wollen. In meinem Fall bedeutete es acht Monate Arbeit. Darauf hat kaum jemand Bock, vor allem keiner, der bei der Stadtverwaltung angestellt ist. Die Leute sind es gewohnt, um halb fünf nach Hause zu gehen. Und klar, das ist nicht sein Tier oder sein Park, das ist kein Vorwurf, aber es ist einfach psychologisch anders.

KAPITEL 20

Dschungelsafari und weitere Innovationen

Mit der Auswilderung Kais hatte ich eine Art Meilenstein gesetzt und mich bewährt, aber zu Hause gingen die Kämpfe weiter. Doch es wurde besser mit meinem Vater, weil ich langsam mehr und mehr mit Veronica in die Geschäftsführung hineinwuchs. Langsam wurde ich erwachsener, selbstbewusster. Mein Vater hat es vermutlich gar nicht gemerkt, aber ich arbeitete jeden Tag im Park. Es war ein halbes Wunder, dass der Gabelstapler überhaupt ansprang. Das Ding war uralt und außer mir wollte den kaum jemand benutzen. Zusammen mit meinem Freund Maurizio aus Turin legte ich zum Beispiel im ganzen Park Blumenbeete mit Bahnschwellen an, weil wir die Wege langweilig fanden. Wir bauten so eine Art große Blumenkübel und füllten sie mithilfe eines Radladers mit Erde. Das dauerte jeweils zwanzig Minuten. Diese Idee gefiel meinem Vater sogar. Er ließ die Kübel bepflanzen, und wir mauerten auch Beete aus Findlingen. Die sind heute noch da. Während mein Vater im Urlaub war oder zu Hause Nickerchen machte, saß ich auf dem Stapler und legte Beete an. Das ging ziemlich auf den Rücken, auf die Knorpelhaut. Ich war oft körperlich müde und hatte mehrere Bandscheibenvorfälle. Eine Bahnschwelle kann einem schnell auf die Finger fallen, dann löst sich der Fingernagel ab, Blut spritzt. Also volles Engagement für den Park. Oder wenn man stundenlang in Meetings sitzt. Man möchte mit Mitte, Ende zwanzig seine Ideen vorstellen und wird dann immer heftiger, immer selbstbewusster, immer erfahrener. Es hat Spaß gemacht, weil es spannende Jahre waren, in denen es richtig geruckt hat. Wir profitierten die ganzen 90er-Jahre hindurch von der Wende.

Kapitel 20

Die Ostdeutschen fuhren zunächst mit ihren Trabis, und nachdem die so nach und nach abgeschafft waren, kamen sie mit Reisebussen. Eine Zeit lang hatten wir sechstausend Reisebusse in der Saison, also in acht Monaten, pro Jahr. Das ist eine enorme Zahl an Besuchern. Wenn man von vierzig Personen in einem Bus ausgeht, kommt man auf zweihundertvierzigtausend Gäste nur durch Busse.

Dann gingen die Besucherzahlen wieder leicht runter, als die Ostdeutschen neue Autos hatten und damit kamen. Und dann kündigte sich die Expo 2000 in Hannover an. Die Region hatte den Wunsch, dass sich der Serengeti-Park an der Schau beteiligen sollte. Die ganze Welt kommt nach Niedersachsen, hieß es. Okay, wir brauchen eine neue Attraktion. Nach den guten Erfahrungen mit der Wasserbahn aus Dijon wollte mein Vater eine Rafting-Bahn bauen. Das ist so eine Art Muss in einem Freizeitpark. Viele Freizeitparks haben eine Wasserbahn *und* eine Rafting-Bahn. Das sind diese runden Boote, wo man sich in der Mitte festhält. Sie drehen sich schnell, sodass man sich wie beim River Rafting fühlt. So eine Abenteuerfahrt. Ich fand die Idee nicht besonders gut. Ich habe meinem Vater gesagt: *Das ist jetzt eine wichtige Entscheidung, auch für die Zukunft. Ich würde es nicht machen, weil der Heidepark schon eine hat, der Hansapark hat eine, das Rastiland auch. Wir sind ein Safaripark. Unser Schwerpunkt liegt auf Adventure, Abenteuer, Expedition. River-Rafting ist nicht verkehrt, aber ich würde etwas Spezifischeres bauen. So, dass ein Hotelier oder ein Vermieter von einem Ferienhaus dem Touristen sagt: Gehen Sie zum Heidepark, wenn Sie River-Rafting wollen. Aber wenn Sie etwas Einmaliges erleben wollen, müssen Sie zum Serengeti-Park. Die haben etwas sehr Einzigartiges in Europa. Ich würde auf eine Attraktion mit Alleinstellungsmerkmal setzen.* Das war mein Argument, ich komme natürlich vom Marketing.

Und mein Vater war wieder komplett uneinsichtig. Nein, jeder Park hat eine Rafting-Bahn, und es bleibt bei der Rafting-Bahn. Ich war aber von meiner Idee so überzeugt, dass ich mir Lia mit ins Boot holte. Gemeinsam haben wir meinen Vater drei Monate lang bearbeitet, bis er schließlich klein beigegeben hat.

Wir haben dann diese Dschungelsafari gebaut, wo Sie mit Unimogs fahren. Die haben fünfundzwanzig Sitze, sind also wie riesige Jeeps, oben mit einem Gepäckträger, mit Koffern und Fässern dekoriert. Damit geht man auf Expedition. Man fährt über eine Schotterstraße mitten durch die Tierwelt. Der Fahrer ist ein Ranger von uns. Man fährt durch einen Wald voller Spezialeffekte. Bäume fallen um, es gibt Feuerexplosionen. Man fährt durch ein Wasserloch. Eine richtige Abenteuerfahrt. Das war für uns eine wichtige Entscheidung. Ab da haben wir angefangen, strategisch immer wieder in diese Richtung zu denken.

2010 kam mit der Aqua-Safari die nächste große Attraktion. Dafür holten wir Sumpfboote aus Florida. Die haben diesen Riesenpropeller, ein bisschen wie bei einem James-Bond-Film. Diese Attraktion wurde in dem Jahr mit dem Innovationspreis in Freizeitparks gekürt. Zu dem Zeitpunkt war mein Vater bereits drei Jahre tot; Veronica, mein Cousin Giovanni und ich waren allein.

Kapitel 20

2014 kam die Quad-Safari, zwei Jahre später die Black Mamba mit Jetbooten, im Jahr 2019 der Big Foot. Das sind Monstertrucks. Nun haben wir wirklich sehr besondere, coole Attraktionen, die Sie so gebündelt in keinem anderen Freizeitpark in Europa finden. Es sind alles besondere Fahrzeuge, Sumpfboote, Monstertrucks, Quads und so weiter. Um die sonst zu testen, müssten Sie um die halbe Welt fliegen. Diese Attraktionen kamen wahnsinnig gut an und haben geholfen, die Besucherzahlen Jahr für Jahr zu erhöhen. Wir haben heute einen Net Promoter Index von vierundachtzig Prozent. Das ist mit das Höchste, was man erreichen kann. Das bedeutet, wie viele Leute den Park weiterempfehlen. Wir haben vierundsechzig Prozent Wiederkommer, das ist auch enorm. Natürlich alles vor Corona. Wir waren auf einem richtig guten Kurs. Wir werden sehen, wie es nach der Corona-Schüttelung weitergeht.

Der Erfolg dieser Dschungel-Safari hat alle überrascht. Es war ein wichtiger Scheitelmoment. Wir hätten weitermachen können wie tausend Familien, die weltweit Parks haben und sagen: *Nein, wir bleiben bei den traditionellen Fahrgeschäften mit Fundament. Wir rufen die Firma, ich weiß nicht, Huss vielleicht, und bestellen dieses Fahrgeschäft.* Aber wir sind voll in die innovative Richtung gegangen. Ich glaube, das hat sich für uns sehr ausgezahlt, dafür sprechen die begeisterten Kommentare bei Google-Rezensionen. Dort loben die Leute die besonderen Fahrzeuge. *Langweilig wird es einem überhaupt nicht, toll, einmalig in Deutschland, ich liebe diesen Park, kein anderer Park in Deutschland* … Das größte Lob kam vor zwei Jahren. Da schrieb jemand auf Google-Rezensionen: *Das ist das Animal Kingdom Europas.* Wow! Sie kennen Animal Kingdom? Das ist der Safaripark von Disney in

Kapitel 20

Orlando, gebaut für neunhundert Millionen Euro, 1996 eröffnet. Allein mit einer Gruppe wie Disney verglichen zu werden! Die, ich weiß nicht, eine Trilliarde Dollar pro Minute verdient mit allem, was sie mittlerweile aufgekauft hat - Lukasfilm, Fox, die haben alles, und mit denen verglichen zu werden, war für mich bis heute das höchste Lob von einem Gast.

Zwischendurch hatten wir noch das vierzigjährige Jubiläum des Parks und haben das mit einer gigantischen Torte gefeiert. Ich glaube, das waren siebzig Quadratmeter Torte. Erdbeersahne. Wir hatten einen Bäcker in Lüneburg gefunden. Er kam mit acht Leuten und zwei Nächte lang rührten sie die Sahne. Die Stücke wurden einzeln gebacken und mit Zucker zu dieser großen Fläche verklebt. Es sollte eins zu eins eine richtige Erdbeertorte sein, und sie wurde mit dem Guinness Weltrekord ausgezeichnet, offiziell mit Zertifikat. Wir hatten sie mit einem Kran gewogen und die Jurorin war extra aus London gekommen. Es war eine sehr strenge Dame, wie man sich das so vorstellt. Sie schaute sich alles genau an, machte Fotos und überreichte uns schließlich die Urkunde mit dem Stempel. Weltrekord. Diese Wahnsinnstorte verteilten wir an die Besucher.

Kapitel 20

Die Google-Rezensionen lese ich übrigens jeden Tag. Das gehört zum Job. Das ist wie eine kleine Befragung. Mit der Zeit entwickelt man eine Filterfunktion. Auch eine negative, meinetwegen übertriebene Bewertung enthält eine kleine Wahrheit, wie ein Scherz, und diesen Funken Wahrheit muss man jedes Mal rausziehen. Und sich fragen, was da passiert ist. Was hat zum Beispiel die Putzfrau in Wahrheit gemacht? Das ist spannend. Und oft zum Heulen geil, etwa zu sehen, dass von hundert Kommentaren achtundneunzig richtig gut sind mit fünf Sternen. *Können wir nur empfehlen. Wir kommen wieder. Cool, geil, einmalig in Deutschland.* Für einen Geschäftsführer mit diesen ganzen Verantwortungen, Sorgen und Lasten und Bergen von Schulden bei Banken sind das schöne Belohnungsworte, die man sehr, sehr gern hört. Wenn das nicht so wäre, wäre ich sehr besorgt. Aber so ist das wie in der Schule eine Eins. Das ist schon gut.

Als ich anfing, hier zu arbeiten, lag meine erste große Veränderung, die auch mein Vater interessant fand, darin, mehr auf Kinder einzugehen. Vorher war das mehr der seriöse Tierpark, wie so eine Art Zoo Hannover oder Vogelpark Walsrode, und ich habe diesen Kindertouch reingebracht, mit Leo, dem Maskottchen. Der war inspiriert von meinem Plüschtier, und ich habe das Logo von meiner Cousine in Mailand zeichnen lassen. Sie ist Werbedesignerin und hat das frei Hand gezeichnet. Ich habe im Büro noch die allererste Originalzeichnung von ihr, und komischerweise hatte mein Vater die Intuition gehabt, das könnte die neue Strategie sein, und hat es gleich angenommen. Wir planten Kindertage und ich hatte den Mut, unsere Bank in Bremen zu fragen, ob sie mit uns kooperieren wollten. Die Sparkasse Bremen hatte nämlich so einen Kinder-Club, den Knacks-Club, weil sie die Hoffnung hatten, dass sich die Kinder über die Comicfiguren Didi und Dodo auf lange Sicht an die Sparkasse binden würden. Bei einer ihrer Jahressitzungen habe ich meine Idee vorgestellt und gefragt, ob sie sich eine Zusammenarbeit vorstellen könnten. Das dauerte zwar ein bisschen, aber der Vorstand hat das schließlich befürwortet und es entstanden die berühmten Knacks-Tage. Immer der Samstag vor den Sommerferien war unser Knacks-Tag. Wir hatten am 25. Jubiläum vom Knacks-Club fast achttausend Kinder im Park, so hat sich das über die Jahre entwickelt. Das war damals meine allererste Verhandlung, mit der Sparkasse Bremen, als ich so vierundzwanzig war. Mein erster kleiner Erfolg, und mein Vater hat mich unterstützt. Ich hatte sogar die große Molkerei in Bremen überzeugen können, Werbung für uns auf ihrer Milchpackung zu machen. Milchpackungen sind super effektiv, weil sie mehrere Tage am Frühstückstisch bleiben, und das war das erste Mal, dass Werbung in Deutschland auf die Milchpackung kam. Ich hatte diese Idee in den USA aufgeschnappt, als ich wegen meiner Doktorarbeit dort unterwegs war. Zum Glück hat mir mein Vater dabei das Go gegeben. Ich glaube, das gefiel ihm, weil das über meine Doktorarbeit belegt war.

Über den Knacks-Club bin ich bei den Adler-Modemärkten gelandet. Ich habe die Marketingabteilung kontaktiert und deren Mitarbeiterinnen kamen in den Park und fragten, wie ich mir eine Zusammenarbeit genau vorstellen würde, und gemeinsam machten wir eine Kampagne für die Kindertage im Park. Wir hatten auch Toys-"R"-Us-Kindertage, danach Edeka-Kindertage bis hin zu dem größten Erfolg mit den Edeka-Familientagen. Bis sie von einem Tag auf den anderen keine Kindertage mehr machen wollten, weil die

Marketingleitung gewechselt hatte. Steht ihnen zu. Es war zwar erfolgreich gewesen, aber sie wollten nicht mehr und ich habe das Projekt Dirk Rossmann vorgeschlagen. Ich hatte gleich einen Termin bei ihm bekommen und hab gefragt: *Mensch, Herr Rossmann, würden Sie nicht gern die Rossmann-Familientage machen? Ich bin gerade aus der Kooperation mit Edeka ausgestiegen.* Er hat sofort live vor mir seinen Marketingdirektor angerufen und gesagt: *Ja, das unterstützen wir, das machen wir,* und jetzt machen wir seit sechs Jahren die Rossmann-Familientage. Im Pandemiejahr 2020 war das natürlich eine Katastrophe, aber im Jahr davor kamen sechzehn- und vierzehntausend Besucher, an zwei Tagen. Das war also recht erfolgreich, und die möchten mit uns weiter kooperieren. Meine Idee war, dass man die Werbung für die Kindertage im Park auf die Rückseite der Kassenbons druckt. Das ging an insgesamt achthundert Märkte in Norddeutschland, mit Plakaten und Werbung.

KAPITEL 21

Elefantenzucht

Eine weitere sehr emotionale Geschichte war die allererste Elefantengeburt im Park. Es hatte lange gedauert, meinen Vater von der Idee der Elefantenzucht im Park zu überzeugen. Er wusste von den Schwierigkeiten und Risiken der Zucht, speziell mit afrikanischen Elefanten. Da war in anderen zoologischen Gärten schon viel schiefgegangen, es hatte schlimme Unfälle gegeben. So ein Bulle ist meistens weit über drei Meter groß, dazu fünf bis fünfeinhalb Tonnen schwer, und wenn der auf die Idee kommen sollte, auszubrechen, ist das für jeden Tierpark ein riesiges Problem für die Sicherheit sowohl der Mitarbeiter als auch der Besucher. Das war der Albtraum meines Vaters. Er malte sich das Schlimmste aus, aber dann lenkte er schließlich ein und sagte: *Okay, lass uns das machen. Es stimmt, wir züchten Nashörner, Giraffen, Tiger, seltene Affenarten und so weiter, vielleicht sollten wir es auch mit Elefanten versuchen. Aber nur, wenn du dir wirklich erstklassige Experten mit ins Boot holst.* Über einen Journalisten konnte ich Kontakt mit Karl Kock aufnehmen. Er hatte in den 1950er-Jahren als junger Mann im Hamburger Zoo Hagenbeck als Elefantenpfleger angefangen und gilt als *der* Elefantenexperte Deutschlands. Sieben Elefantenkälber hatte er bereits betreut. Inzwischen war er im Ruhestand, aber nach einem Telefonat reiste er zu einem Gespräch nach Hodenhagen an, und nachdem er sich den Park angesehen hatte, erklärte er sich bereit, uns zur Seite zu stehen.

Der Bulle Tonga kam ein Jahr später, wir sprechen vom Jahr 2001, und unsere Weibchen hatten noch nie einen Bullen gesehen.

Kapitel 21

Ihre Zyklen setzten daraufhin für drei Jahre aus, weil sie die neuen Gerüche nicht kannten. Sie hatten auch noch nie einen Penis gesehen, und Tonga hatte einen riesigen, über ein Meter fünfzig lang, sodass die Kinder im Park oft glaubten, der Elefant hätte fünf Beine. Wahrscheinlich waren darüber unsere Weibchen so erschrocken, dass ihre Zyklen erst einmal aussetzten. Nach drei Jahren allerdings bahnte sich eine große Liebesgeschichte zwischen Tonga und Veri an. Sie schienen sich wirklich zu mögen, und der Bulle fing an zu decken und bald war Veri schwanger. Die Tragezeit dauert etwa zweiundzwanzig Monate und zwei Wochen, das bedeutet, das erste Jungtier war für März 2006 geplant. Stellen Sie sich vor, was das für eine riesige Aktion war und auch was für ein Wagnis, gerade für einen Privatunternehmer. Als der Bulle kam, mussten wir eine Million Euro in die Hand nehmen. Sein Stall brauchte Wände, die richtig was aushalten können, und musste daher neu gebaut werden. Den Stall für die Kühe mussten wir um fünf Boxen vergrößern, damit das Muttertier mit dem Jungen in Ruhe gelassen werden konnte. Das musste selbstverständlich schon alles parat stehen, bevor der Bulle ankam. Ohne dass wir überhaupt wussten, ob es jemals zum Deckakt und zur Schwangerschaft kommen würde. Daher war es dann ein unglaublicher Erfolg, als fünf Jahre später das Elefantenbaby geboren wurde. Ich kenne niemanden, der das als Privatunternehmer riskiert hätte.

Ich werde das nie vergessen, es war an einem Morgen im März 2006, als ich gerade ein Ersatzteil aus Walsrode holte. Das Handy klingelte und ich erfuhr, dass Veri kurz vor der Geburt stand. Ich bin so schnell wie möglich wieder in den Park zurückgefahren. Alle waren furchtbar aufgeregt, auch die Tierärzte, die Zoologen, die Tierpfleger, weil so eine Elefantengeburt in einem Tierpark etwas völlig anderes ist als in der Natur. Man muss versuchen, die Natur nachzuahmen, aber wir hatten noch keine Erfahrung, nur die Beratung von Karl Kock.

Als ich in den Stall kam, sah ich die Fruchtblase an Veris Hinterteil hängen, und wir mussten sie so schnell wie möglich an allen vier

Kapitel 21

Beinen anketten. Die Schmerzen sind bei so einer Geburt unglaublich, da das Baby schon weit über fünfhundert Kilo wiegt. In Gefangenschaft kommt es häufig vor, dass die Muttertiere ihre Neugeborenen umbringen, weil sie durch die Schmerzen wie von Sinnen sind. Die Tiere kennen das Anketten bereits von der Fußpflege her, sodass das kein großer Schock ist. Die Ketten bieten also mehr Sicherheit für das Jungtier, weil die Kuh in ihrer Bewegung eingeschränkt ist. In der Natur ist es so, dass in dem Moment, wenn die Geburt beginnt, viele weibliche Elefanten aus der Herde die Gebärende umringen. Wenn sie merken, die Schmerzen sind jetzt so stark, dass die Mutter den Instinkt bekommt, das Jungtier zu zerquetschen oder mit den Stoßzähnen zu töten, stellen sich diese Tanten oder Omas dazwischen und schieben die Mutter erst mal weg. Das kann man im Tierpark nur mit den Ketten ersetzen.

Es dauerte dann doch noch siebzehn Stunden, bis die Geburt begann, und weitere achtzehn Stunden, bis das Jungtier da war. Wir haben zu fünft auf Campingliegen im Stall geschlafen und ich sage Ihnen ganz ehrlich: Als das Jungtier rauskam, war das neben der Geburt meiner Tochter Brielle die schönste Erfahrung meines Lebens! Da Veri angekettet war, konnten wir in die Boxen gehen, das Jungtier unter der Mutter hervorziehen und die Plazenta abnehmen. Diese wird dann von der Mutter gefressen und ab dem Moment schießt die Milch ein. Das Jungtier lag vor mir und ich war unfassbar glücklich. Es war ein Männchen und ich habe ihn gleich „Boubou" genannt, auf Suaheli: „der kleine Elefant".

Das Jungtier hatte sofort tief durch den Mund Atem geholt und ein Auge geöffnet, das rechte, weil er auf der linken Körperseite lag, und Elefanten haben ein bisschen wie ein Wal die Augen leicht an den Seiten. Das Jungtier wird mit runder Knorpelmasse unter den Fußsohlen geboren, damit es leichter aus der Mutter rausrutschen kann.

Sie glauben nicht, wie lustig die ersten Momente mit Boubou waren! Er versuchte sofort aufzustehen, ist aber wegen der Knorpelmassen

Kapitel 21

immer wieder wie auf Seife ausgerutscht und hat es wieder und wieder versucht. Es war so niedlich und lustig, wie er geschlittert und gerutscht ist.

Irgendwann ist die Knorpelmasse abgebrochen. Sie ist nur leicht an der untersten Fußsohle angeklebt und bricht mit dem Gewicht weg, ohne dem Tier wehzutun. Und dann stand er da und sah uns an und begann mit uns zu spielen. Das waren Momente, die sind schwer zu beschreiben. Unglaublich! Auf einmal hob er seinen kleinen Rüssel, sah ihn an und erschrak. Er lief erst einmal in eine Ecke und versteckte sich. Dann kam er vorsichtig wieder vor, hob wieder den Rüssel und diesmal war er schon mutiger und begann, mit dem Rüssel zu atmen. Da ging allen wirklich das Herz auf. Wir waren Zeuge der allerersten Selbsterkundungen des Kleinen. Das war wirklich fantastisch, und die letzte Szene, die uns alle zum Lachen brachte, war, als er plötzlich die Ohren öffnete, die afrikanischen Elefanten haben ja riesige Ohren, und die kleben nach der Geburt noch am Körper. Er merkte dann aber, dass da noch zwei Dinger sind, und er strengte die Muskeln an

Kapitel 21

und die Ohren gingen auf. Sie flatterten wie bei dem kleinen Dumbo, und Boubou hat sich so erschrocken, dass er anfing, sich im Kreis zu drehen, mit dem Rüssel zu wedeln und zu trompeten. Wir haben vor Lachen auf dem Boden gelegen.

Diese Geburt und die Auswilderung vom Nashorn Kai, das waren die beiden Parkerlebnisse, die mich emotional am stärksten geprägt haben.

Wir hatten ein paar Jahre später, 2011, noch eine zweite Elefantengeburt im Park. Die dritte war leider eine Fehlgeburt und das war ein bisschen seltsam, weil es sich dabei um eine Kuh handelte, die wir schon trächtig aus dem Zoo Halle bekommen hatten. Wir gehen davon aus, dass durch die leichte Sedierung, die sie bekam, bevor sie in den Transporter ging, etwas schiefgelaufen war. Das Jungtier war ein Weibchen und alles war sehr traurig. Man möchte schließlich, dass das Baby gesund zur Welt kommt, wenn es schon mit dem Deckakt und der Schwangerschaft geklappt hat. Aber vor einem Transport muss man die Tiere leicht sedieren und das irritiert die Organe in ihrer Funktionsfähigkeit. Das Europäische Erhaltungsprogramm sieht vor, dass man Elefanten, die allein im Zoo sind, in Herden unterbringt, weil der Elefant ein Familienwesen ist. Bibi war allein in Halle gewesen, wir hatten sie besucht und beschlossen, sie nach Hodenhagen zu holen, und sie hat leider ihr Baby verloren. Aber sie ist eine Zuchtkuh und unser Bulle zeigt bereits Interesse und hat sie schon ein paar Mal gedeckt. Aus dem Zoo Halle kam auch noch ein zweites Weibchen zusammen mit ihrem zweijährigen Sohn. Er kann noch sechs, sieben Jahre ohne Probleme hier in der Herde leben. Diese Kuh ist die Freundin von Bibi. Weibchen schließen sich oft intensiv zusammen.

Es wird heutzutage noch viel geforscht, wie die Elefantenzucht außerhalb der Wildbahn am besten funktioniert. Das ist das große Thema. Der zoologische Garten ist nicht nur da, um Tiere zu zeigen,

Kapitel 21

sondern auch, um sie zu erhalten. Um sie vor Wilderern, vor Umweltverschmutzung, vor Rodung von Wäldern, vor wachsenden Städten zu schützen. Bis der Tag kommt, an dem man Tiere wieder in die Wildnis zurückbringen kann. In-situ, also in die Wildbahn, ex-situ, raus aus der Wildbahn in die ganzen Wildparks und Zoo. Vielleicht kann man irgendwann sagen, wir machen jetzt einen Zaun um dieses große Stück Land herum und das ist jetzt ein geschütztes Heiligtum, ein Nationalparkgebiet, in dem aktuell fünfzehnhundert Elefanten leben, aber wir hätten gern zwanzigtausend. Dann könnte die Zoogemeinschaft jedes Jahr zwanzig Elefanten runterschicken, finanziert von der EU, einer Regierung oder einem Fördertopf der Zoos. Die Elefantenzucht ist schwierig. Elefanten sind komplex und hochintelligent. Allein der Rüssel hat vierzigtausend Muskeln. Er ist wie ein Arm mit zwei Händen und ein perfektes Werkzeug. Durch den Rüssel ist die Intelligenz dieses Tieres so unermesslich hoch. Ein Elefant merkt sich alles, noch Jahre später erinnert er sich an Gerüche, Bewegungen, Farben, und das spiegelt sich in seinem Sozialverhalten. Wenn ein Weibchen zum Beispiel ein Männchen nicht mag, lässt sie sich auf keine Paarung ein. Das heißt, dann muss die Zoogemeinschaft, also die European Endangered Species Programme (EEP), die in unserem Fall für afrikanische Elefanten verantwortlich sind, entscheiden, dass der Bulle verlegt wird. Es ist nicht einfach, einen Bullen woanders unterzubringen. Vielleicht muss man drei Jahre warten, bis etwa im Zoo in Israel ein Bulle verstirbt.

Es gibt nicht viele afrikanische Elefanten in den europäischen Zoos, gerade auch, weil die Zucht so schwierig ist. Bei den asiatischen Elefanten sieht es anders aus. Da gibt es schon das Problem, dass man nicht so richtig weiß, was man mit den männlichen Tieren machen soll. Sie sind schwierig zu halten. Es kommt immer wieder vor, dass sie etwa in der Musth ihre Pfleger töten. Weibchen sind einfacher. Ich glaube, im Moment sind in den europäischen Zoos weit über dreißig Bullen und da werden die Zoogemeinschaften zusammenkommen müssen und sagen: Wir machen so ein Sanctuary, irgendwo in Spanien oder in Portugal, wo das Wetter ein paar Monate länger schön ist. Wir bauen einen Riesenstall für zwanzig Millionen in ein großes Gehege und dort müssen die Bullen unter sich leben. Ich glaube, es sind sechsunddreißig momentan. Davon könnten vielleicht sechs zurück nach Indien ausgewildert  werden. Auf dreißig bleibt man wohl sitzen, und dann muss etwas für sie geschaffen werden. Dann muss eben der Zoo Berlin, anstatt für 75 Millionen eine Halle zu bauen, vielleicht vierzig Millionen in ein neues Gehege investieren, und zwanzig Millionen gibt der Zoo Leipzig dazu und so weiter. Lösungen gäbe es, man müsste sich nur einigen, und man sieht ja gerade in der Politik, wie schwierig das geworden ist. Allerdings kommt, wenn der Druck steigt, auch etwas ins Rollen.

Bei den afrikanischen Elefanten ist das Züchten viel schwieriger. Sie brauchen enormen Freiraum, ähnliche Gegebenheiten wie in der Wildbahn. Das ist in Zoos kaum zu schaffen. Die Geschlechterverteilung sieht momentan so aus, dass es etwa gleich viele Bullen und Weibchen gibt, was nicht gut ist. Es müssten viel mehr Weibchen sein. Die Zoogemeinschaft glaubt an meinen Park, und so haben wir jetzt einen Bullen mit fünf Weibchen. Davon sind vier zuchtfähig, zwei nicht so hundertprozentig erwiesen, weil die eine schon älter ist, sie ist die Mutter von den ersten zwei Kälbern – das ist Veri. Von ihr wissen nicht, ob sie noch kalben kann. Definitiv bleiben zwei zuchtfähige Kühe, Bibi aus Halle und ihre Freundin mit dem kleinen Kalb, das inzwischen schon festes Futter bekommt, das heißt, die Mama kann wieder Zyklen haben und schwanger werden. Allerdings ist alles sehr kompliziert, weil Elefantinnen nur alle vier Monate einen Zyklus haben. Eine Befruchtung ist im Grunde im recht kühlen Norddeutschland nur einmal im Jahr möglich, so im Mai, Juni, wenn es

Kapitel 21

grün wird, die Gerüche intensiver werden, wenn diese Grundwärme da ist. Erst dann spielen auch die Follikel mit. Wichtig ist vor allem, dass sich die Tiere mögen, man spricht da fast von Verlieben, und das zeigt auch ihre Intelligenz. Da spielt der Geruch der Haut eine Rolle und wie das Weibchen so drauf ist, denn vor allem muss sie das Männchen mögen, sonst lässt sie die Follikel nicht springen. Das alles in Gefangenschaft hinzukriegen … Also da braucht man sich nichts vorzumachen: So schön, wie das hier ist, aber im Okavango-Delta mit den Flusspferden zu baden und mit den Antilopen über die ruhige Savanne zu ziehen, das ist schon anders. Natürlich setzen wir große Hoffnung in die Zucht, um diese wunderbare Tierart zu erhalten.

Das zweite Kalb, das hier geboren wurde, ist Nelly. Sie ist auf natürliche Weise gezeugt wurden, nicht künstlich besamt. Der Bulle Tonga hat wirklich gedeckt und zweiundzwanzig Monate und zwei Wochen später ist Nelly gekommen. Sie könnte jetzt selbst mit unserem neuen Bullen gedeckt werden. Muss auch bald, weil sie jetzt elf wird, und das ist genau das richtige Alter fürs Züchten, auch in Gefangenschaft. Jetzt müssen wir auf Jumani, den Bullen, psychologisch einwirken und sagen: Junge, genug Eiweiß essen und ran da! Wie gesagt, die Erhaltungszucht-Community hat sehr in uns investiert und glaubt an uns. Sie halten unsere Anlage, das sind siebeneinhalbtausend Quadratmeter, für hervorragend geeignet, und wenn es losgeht und Jumani alle Weibchen im richtigen Moment deckt und jede schwanger bleibt, haben wir die Möglichkeit, in den nächsten zwei, drei Jahren mindestens drei Jungtiere zur Welt zu bringen. Das wäre ein riesiger Schub für das ganze Erhaltungszuchtprogramm. Sie setzen so viel Vertrauen in uns und da würden wir gern etwas zurückgeben. Ab vier wären diese Jungtiere alt genug, um wieder weiterverteilt zu werden, und dann hat man die Hoffnung auf eine Weiterzucht. Vielleicht sind wir in fünfzehn Jahren in einer neuen, besseren Position mit den afrikanischen Elefanten. Die indischen Elefanten vermehren sich fast wie die Kaninchen, auch in Gefangenschaft. Die haben weniger Hemmungen. Sobald das Weibchen zykelt, springt der

Bulle, während die Afrikaner sehr viel wählerischer sind. Wenn das Weibchen den Bullen nicht mag, springt das Ei nicht. Es wehrt sich richtig und das finde ich auch gut so. Aber für die Zoo-Community ist es kompliziert.

KAPITEL 22

Tod eines Patriarchen

So um das Jahr 2000 war mein Vater an den Augen erkrankt. Es war eine fortschreitende Makuladegeneration; die Retina, die Netzhaut, löst sich langsam auf, das Auge kriegt keinen Kontrast mehr und man sieht nur noch die Konturen der Sachen. Am Anfang war es nicht weiter schlimm, aber es verschlechterte sich, und es gab damals keine Arzneimittel, die diese Krankheit oder den Prozess wenigstens ein bisschen aufhalten konnten. Ich weiß noch, er kam zu mir nach Hause und wir haben ein Fußballspiel geschaut, bestimmt Deutschland gegen Italien, und er saß ganz nah vor dem Fernseher und hielt noch ein Vergrößerungsglas in der Hand! Stellen Sie sich vor, so ein Mann, der alles Mögliche im Leben erlebt hat, kann plötzlich

Kapitel 22

nicht mehr richtig sehen! Er war hochfrustriert und uns standen die schlimmsten Jahre mit ihm bevor, so zornig, wie er jetzt ständig war.

Er hatte sich in Neapel ein Apartment gemietet, weil er sich gegen Ende seines Lebens mehr und mehr nach der Heimat sehnte. Das Apartment befand sich am Meer in der Nähe vom Castel del Ovo, es lag im vierten Stock, und er hielt sich dort meist zwei, drei Monate auf. Er liebte die Stadt sehr. Und während eines Aufenthaltes dort im Mai, als er achtzig war, war er mit Lia auf dem Weg zum Theater und stieg viele Stufen, als ihm plötzlich schwindelig wurde und er umfiel. Danach checkte man ihn gründlich durch und es kam heraus, dass eine Herzklappe so gut wie dicht war. Daher war seine Müdigkeit in den letzten Monaten gekommen. Im Juli 2007 entschied er sich für eine Operation, um eine neue Herzklappe zu bekommen. Er war achtzig Jahre alt, 186 Zentimeter groß und wog einhundertsechzig Kilogramm. Der Chirurg hat klar gesagt: *Von fünf gehen drei nach Hause,* die Sterblichkeit war also sehr hoch. Und vor allem bei seinem Übergewicht war es riskant.

Es gab drei Herzklappen-Modelle. Eine vom Schwein, eine vom Rind und eine aus Titanium-Carbon, deren Klick-klick man allerdings in einem stillen Raum gehört hätte. Mein Vater entschied sich dennoch für die Titanium-Carbon, weil es hieß, dass man sie nie wieder austauschen müsste, während die von der Kuh oder dem Schwein nach fünf Jahren erneuert werden müssen. Im Grunde war das schon so etwas wie ein Todesurteil. Er hat dann diesen Kontrastmittel-Test gemacht mit der blauen Flüssigkeit, um zu sehen, in welchem Zustand die Hauptschlagadern um das Herz herum waren. Die Ärzte sagten: *Ja, ist in gutem Zustand, wir können die Titanium-Carbon-Klappe einbauen, Herr Sepe.* So, er lag dann im Krankenhaus in Bergamo, dort gab es gute Spezialisten, und die Operation dauerte zwölf Stunden lang. Das Herz musste stillgelegt werden. Das heißt, Sie bekommen über eine Maschine in die große Ader im Bein, die noch zu finden ist, einen Anschluss und eine außenstehende Blutung. So ein artifizielles Herz pumpt quasi für Sie weiter, was aber nicht wirklich das Herz ersetzt.

Die Nieren und die ganzen Organe geraten dabei ein bisschen durcheinander und stoppen. Zwölf Stunden hatte das Trennen der alten Herzklappe, das Einsetzen der neuen Herzklappe, das Zunähen und so weiter gedauert.

Okay, die Ärzte machen alles wieder zu und reanimieren ihn, das Herz startet auch wieder, aber nach nur wenigen Augenblicken reißt die Herzklappe. Es kommt zu inneren Blutungen und sie müssen ihn erneut öffnen. Noch einmal sieben Stunden Operation. Diesmal setzt man ihm eine Rinderherzklappe ein.

So lag er dann auf der Intensivstation mit 25 Schläuchen und ist sieben Tage lang überhaupt nicht mehr aufgewacht. Als er schließlich die Augen öffnete, stellte sich heraus, dass er halb gelähmt war und nicht mehr selbst atmen konnte. Also mussten sie eine Tracheotomie machen, einen Schnitt in die Luftröhre, und nach dreiundvierzig Tagen, am 13. September 2007, ist er verstorben. Während unserer Hauptsaison. Wir haben uns immer ausgetauscht. Meine Schwester ist eine Woche runtergeflogen und danach flog ich für eine Woche runter und so weiter, immer abwechselnd, und in der Woche, als meine Schwester vor Ort war, spielten sich die letzten Szenen ab. Achtmal hat man noch versucht, ihn mit dem Defibrillator zu retten, aber seine Seele und sein Körper konnten nicht mehr. Als ich in Bergamo ankam, lag er bereits mit verschweißten Lippen in der Holzkiste, aus der er halb herausguckte. Kalt wie ein Stein und mit einer schicken Jacke an und die Hände vor der Brust gefaltet. Ich habe ihm einen Kuss auf die Stirn gegeben und das war's.

Nach der Operation ist er nicht mehr zu Bewusstsein gekommen. Er reagierte ein bisschen unkoordiniert mit dem Arm, und es war schlimm, ihn so zu sehen. Er hat gekämpft wie ein Stier, er wollte unbedingt leben. Mit achtzig sah er noch aus wie siebzig, auch von der Haut her, von der Straffheit. Er war ein ganz starkes Fabrikat, und das war schon sehr dramatisch, aber ich war vorbereitet, weil ich zwei Monate vorher, als er gestürzt war, ein Telefonat mit ihm hatte. Ich konnte seine Körpersprache nicht sehen, aber der Ton seiner

Kapitel 22

Stimme verriet mir, wie es um ihn stand. Er hatte mir gesagt: *Die Herzklappe ist nicht mehr dicht, ich muss mich sehr wahrscheinlich operieren lassen, aber mach dir keine Sorgen.* Da ich diesen Ton von meinem Vater noch nie vorher gehört hatte, machte ich mir sehr wohl Sorgen. Zwei Wochen lang habe ich geweint, abends im Bett, allein, in meiner Wohnung. Das heißt, als dann die ganzen hässlichen Szenen mit den Schläuchen im Hals im Krankenhaus kamen, war ich seelisch schon mit der Haupttrauer durch. Das war eine pure Bauchintuition, vielleicht eine chemische Verbindung mit meinem Vater, er hatte mir da schon zu verstehen gegeben: *Get ready! Bereite dich vor! Ich bin alt und übergewichtig.* Das hat er so nicht gesagt, aber das habe ich aus seinem Ton heraushören können.

Ich habe in Erinnerung, wie sehr ich geweint habe. Zwei Wochen lang habe ich jeden Abend richtig schreiend im Bett geweint. Das war komisch, weil alle anderen erst während der dreiundvierzig Tage, in denen er um sein Leben kämpfte, oder während der Beerdigung weinten. Ich war da schon fast erlöst. Trotz all der Konflikte und Kämpfe habe ich immer zu meinem Vater gestanden. Jedes Weihnachten bin ich zu ihm geflogen. Ich war immer für ihn und seinen Park da. Er hatte ihn gebaut und war stolz, dass sein Sohn sein Lebenswerk weiterführt. Ich habe mich immer bemüht, ihm ein guter Sohn zu sein, habe nie zu viel Alkohol getrunken, nie Drogen genommen. Sicher, ich hatte Schwierigkeiten in Partnerschaften, aber meine Partnerinnen waren immer fantastische und intelligente Frauen. Es gibt sicher schlimmere Kinder als mich. Von daher hatte ich ein reines Gewissen. Komischerweise habe ich bereits zwei Monate vorher diese große Trauer gefühlt und als er dann im Sarg lag, war ich wie erlöst und sehr gelassen, anstatt zu weinen. Aber so ist das gewesen. Mein Vater hatte mir gesagt, ich glaube, da war er achtundsiebzig gewesen: *Mach dir keine Sorgen um mich, es ist, als ob ich fünf, nicht zwei, nicht drei, sondern tatsächlich fünf Leben gelebt hätte. Ich kann morgen sterben und bin superglücklich.* Ob das der Wahrheit entsprach, weiß ich nicht. Immerhin hat er in diesen dreiundvierzig Tagen noch sehr gekämpft.

Kapitel 22

Jemand, der glücklich mit seinem Leben ist, kann doch an sich auch gehen, denke ich. Der würde seelisch schneller loslassen. Jemand, der vielleicht noch etwas gutmachen muss, will bleiben, um noch etwas in Ordnung zu bringen. So sehe ich das.

Ein paar Jahre zuvor war mein Vater gestürzt. Er fuhr gern mit dem Fahrrad durch den Park, um alles zu beobachten und unter Kontrolle zu haben. Das war so seine Art. Er hatte nicht viel Vertrauen zu anderen, was ja im Grunde ein Misstrauen in sich selbst spiegelt: Wenn Sie lauter Idioten einstellen, können Sie denen nicht vertrauen, aber im Grunde sind Sie der Idiot, der die Idioten eingestellt hat. Das heißt, wenn Sie intelligente Menschen einstellen und diese nicht dominieren müssen, sondern ihnen vertrauen, weil es klasse Typen sind, ist das viel gesünder für Ihre eigene Psyche. Dann können Sie sich entspannt zurücklehnen und darauf vertrauen, dass Ihre Mitarbeiter eigene Ideen entwickeln, die für Ihr Projekt gut und förderlich sind. Dadurch wird es für Sie einfacher, Sie verbrauchen weniger Energie, wenn Sie Ihr Geschäft weniger streng hierarchisch führen. Aber mein Vater war nicht in der Lage, das zuzulassen, und das zeugt eigentlich von wenig Selbstvertrauen. Ich hätte das nie gedacht, weil mein Vater superselbstbewusst und superstark wirkte, es aber aus meiner heutigen Sicht nicht war, und deshalb war er wahrscheinlich auch nicht so gelassen beim Sterben und konnte nicht so schnell loslassen. Wie gesagt, ein paar Jahre vorher war er mit dem Fahrrad gestürzt, weil er einen Poller nicht gesehen hatte und frontal dagegengefahren war. Dabei hatte er sich vier Rippen gebrochen. Damals im Krankenhaus hat er dann diesen berühmten Satz mit den fünf Leben gesagt. *Mach dir keine Sorgen um mich.*

Während mein Vater im Sterben lag, hatten wir die großen Edeka-Familientage und da gab es morgens um sieben einen Unfall auf der Autobahn A7, hier Höhe Westenholz. Ich weiß nicht, wieso da gerade ein kleiner Bus vom Radiosender ffn stand. Die Reporter sind im Stau ausgestiegen und haben mit dem Mann aus dem Unfallwagen

Kapitel 22

ein Interview geführt. So nach dem Motto: *Was ist passiert?* Und er sagte: *Mensch, ich war auf dem Weg zum Serengeti-Park, da ist heute Tag der Offenen Tür.* Das stimmte gar nicht, es waren bloß die Familientage und es gab Rabatt auf den Eintrittspreis. Ich weiß nicht, dieses kleine Interview lief zig Mal an diesem Morgen durch die ganzen Sender, und wir hatten Stau bis fast nach Bremen, Stau bis fast nach Hannover und Stau bis oben fast nach Soltau, von Menschen, die unbedingt in diesen Serengeti-Park wollten. Wir hatten an diesen zwei Tagen dreiundvierzigtausend Besucher, das ist unser absoluter Rekord. Das war für uns wie Woodstock.

Die Leute stürmten die Kassen und wir mussten ihnen erklären, dass es nicht Tag der Offenen Tür war. *Wir haben fünfzig Prozent Rabatt, das ist in den Medien falsch gesagt worden!* Es war kein Problem für die Leute. Dreiundvierzigtausend Besucher! Wir mussten unsere Zäune mit Bolzenschneidern öffnen und haben die Autos auf den Äckern der Bauern parken lassen, weil der ganze Parkplatz voll war. Wir haben später natürlich ein Bußgeld bezahlt, tausend Euro. Die Bauern waren stinksauer: *Nee, das dürft ihr nicht machen, ohne uns zu fragen!* – verständlich, aber wir mussten spontan reagieren, wir wussten nicht, wohin mit den vielen Autos! Das meiste, was wir bis dahin an Besuchern hatten, war vielleicht vierzehntausend am Tag, und da waren dreiundvierzigtausend an zwei Tagen, das war natürlich viel zu viel. Am nächsten Tag hatten wir einen Riesen-Shitstorm – die Pommes waren kalt, die Toiletten schmutzig und so weiter, aber wir waren eben nicht vorbereitet gewesen auf so viele Besucher. Wie hätten wir denn damit auch rechnen können?

Die Woche darauf kam ich zu meinem Vater ans Krankenbett in Bergamo. Er lag da, mit der Tracheotomie, und diese Schläuche waren überall, und ich habe an der Kamera gezeigt, bis wo wir an den zwei Tagen die Autos geparkt haben. Er war schon fast tot, aber da hat er gelächelt. Es war die letzte gute Nachricht vor seinem Tod. Mir kommen ein bisschen die Tränen, wenn ich daran denke.

KAPITEL 23

Ein neuer Aufbruch

Glücklicherweise hatten meine Schwester und ich unsere Seelen so kultiviert, dass wir nach dem Tod des Vaters nicht wie zwei Püppchen zusammenbrachen. Dennoch waren es keine einfachen Jahre. Wenn ein Patriarch stirbt, fallen die Planeten meistens in sich zusammen, weil ihre Sonne verglüht ist. So ist es leider auf der Familienebene passiert. Das, was ich vorher als enges Band empfunden hatte, das uns zusammenhielt, war gerissen. Es war ein sehr trauriger Moment, als ich herausfand, dass wir mehr als dreißig Jahre zusammengelebt hatten, aber die Zuneigung geschauspielert oder zumindest nicht so echt war, wie ich geglaubt hatte. Ich hatte mir ein anderes Szenarium erhofft. Ich dachte, der Vater ist tot, ja, er war unsere Sonne, aber es kann sich eine neue Sonne bilden, mit Lia oder meiner Mutter oder irgendjemand anderem von den Älteren der Familie. Jemand, der sagt: *Lass uns zusammenbleiben, wir telefonieren und treffen uns wie bisher an Weihnachten.* Das hatten wir all die Jahre so getan. Weihnachten zusammen gefeiert, gemeinsame Urlaube verbracht. Ob es für Lia und meine Mutter so schön war, ich weiß nicht, aber sie haben sich dabei immer arrangiert, ich kann mich an keinen offenen Streit erinnern. Ab dem Moment, wo Vater tot war, war es damit vorbei. Es wurde sogar direkt ausgesprochen: *Ab jetzt hast du deine Mutter und ich habe meine Töchter.* Knallhart.

Lia zog kurz darauf nach Miami und wollte vom Park nichts mehr wissen. Ein einziges Mal kam sie zu Besuch. Das war es. Mir wurde klar, dass sie all die Jahre bloß gezwungenermaßen hier gewesen war, denn wenn sie den Ort, die Mitarbeiter und die Tiere wirklich

Kapitel 23

geliebt hätte, wäre sie doch ab und zu mal vorbeigekommen. Wenigstens einmal im Jahr für einen Monat oder auch nur für eine Woche. Wenigstens mal Hallo sagen als die alte First Lady? Wenn man das nicht macht, stimmte doch schon die ganze Zeit etwas nicht. Dasselbe mit meiner Schwester. Nachdem sie ihre Anteile ausgezahlt bekam, machte sie sich aus dem Staub und kam nie wieder. Sie ruft nicht mal an. Das war sehr traurig. Und die Geschwister aus der Ehe mit Coco Invernizzi haben sich über das Testament so geärgert, dass sie es vor Gericht mit mehreren Anwälten anfechten ließen. Ein Desaster, was die Beziehungen ruiniert hat. Mein Vater hatte immer guten Kontakt zu Luca und Francesca gepflegt. Coco war bereits tot. Sie hatte zuletzt allein in einer riesigen Villa am Comer See gelebt und angefangen zu trinken, mindestens zwei Flaschen Weißwein am Tag. Im Grunde war sie heimliche Alkoholikerin gewesen. Dazu kam der enorme Zigarettenkonsum. Ich hatte oft gedacht, wenn du dich zerstören willst, mach es doch schnell. Spring von der Autobahnbrücke oder sonst etwas. So war das ein furchtbar schleichender, sehr trauriger Prozess. Eine ganze Armee von Ärzten hatte sie gewarnt, aber in der Hinsicht war sie eine Katastrophe. Sie war so elegant und schön und reich, sie hätte noch einmal heiraten können, sie hätte reisen können, ein großartiges Leben bis zuletzt führen können, aber nein, am Ende musste sie ihre Picassos verkaufen und starb an Krebs, etwa zehn Jahre vor meinem Vater.

Wir trafen meine beiden Halbgeschwister häufig in Mailand oder in den Dolomiten. Nach Hodenhagen kamen sie kaum, weil der Italiener, wenn er die Wahl hat, lieber nach Sardinien fährt als nach Deutschland. Das ist einfach so. Deutschland ist nun mal kein einfaches Land für einen Südländer. Ich weiß nicht, der Italiener geht lieber nach Griechenland oder Spanien oder nach Amerika. Deutschland ist für den Italiener dunkel und kalt. Sowohl das Land als auch die Menschen und die Geschichte. Das sind Stereotypen, aber die halten sich zum Teil bis heute. Das habe ich lange nicht verstehen können, aber in vielen internationalen Filmen ist der Deutsche bis heute immer der Scheißtyp. Man braucht nur Star Wars zu sehen. Die bösen sehen aus wie die Nazis. Das tut mir immer leid, weil das verdient Deutschland nicht mehr, solche Schwarz-Weiß-Verurteilungen. Aber okay, ich lebe hier. Ich habe mich bemüht, mich zu integrieren, und habe es sogar so weit geschafft, mit Mitte vierzig als einer der besten Freunde des Bundespräsidenten Christian Wulff ins Schloss Bellevue eingeladen zu werden. Also in der höchsten deutschen  Autorität, in der Residenz. Das finde ich unglaublich. Ich habe da gemerkt, dass mich die Beziehung mit Deutschland unheimlich befruchtet hat, als Mensch, weil ich glaube, dass die Mischung zwischen der deutschen Mentalität und der italienischen der beste Europäer wäre. Nichts gegen Franzosen, die den Italienern sehr ähnlich sind, die Römer sind ja bis nach Gallien hoch, und es gibt viele Franzosen, die wie Sizilianer aussehen, aber der Italiener ist doch ein bisschen anders, und wenn man erkennt, dass diese Fusion mit den zwei Mentalitäten etwas ganz Tolles sein kann, für einen selbst und auch für andere, dann explodiert das zu einer riesigen Freude und einem Gefühl von Ankunft. Selbst in diesem kleinen Dorf Hodenhagen. Ich hätte ja auch nach Großburgwedel ziehen können oder weiter Richtung Hamburg, aber ich wollte immer schnell im Park sein, wenn etwas passiert, wenn ein Löwe ausbricht, ein Elefant eine Kolik hat oder so.

Der Deutsche legt viel Wert darauf, ehrlich zu sein und pünktlich und strukturiert und so, und der Italiener – durch die Österreicher, die Franzosen, die Spanier, die Nordafrikaner, die Sarazenen immer wieder erobert – hat gelernt, sich wie ein Chamäleon anzupassen. Die

Kapitel 23

Griechen hatten sogar hundert Jahre eine Kolonie in Sizilien, diese Tempel, das Tal der Tempel, da drehen Sie durch! Die sind einfach mit dem Schiff gekommen, haben die Bauern da weggeballert und sich ihre Stadt gebaut, und später, als ein Riesentsunami kam, der Kreta zerstört hatte, sind sie wieder zurückgekehrt. Egal. Der Italiener hat gelernt, sich anzupassen. Natürlich haben sie auch gute Ingenieure in Italien. Der Erfinder des Telefons, Marconi, und andere super strukturierte Köpfe, klar, aber der typische Italiener ist ein Chaot. Der Deutsche liebt seine Strukturen und arbeitet alles systematisch ab, und der Italiener findet das langweilig und fantasielos. Da merken Sie schon: Wenn es gelingt, diese beiden Gegensätze zu vereinen, haben wir einen wirklich tollen Europäer. Einen, der sich an Termine hält und strukturiert arbeitet und trotzdem Witze erzählt und die zündende Idee hat. Leonardo, Dante, man könnte zig Namen nennen von kreativen Köpfen aus Italien. Deutschland hatte mehr die Philosophen, die ganzen Nietzsches, Feuerbachs und Schopenhauers.

Der Deutsche ist ein bisschen rationaler, strukturierter, ein bisschen geordneter, deshalb baut er die besseren Autos, die besseren Motoren, die besten Raketen, damals auch leider die besten Panzer und Flugzeuge, und der Italiener, nee … Die berühmte Geschichte mit Fiat, als man noch gekurbelt hat, dass man diese Fensterkurbel plötzlich in der Hand hatte – das war das italienische Auto, und das deutsche Auto war leise, stabil, hat ein bisschen gewackelt und war vom Motor her eins-a. Audi, Mercedes, BMW, Porsche … Wenn man sieht, was die verkaufen, kriegt man das Kribbeln unter die Haut. Und die Autoindustrie in Italien … Ferrari, Maserati, Lamborghini, das sind mehr die schönen Autos. Da sieht man zum Beispiel die Verschmelzung der Mentalitäten: Giorgio Giugiaro hat den Golf designed für VW, der hatte seinen Sitz in der Nähe von Turin und der hat den Golf gezeichnet, das meistverkaufte Auto der Welt, in diesem Moment, wo diese Schmelzung in einem richtig passiert, das ist wie so eine Kernschmelze, dann blüht etwas Wunderschönes, das ist so ein gegenseitiges Profitieren, gegenseitiges Spaß und Erfolg haben.

Kapitel 23

Es ist echt so schön, so toll und hat dazu geführt, dass ich im Weißen Haus Deutschlands gelandet bin, ohne dass ich das wollte, einfach aus Freundschaft saß ich im Schloss Bellevue und trank Tee mit dem Bundespräsidenten.

Das ist meine Beziehung zu Deutschland. Wie gesagt, die ersten fünf Jahre sehr hart, sehr traurig - die Menschen, die NS-Geschichte, das Essen, die Schwarzwurzelsuppe, und jetzt esse ich alles, also Grünkohl, Labskaus, und ich liebe das, diese Riesenschollen in Hamburg, am Hafen essen zu gehen, Heilbutt, mit Butter schön gebraten, fantastische Sachen, die muss man aber erst einmal kennenlernen, weil man sonst denkt, in Deutschland gibt es nur Kartoffeln, alles ist grau und die Menschen sind verschlossen. Als Ausländer läuft man schnell Gefahr, sich nur mit seiner eigenen Sippe zu umgeben. Man ist dann zwar in Deutschland, aber kreiert sich ein zweites Italien. Ich halte gute Integration für enorm wichtig. Die Italiener haben mich oft eingeladen, ach, kommen Sie, spielen Sie doch Fußball mit der italienischen Mannschaft in Hannover. Ach nee, das wollte ich nicht.

Ich wollte auch gern einen deutschen Pass haben und habe bei den Behörden angefragt, aber die wollten, dass ich einen Deutschtest mache. Ich habe gesagt: Hören Sie mal, ich bin Herr Sepe, von Funk und Fernsehen bekannt, Sie hören meinen Akzent, ich lebe hier seit siebenundzwanzig Jahren, muss das wirklich sein? Aber die haben darauf bestanden. Okay, habe ich gesagt, dann eben nicht, und zwei Jahre später hat mein Cousin Giovanni angefragt und bei ihm ging es ohne Deutschtest. Das hat mich noch mehr geärgert.

Aber zurück zur Geschichte. Wichtig ist, dass man im Land ankommt, dass man Freunde findet und sich auf das Land einlässt. Manche sehen Deutschland nur als Land zum Arbeiten und sie sparen und sehen ihr Leben hier nur als Abschnitt, bevor sie wieder in die alte Heimat zurückkehren. Aber es war dein Leben. Ich habe das bei meiner Schwester gesehen. Veronica ist hier nie angekommen. Sie war meine Mitgesellschafterin des Parks, nach dem Tod meines

Kapitel 23

Vaters hatte ich einundfünfzig Prozent, ja, das Patriarchat, und sie neunundvierzig Prozent. Die andere Schwester hat neun Jahre hier gelebt, aber hatte den Mut, mit achtzehn zurück nach Mailand zu gehen. Bei Veronica hatte ich das Gefühl, sie ist geblieben, damit ihre Mutter nicht allein mit meinem Vater war, und um meinem Vater zu zeigen, dass sie den Park irgendwann erben möchte. Das ist die extreme Gefahr, wenn man nicht ehrlich genug ist, als Ausländer zu sagen, Deutschland gefällt mir einfach nicht, ich komme nicht an, ich finde keine Freunde. Dann muss man Deutschland verlassen, weil man sonst sein Leben verpasst. Ich glaube, meine Schwester wollte eigentlich nie hier leben. Sie wäre gern wie Sonia weggezogen, aber hatte nicht die Kraft. Erst vor vier Jahren hat sie ihre Anteile verkauft und war drei Wochen später weg.

Meine Geschwister waren schon vorher nicht hergekommen und nach den Erbstreitigkeiten natürlich erst recht nicht. Jetzt traut ohnehin keiner mehr dem anderen. Allein durch das Anfechten des Testaments, wo es vorher immer hieß, Geld sei nicht wichtig. Was Papa macht, sei alles okay. Aber dann, als sie den Erbvertrag gelesen hatte, legten sie Widerspruch ein. Das waren zwei sehr schwere Jahre, weil ich mich eigentlich mit ganzer Kraft auf die Arbeit im Park konzentrieren wollte, aber nun hatte ich parallel diese ganze Erbschaftsscheiße mit den Anwälten zu diskutieren und zu verhandeln. *Was können wir tun, um Ihren Bruder zu beschwichtigen? Bieten wir ihm das Boot an oder das eine Haus? Sonst kommen wir aus diesem Streit nicht raus.* Vom Vertrag her stand ihm das zwar nicht zu, aber er hätte keine Ruhe gegeben. Nach zwei Jahren kam es so, dass Lia und ich etwas opfern mussten, um die anderen Geschwister zu beruhigen. Das war hart.

Kapitel 23

Im Jahr 2008 haben wir eine Stiftung gegründet mit fünfundzwanzigtausend Euro Stammkapital. Das ist eine Natur- und Artenschutz-Stiftung, aber auch mit anthropologischen, innovativen Projekten. Zum Beispiel hat ein Italiener eine Säule erfunden, in die der Morgenwind hineinbläst, und durch die Verdunstung sind am Ende fünf Liter Wasser unten. Diese Erfindung kann man in ein Dorf in Uganda bauen, wo niemand Geld hat und kein Wasser ankommt. Also einem Dorf Wasser zu schenken, solche Projekte fördert die Stiftung auch. Natürlich hat sie den Schwerpunkt auf Tier- und Naturschutz.

Wir haben ein Riesenprojekt mit der Region Hannover, wo es um die Auswilderung des Auerochsens geht. Dieser Urochse war hier ausgestorben, und wir haben welche in Osteuropa gefunden, sie in den Park gebracht und gezüchtet und sie bei Langenhagen in einem Naturschutzareal ausgewildert. Das ist eine Kooperation mit dem Land Niedersachsen. Auch den Luchs haben wir wieder im Harz angesiedelt. Einer unserer Luchse trug ein Halsband, worüber man seine Routen im Internet verfolgen konnte. Oder wir fördern Projekte zum Schutz der europäischen Wildkatze, die sich langsam repopuliert. Auch die Leineschafe, die hier ausgestorben waren, haben wir im Park nachgezüchtet und diese etwa fünfhundert Tiere über Niedersachsen verteilt.

So ab 2009 ebbten die Erbstreitigkeiten ab und ich konnte mich endlich vollkommen auf den Park konzentrieren. Zu der Zeit war es auch, dass wir die Tiger aus Portugal holten. Wenn Sie so einen Park besitzen, haben Sie auch viele Kontakte zu Zirkusleuten. Das liegt nah. In den letzten zehn, fünfzehn Jahren sind viele Zirkusfamilien ins Visier der PETA oder anderer Tierschutzorganisationen geraten. Natürlich

Kapitel 23

kämpfen die meisten Zirkusleute ums nackte Überleben. Wenig Einnahmen, hohe Ausgaben. Sie müssen die Tiere auf engstem Raum halten, um mit ihnen herumzureisen. Jedenfalls bekam ich einen Anruf von einer Zirkusfamilie aus Portugal. Genau genommen war es ein Hilferuf. Ich konnte die Verzweiflung der Familie am Telefon hören. Sie hätten sieben Tiger abzugeben, weil sie finanziell nicht mehr in der Lage waren, sie durchzufüttern, und sie standen unter enormem Druck der Politik und der Tierschützer. Also habe ich binnen drei Tagen einen Lastwagen gemietet und einen Fahrer nach Portugal geschickt, um die Tiere mitsamt Trailer abzuholen und nach Hodenhagen zu bringen. Das Ganze dauerte sieben Tage, und als die Tiger ankamen, waren sie nur noch Haut und Knochen. Wir mussten sie wie im Krankenhaus aufpäppeln, mit Infusionen über Kanülen, weil sie nichts mehr aufnahmen. Sie konnten gerade noch atmen, alle sieben. Der eine ein bisschen mehr, der andere ein bisschen weniger. Ganz langsam haben wir angefangen, ihnen Mett zu geben. Dann kleine Gulaschstückchen vom Rind oder Pferd, und so nach zwei Monaten waren sie außer Gefahr. Zwei von ihnen leben noch heute, die anderen sind altersbedingt in den letzten Jahren verstorben. So ein Tiger hat eine Lebenserwartung von etwa fünfundzwanzig Jahren. Im Zoo werden sie manchmal auch achtundzwanzig, während sie in der freien Wildbahn meist schon mit fünfzehn sterben, aufgrund von Krankheiten, Parasiten, oder sie bekommen Arthrose und können nicht mehr gut jagen. Die sind auch ein bisschen wie wir. Es war auf jeden Fall eine sehr emotionale Geschichte, diese Tiger aufzupäppeln. Ich liebe diese runden Sachen, wo alle glücklich sind, wissen Sie. Die Zirkusfamilie war glücklich und konnte ihren Hintern retten, und die Tiger haben nicht nur überlebt, sondern auch ein schönes, artgerechtes Leben bekommen, mit Verpflegung, veterinärmedizinischer Versorgung und einem tollen Gehege. Die Behörden waren wieder entspannt, die Tierschützer waren glücklich, hey, wir haben die Tiger gerettet. Also, ich liebe diese runden Sachen. The Circle of Life. Die Biodiversität ist ein Kreislauf. Warum macht man das nicht so oft, wie man es kann? Auch im Leben? Selbst wenn man zunächst investiert, zahlt es sich am Ende doppelt und dreifach aus. Ich mache ein Investment, aber habe am Ende fünf Fliegen gefangen, verstehen Sie? Angenommen, ich baue ein neues Gehege. Dann habe ich mehr Platz für die Tiere und ich stelle mehr Tierpfleger ein, das heißt, mehr Tierpfleger haben einen Job. Wenn es auch erst mal rein ökonomisch keinen Sinn ergibt, aber in einem Zoo dürfen Sie nicht an den Tierpflegern sparen. Die Tiere brauchen ihre Pflege. Das heißt, sie machen auch Tierpfleger glücklich, und die Tiere machen Sie glücklich, weil sie vielleicht aus einem engen Stadtzoo in ein neues Gehege kommen. Gleichzeitig werten Sie mit dem neuen Gehege Ihren Park auf. Die Besucher wiederum sind glücklich, weil sie eine neue Tierart sehen, und außerdem haben Sie eine gute PR. In dem Fall mit den Tigern kam das eher unerwartet. Das kam vielleicht über Tierschützer, ich weiß nicht, aber plötzlich berichteten die Zeitungen ganz groß über die Tigerrettung. Natürlich haben wir oft Aktionen rein aus PR-Gründen gemacht.

In dem Fall kam es aus dem Herzen, weil ich Tiere liebe. Wie Sie wissen, bin ich mit ihnen aufgewachsen. Schon als sehr kleiner Junge auf Elba habe ich mit den Katzen gespielt. Besonders mit der

Kapitel 23

einen, dieser kleinen, weißen Katze. Meine ersten Lebensjahre habe ich hauptsächlich in der Natur und vor allem am Meer verbracht. Die ganzen Sommermonate. Und was machst du im Meer? Du beobachtest die Fische, Muscheln, Kraken. Ich habe immer gern alles angefasst. Das mögen Deutsche nicht so sehr, ich weiß. Aber Italiener fassen gern alles an. Deshalb ist die Pizza auch so gut, weil der Teig so lange geknetet wird. Ich habe als Kind sogar Blumen gegessen, weil ich sie probieren wollte. Ich hatte keine Angst vor Schmutz, Matsch und Staub. Ich habe mich mit den Bauernhoftieren im Dreck gewälzt, bei Kuhkälbern geschlafen, ja, ich wurde morgens von den Kälbern geweckt, weil sie mich abgeleckt haben. Wie ein kleiner Tom Sawyer bin ich aufgewachsen. Je mehr Sie Tiere lieben, sie respektieren und besser kennenlernen, umso mehr bekommen Sie eine Antwort von ihnen. Es entsteht eine Art Commitment zwischen Ihnen und den Tieren, wenn Sie Tieren etwas geben, ohne etwas von den Tieren zurückhaben zu wollen. Das ist der entscheidende Punkt. Erst dann lieben Sie Tiere. Und dann kaufen Sie auch kein Pferd oder keinen Hund, keine Katze. Sie achten die Tiere, indem Sie ihnen ihren eigenen Lebensraum lassen. Hier in meinem Haus bin ich von Tieren umgeben. Der Garten ist voller Vögel und Eichhörnchen. Die kommen dicht an die Scheibe und schauen ins Wohnzimmer. Ich brauche keinen Hund. Der würde die Eichhörnchen und vielleicht auch die Vögel verscheuchen.

Wie so oft, wenn man Dinge spontan und aus ganzem Herzen macht, wie mit dem Tiger, kommt auch Erfolg. Plötzlich standen sie alle da. Die Journalisten mit der Angel. *Herr Sepe, was haben Sie denn da wieder Tolles gemacht?* Ja, das war eine große PR, das stimmt, aber in dem Fall spontan und nicht kalkuliert.

KAPITEL 24

Therapeutische Unterstützung

Der Tod meines Vaters lag einige Jahre zurück, ich hatte meine Schwester ausgezahlt, die Familie war auseinandergefallen, aber der Park machte sich gut und alles schien so weit in Ordnung. Ich hatte eine sehr attraktive und intelligente Frau kennengelernt. Die ersten drei Jahre war es ein Hin und Her mit Stefanie gewesen, weil sie in Hamburg lebte, aber dann entschied sie sich, herzuziehen, und wir lebten drei Jahre zusammen im Kreuzkamp Nummer 51, bis wir im Mai 2015 in der Casa di Giulietta in Verona, am berühmten Schauplatz von Romeo und Julia, heirateten. Gala und Bild verbreiteten unser Hochzeitsfoto, auch weil Christian und Bettina Wulff unter den Trauzeugen waren und sich während der Feier nach längerer Trennung wieder annäherten. Das ehemalige First Couple wieder vereint, lauteten die Überschriften. Das Motto meiner Hochzeit „Smile – Life is good" hatte die beiden zusammengebracht, stand in den Artikeln. „Lächle, das Leben ist gut" schien perfekt zu passen. Stefanie und ich waren ein Traumpaar. Zumindest nach außen hin. Innerlich und insgeheim war ich am Ende. Ich fühlte mich wie ein Wrack.

Schon im Herbst hatte ich das Gefühl, es zerreißt mich. Ich war erst vier Monate verheiratet und fühlte mich zerschunden, zermürbt von all den Streitigkeiten und Kämpfen zwischen Stefanie und mir. Bereits vor der Hochzeit hatten wir uns wie die Wilden gefetzt. Alle paar Tage warfen wir uns etwas vor die Füße, schrien und tobten wie die Verrückten und versöhnten uns wieder. Das waren dann jedes Mal großartige, glückliche Momente, in denen wir dachten, nun wird

Kapitel 24

alles gut. *Mensch, wenn wir diesen Streit überlebt haben, was kann uns dann noch auseinanderbringen?*

Aber in diesem Herbst hatte mich das ganze Drama so fertiggemacht, dass ich mich dazu durchrang, eine Therapie zu beginnen. Ich wollte keine Dramen mehr. Keine anstrengende Beziehung. Keine sinnlosen Kämpfe! Ich war das so leid. Verstehen Sie, es raubte mir die Kraft für den Alltag, für meine Arbeit, für den Park. Und es war ja auch nicht meine erste Beziehung, die da gerade gegen die Wand fuhr. Keine meiner Beziehungen zu Frauen hatte bisher lange gehalten oder hätte ich als glücklich bezeichnen können. Meine Partnerinnen waren immer sehr attraktiv gewesen, aber hatten gleichzeitig schwierige, komplizierte Persönlichkeiten. Zumindest in der Beziehung mit mir haben sie diese schwierige Persönlichkeit gezeigt. Mir ist klar, dass ich das noch mehr gefördert habe. Vielleicht wäre dieselbe Frau in einer Partnerschaft mit einem anderen Mann eine vollkommen andere Person gewesen. Traumatisierte Persönlichkeiten ziehen sich anscheinend an. Ich denke da gerade auch an Ronny, die den Unfall mit dem Hund hatte. Mit sieben den Vater verloren, mit elf oder so vom Stiefvater vergewaltigt. Sie steckte sicherlich voller Wut auf Männer, so wie ich wütend auf das Weibliche war, weil mich meine Mutter damals im Stich gelassen hat. Und nicht nur meine Mutter, auch meine Stiefmutter und meine Stiefschwestern lehnten mich die ganze Zeit über ab. Es war mir nicht klar, aber unbewusst hatte ich immer den Wunsch, Frauen zu bestrafen.

Nun stand ich vor den Scherben meiner Ehe und fragte mich, was mit mir los war. Ich hatte drei Möglichkeiten. Nummer eins: Ich würde abhärten und ein arroganter, egozentrischer, eiskalter Mann werden. Nummer zwei: Ich würde geradewegs in die Langzeitdepression schlittern und darin versumpfen. Oder Nummer drei: Ich nähme jetzt meinen Mut zusammen und würde mir mein Leben endlich einmal genauer anschauen. Was wäre denn, wenn ich zu ergründen versuchte, was bei mir schieflief? Warum suchte ich mir immer die falschen Frauen aus? Und gab es vielleicht doch noch Hoffnung für mich, eine glückliche und erfüllende Partnerschaft zu führen?

Ich entschied mich für Nummer drei und begab mich auf die Suche nach einem Therapeuten. Zunächst suchte ich ein paar in der Umgebung auf, in Hannover, in Bremen, aber keiner von denen war der Richtige für mich. Dann hörte ich von jemandem, der eine Praxis in Los Angeles betrieb und Online-Kurse anbot. Nennen wir ihn Jack. Eine sehr charismatische Persönlichkeit, eine Mischung unterschiedlicher Strömungen und Weisheiten. Als junger Mann lebte er bei den Mönchen in Tibet. Er hat mir erzählt, wie die Mönche oben in den Bergen abends ihr Oberteil abnehmen und die Mücken füttern, so nennen sie es. Sie dürfen sich nicht bewegen, nur atmen und ihrer Lebendigkeit nachspüren und daran denken, dass sie mit ihrem Blut gerade andere Geschöpfe am Leben halten. In Tibet hat er auch gelernt, den Gong zur Meditation zu nutzen. Als er nach San Francisco zurückkam, war in Kalifornien gerade die New-Age-Bewegung losgebrochen. Überall waren Yogis und Gurus unterwegs und es war in Mode, in Nudistenkommunen zu leben. Solche Communitys teilten sich oft ganze Hochhäuser. Um sich selbst zu befreien, schlief jeder mit jedem, und sie experimentierten mit den unterschiedlichsten Drogen, also Marihuana, Pilze und LSD. Jack hatte alles mitgemacht, erzählte er mir, und irgendwann kam er dahinter, dass das alles oberflächlicher Scheiß war. Dass er seine Selbstfindung rational angehen musste, um wirklich sein Leben in der Hand zu haben und frei zu werden. Er begann eine Ausbildung als Hypnotherapeut und baute darauf mit vielen Studiengängen, Diplomen und so weiter auf. Schließlich hat er Reiki gelernt, diese Technik, bei der man sich hinlegt und zwanzig-, dreißigmal tief ein- und ausatmet, um die Chakra-Zentren zu öffnen. Erst dann findet man einen Zugang zur Seele und den versteckten Seiten, die man nicht gern sieht. Die einen die ganze Zeit sabotieren, ohne dass man es weiß. Das ist wie bei einer Festplatte. In uns sind fünf Milliarden Ereignisse gespeichert, von denen möglicherweise fünfzig Millionen

Kapitel 24

schlecht sind und vielleicht fünfzehn richtig traumatisch, und die arbeiten die ganze Zeit gegen einen. Man kommt zur Haltestelle und der Bus fährt einem vor der Nase davon. Man redet sich ein, ach, Pech gehabt, ist eben ein Scheißbus. Hätte man eine andere Einstellung, also hätte man seine negativen Glaubenssätze genauer untersucht, wäre die Wahrscheinlichkeit sehr hoch, dass der Bus im genau richtigen Moment kommt. Jack sagte immer: *Close your eyes, breathe, und sag mir, wenn du wirklich fühlst, wenn du ein Kribbeln an den Füßen, an den Händen spürst. Dann ist genug Sauerstoff im Blut, und dann legen wir los.*

Ich habe die Sessions mit ihm über Skype gemacht, auf Englisch, drei-, viermal die Woche. Manchmal drei Stunden, manchmal acht Stunden. Rekord war vierzehn Stunden. Ich bin um fünf von der Arbeit gekommen, um sechs Minuten nach fünf waren wir online bis zum nächsten Morgen um sieben. Danach habe ich bis neun geschlafen. Um zehn war ich im Büro und entschuldigte mich für die Verspätung.

Nach mehr als vierzig Jahren Erfahrung konnte Jack die richtigen Fragen im richtigen Moment stellen.

Was genau hat deine Mutter gemacht? Was hast du da gefühlt? Das klingt jetzt banal. Das kann jeder Therapeut. Ja, vielleicht. Dennoch, für mich war dieser Therapeut der richtige. In zwei, drei Jahren kann man natürlich nicht alle Traumata verarbeiten. Man bräuchte, ich weiß nicht, fünfzehn Jahre Therapie, aber ich konnte wenigstens die wichtigsten Traumata auflösen. Das war zum Beispiel das Verlassenwerden von meiner Mutter, was dazu geführt hat, dass ich unbewusst versuchte, Frauen zu bestrafen. Ich habe mir dafür immer die passenden Frauen ausgesucht. Frauen mit eigenen dunklen Punkten, mit Verletzungen, mit angestauter Wut. Alle meine Partnerinnen hatten super Voraussetzungen, um sie nach den ersten schönen Monaten zu bestrafen. Dazu kamen meine negativen Glaubenssätze über Partnerschaften allgemein, so nach dem Motto, die gehen sowieso schief. In meiner Jugend habe ich zwölf Scheidungen mehr oder weniger nah miterlebt. Zwölf Scheidungen in meinem Umfeld, und einen Selbstmord,

Kapitel 24

den berühmten Dante Trussardi. Du wächst also inmitten kaputter Beziehungen auf und wirst so programmiert, dass du gar nicht anders kannst als davon auszugehen, dass Partnerschaften nicht halten oder ein trauriges Ende nehmen.

Ich hatte fünf oder sechs wichtige Beziehungen, die alle nach demselben Schema abliefen. Viel gestritten und nach drei, vier Jahren kam die Trennung. Interessanterweise war ich dreieinhalb, als mich meine Mutter verließ. Ich habe mir die ganzen Verstrickungen genau angesehen. Es war hart, gerade auch, weil ich es so intensiv betrieben habe. Viele Leute machen eine solche Therapie, ich weiß, aber meistens verdünnt über fünfundzwanzig oder dreißig Jahre. Jack sagte, *wenn du den Mut und die Kraft hast, lass uns das in zwei, drei Jahren durchziehen. Hau die schlimmsten Glaubenssätze weg! Bau dir Visionen für eine Zukunft auf starken Säulen! Mach dir klar, was du willst, schreib es dir auf. Wie fühlst du dich in dieser Zukunft? Schreib das auch auf, hefte es ab, geh es immer wieder durch, arbeite dran. Und dann bist du einigermaßen durch, du wirst sehen, es werden gute Dinge kommen. Der Bus wird nicht mehr weggefahren sein, wenn du an die Haltestelle kommst.*

Da geht es in die metaphysische Dimension. Das Gesetz der Anziehung. Man sagt ja, es gibt Sachen, die erzeuge ich selbst. Einen Streit. Einen Autounfall. Auch die Corona-Pandemie. Die wurde nicht in Wuhan im Labor erzeugt. Wir alle haben diese Pandemie in unserer Realität angezogen, aus Gründen, die jeder in sich selbst suchen muss. In einer anderen Realität hätten wir keine Pandemie. Das ist kompliziert, aber ich gebe ein Beispiel: Angenommen, Sie leben in Miami. In den Medien berichten sie von einem schlimmen Hurrikan, der auf Florida zurast. Sie sind aber ein Yogi, Sie haben weder Fernseher noch Radio und verabscheuen Handys. Sie machen Ihr Ding, gehen zum Supermarkt, kaufen Ihre gesunden Sachen ein, fahren nach Hause, kochen, machen Yoga, und plötzlich fällt Ihnen ein, Sie sollten mal wieder Ihre Tante in Montana besuchen. Sie kaufen ein Ticket und steigen ins Flugzeug. Drei Tage später kommt der Hurrikan. Miami ist sechs Meter unter Wasser, zwanzig

Kapitel 24

Millionen Menschen sind auf der Flucht. Eine Katastrophe. Nach sieben Tagen kommen Sie zurück, finden einen kleinen Palmenast vor Ihrer Tür, werfen ihn weg und gehen ins Haus. In Ihrer Realität hat der Hurrikan nicht stattgefunden. Ja, das ist sehr unwahrscheinlich, dass Sie kein Handy haben. Auch als Yogi. Aber es könnte sein. Und was ist, wenn es unter den acht Millionen Einwohnern der Stadt Miami fünftausend Menschen wie Sie gibt? Die den Hurrikan in ihrer Realität nicht zugelassen haben, ohne es bewusst zu merken? Also, so ist es gemeint. Ich glaube, dass es irgendwo in den Anden oder in Alaska Menschen gibt, die von Corona nichts gehört haben. In deren Realität existiert die Pandemie nicht.

Jedenfalls war Jack genau der Therapeut, den ich gesucht hatte. Seine Methode ist ideal für jemanden, der progressiv und visionär ist. Er sagte, jetzt streng dich mal an, was ein Therapeut üblicherweise nicht sagt, weil es die meisten Patienten abschrecken würde. Ich dagegen liebe diesen Ansatz, weil er sehr heilend orientiert ist, was im Grunde komplett gegen die Interessen eines Therapeuten geht. Der hat Interesse, dass Sie dreißig Jahre lang eineinhalb Stunden pro Woche kommen. Für mich als sehr praktischer Typ war das wunderschön, weil die Therapien, in die ich vorher reingeschnuppert hatte, mir immer das Gefühl gegeben hatten, dass da unendliche Arbeit vor mir liegt. Das hatte so eine erdrückende Schwere. Diese Therapie nun hatte ein konkretes Ziel. Nimm dir die fünf schlimmsten Glaubenssätze vor, und wenn du die schon mal geschafft hast, bist du ein ordentliches Stück weiter.

Zu meinen schlimmsten Glaubenssätzen gehörte: Ich bin nicht gut genug. Ich will Frauen bestrafen. Beziehungen gehen sowieso kaputt. Ich bekomme nur Liebe, wenn ich mich ärgere. Das war bei meiner Oma auf dem Schoß entstanden. Und und und. Wenn die schon mal weg sind, hast du schon was für deine Atome, deine Vibration und deine Frequenzen getan und du wirst staunen, was du anziehst, was zu dir zurückkommt. Recognize, acknowledge, forgive and change, process, reprogram. Das waren Jacks technische Ansätze. Und natürlich auch normale therapeutische Techniken, die richtige Frage im richtigen Moment. Er hat mich beobachtet, wenn ich die Augen geschlossen hatte. Den Moment erkannt, wenn ich gezuckt habe. Wir haben keine Pilze oder Gongs benutzt. Alles war sehr pragmatisch. Für viele zu pragmatisch, zu schnell, fast traumatisch. Ich habe es zum Beispiel mit meiner Mutter ausprobiert. Sie ist natürlich eine ältere Dame, aber ich habe zu ihr gesagt: *Hier, du hast deinen Sohn verlassen, wie fühlst du dich damit?* Es war nicht leicht, aber ich musste sie damit konfrontieren, schließlich war sie für meine schlimmsten Probleme verantwortlich. Ich habe mich mit meiner Mutter viel über die Therapie ausgetauscht und irgendwann war sie so neugierig, dass sie ein paar Sessions mitgemacht hat. Aber es ging nicht gut. Für jemanden wie meine Mama, die so alt ist und schon viel Leid durchlebt hat, war die Methode zu sehr mit dem Knüppel. Das hat bei ihr zu Widerstand geführt, was Jack und ich nicht verstanden haben, weil sie in den ersten Schritten voll dabei war. Sie war mittendrin. Und als es dann ein bisschen holprig wurde, also: *Scheiße, ich muss jetzt zugeben, dass ich meinen Sohn verletzt habe, indem ich ihn verlassen habe,* da hat sie es zunächst unter Tränen zugegeben. Drei Tage später aber dann so getan, als hätte sie es nie gesagt. Sie hat angefangen zu lügen. Hat sich selbst belogen und auch den Therapeuten. *Ich soll das gesagt haben? Nein, das kann nicht sein.* Und da war es vorbei, weil eine Therapie auf brutaler Ehrlichkeit basiert.

Wir haben sie mit viel Mitgefühl und auch ein bisschen Enttäuschung losgelassen. Es hätte auch für sie eine Art Heilung werden können, aber nun, sie wollte eben nicht. Der Satz, der die ganze Arbeit prägt, ist *If you look for simple answers, you live a miserable life. If you open to the complexity, you will have a happy life.* Das ist das Fundament. Es braucht Verwundbarkeit, Ehrlichkeit, Offenheit und viel Intimität. Am Anfang denkt man: Was will dieser Typ eigentlich von mir? Er fragt nach jedem Detail. Wie Sie sich vor vierzig Jahren gefühlt haben, etwa als sich Ihre Eltern stritten und Sie von der Bürste getroffen wurden. Und ich musste sagen: Ahh, fuck, ich habe Scham gefühlt. Ich habe mich nicht gut gefühlt als Kind und ich musste weinen, als ich diese Scham gefühlt habe. Da ist nichts mehr an Privatsphäre. Du bist komplett intim, und natürlich kann man das schnell verwechseln und sich fragen: Was will dieser fremde Typ von mir? Aber es geht um deine Intimität mit dir selbst. Das ist wichtig, dass man das erkennt. Erst dann schafft man es, diese Ehrlichkeit sich selbst gegenüber zuzulassen. Wo bin ich ein Arschloch? Wo bin ich stur? Wo will ich immer recht haben? Wann fühle ich mich nicht verstanden? Warum? Wo kommt das her? Das sind Wahrheiten, die wehtun. Man will weiter stur bleiben, vor allen Dingen, wenn man zum Macho erzogen wurde. Es ist nicht schön, sich zu öffnen. Hilfreich ist die Technik mit der Atmung, weil sich dabei der Brustkorb öffnet. Und dann liegen Sie da mit geschlossenen Augen und spüren Ihren ganzen Körper. Sie sind zentriert mit sich selbst und komplett befreit von allen störenden Geräuschen, voll konzentriert auf Ihre Seele, auf sich selbst. Das hört sich so einfach an, aber ich habe mich acht Monate lang mit fadenscheinigen Ausreden gedrückt. Zu teuer. Ich habe keine Zeit. Ich muss viel arbeiten. Ich bin ein Mann, ich schaff das schon allein. Acht Monate lang nur Ausreden. Dann habe ich mir gesagt, vielleicht schau ich einfach mal rein, und dann vergingen noch einmal vier Monate. Ich habe mindestens ein Jahr rumgeeiert, bis ich bereit für die Therapie war.

Die Krux bei einer Therapie ist die Angst vor dem, was danach passiert. Meine Mutter dachte bestimmt: Wenn ich jetzt in diese Emotionen steige, dass ich mein kleines Kind abgegeben habe, um meinen Mann zu verletzen, und nun hat mein Kind dadurch gelernt, Frauen zu verletzen, also wenn ich durch dieses ganze Leid gehe und Verantwortung dafür übernehme, wie komme ich da wieder raus, ohne verrückt zu werden? Gibt es eine Technik, das zu bewältigen? Das ist die typische Angst vor einer Therapie, und diese Angst ist nicht ganz unberechtigt. Klar kann man auch mit Problemen fertigwerden, indem man sie einschließt und nicht mehr daran denkt. Man kommt damit auch durchs Leben, aber wenn man eines Tages im Sterben liegt, wird man sich mit den Dingen auseinandersetzen müssen. Sofern man noch klar ist. Man wird sich alles anschauen müssen. Was war mein Leben? War das wirklich fünfundneunzig Prozent oder neunzig Prozent Freude, Glück? Oder waren es nur vierzig Prozent? Und das ist, was mir die Therapie geschenkt hat. Zu sagen: *Fuck, ich will neunzig, fünfundneunzig Prozent Freude haben.* Warum? Das kann man stundenlang diskutieren, auch in Zusammenhang mit den Galaxien, der Harmonie, der Balance. Wir leben auf einem relativ sicheren Planeten. Wir atmen, Vögel und Schmetterlinge fliegen. Okay, im Winter liegt Schnee und Eis, aber es kommen nicht ständig ein Orkan oder fünfundzwanzig Erdbeben im Monat. Es ist ein ruhiger, freundlicher Planet. Es gibt Blumen, Meer und Sonnenaufgänge. Dieser Planet schenkt uns Momente, die wir nie wieder vergessen. Wenn ich nur an diesen Sonnenaufgang in Afrika denke! Für Afrika war das ein stinklangweiliger Sonnenaufgang, aber ich hole mir mental einen runter, selbst dreißig Jahre später noch, und von daher habe ich gelernt, es geht im Leben um Freude, wenn man am Ende des Lebens Bilanz zieht. Hat mir meine Arbeit Freude gemacht? Haben mich meine Beziehungen glücklich gemacht? Habe ich mich an meinen Kindern erfreut? Klar gibt es blöde Tage, Fahrradunfälle und so einen Mist. Aber war es zu neunzig, fünfundneunzig Prozent schön? Ohne Pilze, ohne Joints, ohne Alkohol, sondern einfach so? Und um auf meine Mutter zurückzukommen: Bei ihr weiß ich nicht, ob sie vor allem glücklich war.

Inzwischen habe ich ihr die Wiesos verziehen, aber nicht das Was. Das Was habe ich nicht geschafft zu verzeihen. Und ich glaube, dazu, also zu diesem Nicht-Verzeihen, habe ich auch die Erlaubnis. Ich kann verstehen, wieso sie mich damals abgegeben hat, und das kann ich ihr verzeihen. Es hat meine Seele beruhigt. Ich habe danach nicht mehr den Drang gespürt, sie weiter dafür zu bestrafen. Früher war es mir nicht aufgefallen, aber ich habe permanent mit ihr gestritten.

Kapitel 24

Das war mein Weg, sie zu bestrafen. Vierzig Jahre lang hatte ich das gar nicht bemerkt. Für mich waren es vollkommen normale Auseinandersetzungen mit meiner Mutter gewesen. Dank der Therapie hat das von heute auf morgen aufgehört. Auf der anderen Seite, da ich ihr die Sache selbst nicht verzeihen kann, ist unsere Beziehung ein bisschen kühler geworden. Distanzierter. Ich habe eingesehen, dass diese Therapietechnik zu heftig für sie war, aber ich habe ihr gesagt, wenn du mir ein Geschenk machen willst, suche dir bitte jemanden, mit dem du besser auskommst, aber geh die Schritte weiter. Du bist verantwortlich für deine Taten, du hast in den Spiegel gesehen und die Wahrheiten erkannt, also geh weiter, ruf mich an und wir tauschen uns aus. So eine Beziehung wünsche ich mir. *Okay*, hat sie gesagt, aber nichts gemacht. Dadurch hat sich unsere Beziehung abgekühlt. Wenn sie etwas hat, fliege ich nach wie vor sofort zu ihr nach Mailand. Aber wenn wir jetzt telefonieren, reden wir über den Park, über meine Tochter, über das Wetter. Und dann legen wir auf. Wenn man sie fragt: *Wie geht es dir?*, sagt sie immer: *Gut*, weil sie so erzogen wurde. Eltern müssen sagen, dass es ihnen gut geht, sonst geht es den Kindern schlecht. So ist sie. Ich hätte gern eine ehrlichere Beziehung zu ihr. In der Pandemie war sie allein in Mailand, und ich hätte ihr gern geholfen. Hätte gern gefragt: *Wieso bist du einsam? Wieso bist du wütend? Was können wir verändern? Ruf deine Freundinnen ein bisschen häufiger an oder geh mehr spazieren, ruf mich häufiger an.* Aber sie will so eine Beziehung nicht. Es bleibt alles bei einem oberflächlichen *Mir geht's gut, mach dir keine Sorgen.* Obwohl ich sehe, dass es nicht so ist. Dass sie völlig demoralisiert ist und sich einsam fühlt. Aber wie gesagt, ich habe fast ein Jahr lang versucht, sie zu motivieren. *Mama, es wäre wichtig. Schau, was das mit mir macht und was das mit mir gemacht hat. Ich bin jetzt ein anderer Mensch, das ist super, und möchtest du dich nicht auch verändern?* Aber sie wollte nicht.

In Brasilien gehen die Leute zwei-, dreimal in der Woche zum Psychologen. Das gehört zur Kultur. Das wusste ich auch lange nicht, aber einmal lag ich am Strand neben einer jungen Dame. Sie sonnte sich und wir kamen kurz miteinander ins Gespräch. Ich habe sie gefragt, wie ihr Tag heute so aussieht, und sie sagte, sie studiere, ginge aber am Nachmittag zu ihrem Therapeuten. Und da habe ich gefragt: *Wieso?*, und sie: *Wieso was? Hier in Brasilien geht jeder zwei-, dreimal die Woche zum Therapeuten*, und ich so: *Wow, ist ja cool, das wusste ich nicht.* In den USA schicken die großen Konzerne ihre Manager auch regelmäßig zum Therapeuten. Damit alles immer schön harmonisch abläuft. Ich habe meiner Mutter gesagt, das ist nichts Schlechtes, Mama, mach das, denk dran. Und ab dem Moment ist es dann deine Verantwortung. Und sie sagte: *Ja, ja, ich mache das.* Aber dann habe ich gemerkt, dass sie überhaupt nichts mehr gemacht hat. Was verständlich ist von der Erziehung ihrer Generation. Man muss auch Lust haben, es muss klicken, wie beim Sport oder beim Tanzkurs. Ach, nee, Tanzkurs, denkt man, aber dann probiert man es und zwei Jahre später hat man einen Pokal, weil es so einen Spaß macht, so muss es Klick machen. Natürlich war ich traurig, wütend, am Anfang. Aber ich habe die Wut und Trauer durch die Techniken, die ich zum Glück gelernt habe, verarbeitet und entsorgt, sodass sie nicht mehr auf meine Mutter zurückfielen wie früher, als ich immer wieder das Kind spielte. Ich musste lernen, erwachsen zu werden und nicht immer mein Kind am Steuer zu haben. Es war eine gute Metaphorik von dem Coach, der immer sagte: *Pass auf, das Kind muss auf dem Hintersitz bleiben. Dein innerliches Kind. Es darf nicht den Gurt aufmachen. Das darfst du nicht zulassen. Dass es über dich klettert und für dich fährt. Wenn das passiert, bist du kein erwachsener Mensch. Du bist geführt von deinem innerlichen Kind. Natürlich darfst du dein innerliches Kind nicht zerstören. Du musst liebevoll mit ihm umgehen, aber ihm keine Kontrolle überlassen.* Bei Partnerinnen war ich permanent dieses kleine Kind, und bei meiner Mutter auch. Und natürlich ist es so eine Mischung, der erwachsene Fabrizio, und dann das Kind, das ist ja hochkomplex. Da kommen wir wieder zu diesem Satz *If you want a happy live ...*

Kapitel 24

Als Jack merkte, wie sehr mich die Therapie gepackt hatte und ich mehr wissen wollte, fing er an, mich anzuleiten, also mir gewisse Techniken näher zu erklären. Ich begann, psychologische Texte zu lesen und mich mit Jack auch theoretisch auszutauschen. Wir machten zum Beispiel Therapie und hängten dann noch zwei Stunden dran. Also wurde er wie ein Mentor, weil er gemerkt hat: *Wow, du merkst, was es mit dir macht, und weißt du was, es gibt Techniken*, und dann hat er mir das auch von der anderen Seite erklärt. Es gibt zum Beispiel das Rad des Lebens, das auf zehn Säulen steht. Mit diesem blöden Rad kann man jemandem sofort helfen, sein Leben klarer zu sehen. Jede Säule bedeutet eine Kategorie, etwa der eigene Körper, Familie, Partnerschaft, das Finanzielle, unser Beitrag auf dem Planeten, das Soziale, das Emotionale, die Karriere, die Freundschaften und so weiter. Man schaut sich Säule für Säule an und vergibt Punkte von eins bis zehn. Das dauert etwa eine halbe Stunde. Man untersucht also seine eigenen Lebensbereiche. Familie. Ich sehe sie kaum. Wenn ich sie sehe, langweilen sie mich alle, ich mag meine Familie nicht, also vergebe ich eine 3. Ich gehe weiter zu meinem Körper. Ich bin dick, ich habe zehn Kilo Übergewicht, beweg mich nicht mehr viel, sitz nur noch in Meetings, also gebe ich mir da eine 5, denn ich bin kein absolutes Wrack. Komme ich zur Partnerschaft. Ich habe eine wunderschöne Frau, ein perfektes Kind, also 9. Finanziell 9. Trotz Pandemie verdiene ich gut, 9 oder sogar 10. Karriere 10, denn ich liebe meinen Park. Mein Beitrag in der Welt ist, mit dem Park Menschen glücklich zu machen, also gebe ich mir da eine 9. Freundschaften, okay, wir sind in der Pandemie und ich

habe meine Kontakte reduziert, manche Freunde sehe ich auf Skype, na ja, sagen wir eine 3. So, am Ende verknüpft man die Punkte miteinander und erkennt das eigene Rad des Lebens. Wenn es rund ist, haben Sie ein rundes Leben und alles ist im Fluss. Wenn Sie viele Knicke haben, macht Ihr Rad klick klack, aber Sie sehen, woran es hapert. Familie eine 3. Okay, ich rufe heute noch meine Stiefmutter in Miami an und morgen schreibe ich meinem Bruder. Man hat die Probleme vor Augen und kann daran arbeiten. Natürlich ist nicht alles so einfach. Sagen wir mal, jemand ist finanziell bei 4 und möchte zur 10. Da muss man sich hinsetzen und einen Plan machen. Vielleicht wird es ein paar Jahre dauern, die 10 zu erreichen, aber ich kann mich ab heute bemühen. Das Rad führt einem die Lage bildlich vor und allein dieses Reflektieren darüber, wo ich momentan bin und wo ich hinmöchte, setzt Energien frei.

Eigentlich verdient man in allen Bereichen eine 9 oder eine 10, denn wenn du hundertzwanzig bist und das linke Bein fängt an zu ziehen, schaust du auf dein Leben und ziehst Bilanz. Wie oft habe ich Spaß gehabt? Wann war ich glücklich? Darum geht es doch. Und wenn ich achtzig Prozent meiner Zeit arbeite und das einen Großteil meines Lebens ausfüllt, muss ich zusehen, dass mir die Arbeit möglichst viel Spaß macht. Diese Methode des Rades hat mich total fasziniert und heute helfe ich meinen Mitarbeitern dadurch. Viele blocken ab und sagen: *Danke, ich mach das schon mit meinem Therapeuten.* Dann springe ich natürlich sofort ab. Andere aber kommen und fragen mich von selbst um Rat. So ein dämliches Rad! Was das helfen kann! Und es gibt nichts Schöneres, finde ich, als anderen Menschen zu helfen. Natürlich bin ich kein Therapeut, aber mit diesen kleinen Tools erreicht man schon so viel. Einfach jemandem zu sagen, du kannst besser leben, du musst dich nicht mit einem mittelmäßigen Leben zufriedengeben, du verdienst ein großartiges Leben! Warum solltest du dich mit einer 5 abfinden, wenn da draußen eine 10 auf dich wartet?

Kapitel 24

Durch die Therapie habe ich auch gelernt, dass jedes negative Ereignis auf einem Fundament von Selbstmitleid steht. Selbstmitleid hat sieben Komponenten. Man fällt in Selbstmitleid, wenn man nörgelt. Ah, Mensch, alles ist Scheiße! Der Nörgler ist jemand, der im Selbstmitleid feststeckt, ohne es zu merken.

Dann gibt es den Struggler. Das ist der, der permanent in Schwierigkeiten steckt. Er hat gerade promoviert und einen Vertrag für eine super Stelle unterschrieben. Das will er feiern, trinkt fünf Bier in der Stadt, fährt mit dem Auto nach Hause, wird unterwegs von der Polizei erwischt und verliert seinen Führerschein. Also jemand, der sich selbst in Schwierigkeiten bringt, ohne dass ihm das klar ist. Natürlich versinken diese Leute im Selbstmitleid. Sie jammern anderen Leuten vor, dass sie ihren Lappen verloren haben, haben das aber selbst verbockt.

Nummer drei ist der Retter. Das war ich, weil ich eigentlich selbst gerettet werden wollte. Das war eins meiner Muster. Ich habe immer Frauen gefunden, die gerade pleite oder verschuldet waren, und konnte dann immer einspringen und die Schulden glätten. Das Geld habe ich natürlich nie im Leben zurückbekommen und mich später beschwert. Also Selbstmitleid, weil man nicht das zurückbekommt, was man eigentlich erwartet.

Auf der anderen Seite ist das Opfer. Der sich über den anderen beklagt. *Der hat das gemacht, und seinetwegen ist alles so und so weiter.*

Nummer 5 ist der Selbstquittierer, der sich hohe Ziele setzt, die er unmöglich schaffen kann. Ein typisches Beispiel: Ich sehe plötzlich, ich habe so eine Wampe und so einen dicken Hintern, ich muss etwas tun. Ich nehme mir vor, in einer Woche zehn Kilometer zu laufen. Aber meine Kondition ist so schlecht, dass ich froh sein kann, wenn ich zwei Kilometer schaffe, ohne im Krankenhaus zu landen. Da das Ziel zu hoch war, gibt der Mensch schnell auf, sitzt am Sonntagabend mit dem Eis auf dem Sofa und guckt Netflix, ruft aber einen Freund an und jammert: Ahh, ich habe es wieder nicht hingekriegt. Selbstmitleid.

Kapitel 24

Dann gibt es den versteckten Wettbewerber, der über andere urteilt. Ach, dieser Kellner da, schau dir an, wie unfähig der ist, das kann doch jeder besser. Das sind Menschen, die mit sich selbst unglücklich sind und andere abqualifizieren, um sich besser zu fühlen, aber das klappt meistens nicht und in dem Moment, wo sie sich nicht besser fühlen, versinken sie im Selbstmitleid.

Der siebte ist der größte Hurensohn, das ist der Märtyrer. Er ist der gefährlichste, weil er supersubtil daherkommt. Die ersten sechs erkennt man recht leicht, aber der Märtyrer tarnt sich und ist komplex. Er lügt, er will andere verletzen, also immer unbewusst, er fühlt sich nicht verstanden, er fühlt sich nicht geschätzt, er hat Angst zu lieben und will immer recht haben und ist dickköpfig. Das sind die sieben Teile des Märtyrertums.

In der Therapie haben wir analysiert, dass jedes Problem seine Wurzel in einer dieser Komponenten des Selbstmitleids hat. Also wenn Sie einen Tag haben, wo Sie ein bisschen Retter, ein bisschen Opfer, ein bisschen Nörgler sind, haben Sie eventuell mit jemandem ein Problem, der Ihnen das in Form eines Streits oder einer heftigen Diskussion zurückspiegelt. Stefanie und ich waren oft im Märtyrer. Wir haben uns gegenseitig extrem verletzt, mit Wörtern und auch mit Gegenständen, ja, es flogen Sachen durch die Wohnung, wir waren gleichzeitig Opfer und Retter. Also, ich habe definitiv versucht zu retten, aber es machte alles nur noch schlimmer.

Ich meine, ich hatte meine Muster und hab furchtbar gelitten, mein ganzes Leben bis Mitte vierzig, einfach weil ich nicht wusste, dass es Werkzeuge gibt, mit denen man sich wieder ein bisschen zurechtrücken kann im Leben, und natürlich kann man das auch mit sechzig herausfinden, aber je früher man erfährt, dass es jemanden wie Jung gab, dass es ein Unterbewusstsein gibt, dass es Muster gibt, die man unbewusst befriedigen will, also je früher man das merkt, umso mehr Jahre kannst du genießen und fällst nicht wie ein Trottel alle fünf Jahre in so ein Muster rein. Man geht in die Therapie mit einer unbekannten Dimension der Ehrlichkeit gegenüber sich selbst

Kapitel 24

hinein. Man hat fürchterliche Angst und es erfordert Mut, sich den eigenen Dämonen zu stellen.

Oft denkt man ja, eine Beziehung muss leidenschaftlich und dramatisch sein, mit viel Streit und Versöhnung. Ich sehe das inzwischen anders. Umso fließender und eleganter und glücklicher eine Beziehung ist, umso schöner ist sie. In Italien sagt man allerdings: *L'amore non è bello se non è litigarello* - Die Liebe ist nicht schön, wenn sie nicht ein bisschen verstritten ist.

Sie richten den Zeigefinger auf Ihre Partnerin und sagen: *Sie hat Scheiße gebaut, sie war immer unmöglich,* aber wenn Sie Ihre Hand ansehen, zielen drei Finger auf Sie. In der Therapie lernen Sie, auf diese drei Finger zu gucken. Ich habe gemerkt, dass meine Seele voll war mit verdrehtem Glauben. Auf Englisch gibt es den fantastischen Begriff „Twisted believes". Für mich war es normal, mit schwierigen Frauen in Beziehungen zu sein, und wenn mir nicht jemand einen Spiegel aufgestellt hätte, wäre ich auf dem besten Weg, ein dunkler alter Mann zu werden. Unsere Therapie begann mit einer sehr schönen Botschaft. Jack sagte: *Stell dir das Leben mit einer grünen Linie darin vor. Unten sind die schlechten Emotionen: Wut, Angst, Trauer, Frustration, Irritation, Enttäuschung und so weiter. Oben sind Glück, Freude, Liebe, Zuversicht, Sicherheit. Wir müssen verstehen: Okay, jetzt bin ich unter dieser Linie, wieso und wie komme ich wieder hoch? Und dann versuchen, so viel wie möglich über der grünen Linie zu leben.*

Ich war geprägt von vielen verdrehten, negativen Glaubenssätzen, die mich häufig unter die grüne Linie geführt haben. Unbewusst natürlich. Die Psychologen sagen, was wir erleben, ist nur die Spitze des Eisbergs, alles andere ist unterbewusst. Ich bin eingetaucht und habe viel aufgeräumt. Ich habe meine alten Glaubenssätze hinterfragt. Das war vielleicht die schönste Phase meines Lebens. Es war wie eine Neugeburt, denn in dem Moment, wo du deine unbewussten negativen Glaubenssätze loslässt, wird Platz geschaffen für etwas Positives, Neues. Jack hat es so ausgedrückt: *Deine Seele ist wie ein Glas voll mit schwarzem Wasser. Du hast aber nicht gesehen, dass dein Wasser schwarz war. Wir haben uns dein Glas angesehen, und du hast erkannt und zugegeben, dass das Wasser leider schwarz war, und du hast endlich das Wasser weggeschüttet. Jetzt, wo das Glas leer ist, hast du die Chance, es mit tollen Sachen zu füllen.*

Das haben wir getan. Ich bin natürlich nicht perfekt, ich habe auch Tage, an denen ich wieder unter der grünen Linie lande, aber ich lebe ein anderes Leben und bin damit sehr glücklich. Ich habe erkannt, dass wahres Selbstbewusstsein nicht bedeutet, wie stark du bist, sondern dass du deine Schwächen erkennst und akzeptierst. Es hat mir geholfen, meine Seele von der ungesunden Präsenz des Vaters zu reinigen. Mein Vater hat mir unheimlich viel Positives geschenkt, aber auch schreckliche Momente von Frustration, Ärger, Enttäuschung, Angst, und wie gesagt, ich war von diesen schlechten Sachen geprägt. Sie sind wie Pilze hochgekommen. Streit mit Freundinnen und Freunden, Probleme, Unfälle. Was man sich da so heranzieht, ohne dass man es will. Erst als ich geschafft habe, die dunklen Stellen zu reinigen, kamen die wunderschönen Sachen wie meine jetzige Frau, meine Tochter, das neue Haus. Bis zu Corona lief der Park blendend. Da waren Aussichten bis in den Himmel. Besucherzahlen haben gut reagiert, wir sind gestartet mit achtzig Bungalows, haben jetzt dreihundert, das war das Erfolgsrezept. Hätte ich an den alten Glaubenssätzen festgehalten, hätte ich viel mehr Niederlagen und der Park wäre kaum so gewachsen. Ich würde auch noch in einer schlechten Partnerschaft stecken. Unbewusst habe ich das von meinem Vater übernommen. Er war ein Mann, der seiner Ehefrau gesagt hat: *Du hältst jetzt den Mund, ich entscheide!* So habe ich mich meinen Freundinnen gegenüber nicht benommen, aber vom Grundsatz her habe ich das so ähnlich geglaubt. Wenn Sie diesen Glauben nicht loslassen oder komplett verändern, was werden Sie für Frauen finden? Frauen, die Sie am Ende missachten oder betrügen. Was auch in einer Beziehung passiert ist.

Mein Vater war eine Autorität. Er saß da und man hatte Respekt und eine permanente Grundangst. Das haben die Frauen so

Kapitel 24

hingenommen. Bei Auseinandersetzungen gaben sie klein bei. Mit wem kann man meinen Vater vergleichen? Damit man versteht, was er für eine Autorität ausgestrahlt hat, wenn er am Tisch saß. Vielleicht Al Capone im Film The Untouchables, gespielt von Robert De Niro, der für die Rolle vierzig Kilo zugenommen hatte. Sie wissen ja, dass mein Vater viel erlebt hatte, Krieg und Abenteuer. Und als ich achtzehn war, war er bereits über sechzig, und er vertrat die Auffassung, dass Kinder bis neunzehn oder zwanzig sowieso nichts können. Die sollten ihr Ding machen und ihm aus dem Weg bleiben. Er wirkte immer sehr selbstsicher und zentriert. Einfach eine riesige Autoritätsfigur. Ein bisschen war er sogar ein Typ wie Donald Trump. Nicht so pathetisch und lügnerisch und auch nicht so ein Showman, aber vom Autoritätsbild sehr ähnlich. Er war jedenfalls eine Autorität, ein Patriarch. Er hatte all diese Erfahrungen mit Charles Stein. Der hatte auch eine sehr strenge und furchterregende Ausstrahlung. Mein Vater hatte selbst Angst vor Charles, wenn er zu Besuch kam. Ich habe schon von den Tannen erzählt, die aus dem Wald geholt und einfach nur so in den Boden gesteckt wurden. Das war, um Charles zu beeindrucken. Um ihm zu zeigen, wie gut alles wuchs. Diese Eindrücke habe ich in meiner Kindheit aufgeschnappt. Es wäre leicht für mich gewesen, nach dem Tod meines Vaters genauso ein Mann zu werden. Arrogant und machtvoll, weil mir dann plötzlich Macht zur Verfügung stand. Ich hätte diese Schiene wählen können und bin sehr froh, dass ich den Weg der Therapie gegangen bin.

Eine Schlüsselszene, die ich aufgearbeitet habe, war die bereits geschilderte mit meiner Oma. In der Therapie kam heraus, dass es leider keine gute Szene für meine Zukunft war. Ich war noch sehr klein, drei oder dreieinhalb, und hatte mitbekommen, dass sich meine Eltern trennen wollten. Es war kurz bevor ich nach Hodenhagen kam. Ich war natürlich erschrocken, verärgert und traurig, und habe das auf meine Oma projiziert. Ich habe gesagt: *Du bist schuld, du machst nichts!* Sie hat sich daraufhin mit mir hingesetzt und gesagt: *Ja das stimmt, es ist meine Schuld, komm her,* und hat mich in den Arm genommen. Das war nicht so positiv für mich, weil ich dadurch gelernt habe, die Schuld auf andere zu schieben und die Verantwortung abzugeben. Ich habe gelernt: Jedes Mal, wenn ich wütend bin, bekomme ich Liebe. Genau das ist passiert. Ich war wütend und hatte niemanden, also bin ich wütend auf sie geworden und das tat ihr natürlich als Oma leid, sodass sie versucht hat, mich mit Liebe zu beruhigen. Das war gut gemeint, hat aber bei mir den Glauben verfestigt, wenn ich mich einer Frau gegenüber wütend zeige, bekomme ich Liebe. Wahrscheinlich wäre das bei einem anderen Jungen nicht passiert, aber gerade diese frische Trennung – *Ich muss nach Deutschland, Oma, mach doch was, mach du wenigstens was, wieso machst du nichts? Es ist deine Schuld*, und dann kriegst du Liebe. Das habe ich gelernt, und genau solche Frauen habe ich mir später gesucht. Deshalb habe ich so oft gestritten, auch, nicht nur, aber das war mit einer der negativen Files in meinem Unterbewusstsein, die unbedingt gereinigt werden mussten. Ich musste noch mal in diese Szene mit meiner Oma hinein und sie umschreiben. Meine Oma sollte in der Neuinszenierung anders reagieren. In meiner Version war sie ein bisschen standfester. Sie hat gesagt: *Komm her, es tut mir leid, aber ich habe damit überhaupt nichts zu tun. Ich verstehe, dass du böse bist, aber lass uns spazieren gehen.* Das reichte, um die Szene neu zu programmieren.

Es war nun leider ganz und gar nicht so, dass ich von den Frauen Liebe bekommen habe, wenn ich wütend wurde. Im Gegenteil. Die Frauen haben die Tür zugeballert und gesagt: *Spinnst du? Was machst du, was hast du denn?* Das hat rein gar nicht geklappt, aber in dem Moment war ich so sehr in der Position des kleinen Jungen, dass ich mich nach unendlicher Liebe sehnte. Ein verdrehter Mechanismus, das weiß ich heute. Jung sagte, wenn man das Unbewusste nicht ins Bewusste kehrt, passieren Sachen, die man für schicksalhaft hält. Besser sei, zu verstehen, was aus dem Unterbewusstsein kommt, um es in die Realität einordnen zu können. Was will ich mit meinem Verhalten bezwecken, ohne es zu merken? Jahrelang habe ich nicht verstanden,

Kapitel 24

warum es immer zu diesen Diskussionen und Streits kam, bis mich Jack durch Meditation zu meinen Schlüsselszenen brachte. Da sahen wir zusammen: *Ah, fuck, da ist dieser Glaube geboren!* Ich kriege Liebe und Geborgenheit, wenn ich meinen Zorn zum Ausdruck bringe. Das war eins der Muster, das ich durchbrechen musste, und als ich das erkennen konnte und neu programmierte, hörten die Auseinandersetzungen auf. Das war faszinierend zu sehen. Wir denken, dass jeder Moment unserer Realität entspringt, ohne zu merken, wie viele unbewusste Muster uns permanent zu Handlungen treiben. Dann findet man sich plötzlich auf einer Geburtstagsfeier inmitten von fünfzehn wunderschönen Frauen und die eine, in die man sich verliebt, stellt sich im Nachhinein als die Verkorkste von ihnen heraus. Und wer bist du? Vermutlich der problematischste Mann in der Runde.

Eine andere Szene, auf die ich in der Therapie kam und die mich sehr geprägt hat, ist auf Elba passiert. Meine Eltern haben immer viel gestritten, aber an dem Abend ist es eskaliert. Meine Mutter war dabei, sich zu schminken, und mein Vater, typisch Macho, drängelte. *Ich bin fertig, lass uns los, wir kommen zu spät, du immer mit deinem Schminken!* Vollkommen unempathisch, wie er war. Meine Mutter ist sauer geworden und hat ihre Haarbürste nach ihm geworfen. Mein Vater drehte sich und die Bürste knallte gegen seine Schulter. Ich war mit im Zimmer. Ich weiß noch, wie sie sich angeschrien haben. Ich war drei oder vielleicht sogar erst zwei, und die Bürste prallte von der Schulter meines Vaters ab und klatschte mir ins Gesicht. Als ich mir diese Szene genauer angesehen habe, mich gefühlsmäßig hineinbegeben habe, konnte ich die Scham fühlen, die ich damals empfunden hatte. Ich hatte geglaubt, schuld zu sein. Als Kind bezieht man alles auf sich. Mit mir muss etwas nicht stimmen, warum streiten sich sonst meine wundervollen Eltern? Das Kind versteht das nicht. Es hat nur sich und hält sich für den Mittelpunkt. Diese Scham hat sich in meine Seele geprägt. Dieses berühmte *I am not good enough* ist der kernversteckte Glaube der Scham. In der Therapie habe ich diese

Kapitel 24

Szene für mich umgeschrieben. Prozessiert, sagt man. Sich wieder intensiv in die Szene versenkt, bis man die ursprünglichen Gefühle spürt, in diesem Fall die Scham. Und dann hatte ich das Privileg, diese Szene neu zu programmieren. *Reprogram.* Ich konnte neue Eltern in die Szene rufen. Die neuen Eltern waren ohne Gesicht, und sie haben sich benommen, wie ich mir das gewünscht hätte. Sehr warm. Sie haben sich runtergehockt, mich umarmt und sich entschuldigt. Der neue Vater hat mich auf den Arm genommen. Er ist mit mir auf die Terrasse gegangen, und die Mutter folgte und hat mir einen Kuss gegeben. Das habe ich mir so vorgestellt und gefühlt. Ich habe einen negativen, alten File aus meiner Hardware genommen, ihn umprogrammiert und zurück ins System geschoben. Wenn Sie systematisch Traumaszene für Traumaszene überarbeiten, befreien Sie Ihre Seele von den schlechten Prägungen.

Eine andere traumatische Szene war natürlich, als mich mein Vater damals mit dem Gürtel schlug. Da musste ich mir die Details ins Gedächtnis rufen. Welche Kleidung trug mein Vater? Wie sah der Gürtel genau aus? War er dick, war er aus glattem Leder? Wie sah der Raum aus? Wie hat es gerochen? Also die gesamte Szene so exakt wie möglich heraufbeschwören und noch mal mit allen Emotionen erleben. Danach neu programmieren. Also lass einen neuen Vater die Bühne betreten. Der neue Vater hat mich umarmt und gefragt, warum ich das Krokodil mit in die Schule genommen habe. Er hat gesagt: *Lass uns zusammen in den Park fahren und das kleine Tier zu seiner Mutter bringen.* Anschließend ist er mit mir wieder nach Hause gefahren, hat sich mit mir an den Tisch gesetzt und gefragt: *Wie willst du das wiedergutmachen? Das ist nicht in Ordnung, was du gemacht hast.* Also er war ruhig, ohne Schläge, ohne Gürtel, und das war für meine Seele so ein Aha-Moment, eine Wiedergutmachung, das Verarbeiten der Szene. Ich meine, wir Menschen sind voll mit solchen Szenen. Keine Ahnung, was andere Kinder erleben mussten, nur, wie gesagt, ich hatte das Privileg, sowohl das Geld als auch den Mut zu haben, durch die Verletzungen zu gehen mit dem Vertrauen, auf der anderen Seite gesund wieder herauszukommen. Aber da habe ich gemerkt, wie verletzt ich nach all den Jahren immer noch war. Ich habe mich erinnert, wie mein Vater die Tür geschlossen hat und anfing zu schlagen. Es war eine riesige innere Verletzung und sie war noch da, aber ich konnte die Kugeln, die noch in meiner Seele steckten, zum Platzen bringen. Jetzt ist es ist verarbeitet, und das Tollste ist, Sie können Ihre Seele mit etwas Neuem, Schönem füllen. Mit Liebe und Freude, statt diese Trauer, Angst und Einsamkeit mit sich herumzutragen.

Nach monatelangen Sessions über Skype brannte ich darauf, Jack persönlich zu treffen, und flog nach Los Angeles. Er war mit dem Bus zum Flughafen gekommen und erwartete mich in Bermudas und Polohemd. Ich hatte ein Auto gemietet und wir fuhren nach San Francisco, um seine 94-jährige Mutter zu besuchen. Von da aus ging es in Richtung der Nationalparks. Wir übernachteten in den typischen muffigen Vierzig-Dollar-Motels mit Bacon, Bratkartoffeln und Rühreiern zum Frühstück. Unser erstes Ziel war der Sequoia-Nationalpark. Jack hatte mich gefragt, was ich genau sehen wollte. Die riesigen Bäume, hatte ich gesagt. Ich hatte schon immer davon geträumt, sie zu sehen und anzufassen, und man kriegt ja einen Knall, was für eine Schönheit da ist, allein diese Mammutbäume! Als ich die erste Sequoia gesehen habe, habe ich Jack gebeten, das Auto zu stoppen. Ich bin ausgestiegen und habe versucht, den Baum zu umarmen, das war so ein Instinkt. Der Stamm war viel zu groß, als dass ich ihn hätte umfassen können. Das ist schon beeindruckend. Man kann gar nicht anders, als sich in diese Bäume zu verlieben. Man fährt dadurch und guckt, wo ist der schönere, und jeder ist schön. Die haben so eine fluffige Haut, das soll sie bei Bränden schützen. In einem Museum haben wir uns die Saat angesehen. Unglaublich. Sie ist keinen Zentimeter groß. Aus so einem winzigen Kern kann ein einhundertfünfzig Meter hoher Baum werden, mit bis zu zwölf Metern Durchmesser und eintausendfünfhundert Jahre alt.

Jack bereitete also eine kleine Tour vor. *Du wirst begeistert sein*, sagte er. Tatsächlich hat diese Reise unsere Freundschaft vertieft. Wir haben stundenlang im Auto geredet. Man hat ja nicht jeden Tag einen blendenden Tag und so gab es Tage, an denen ich etwas muffelig war. Das nahm er dann gleich zum Anlass, in die Therapie zu gehen. *Du bist heute so komisch, was ist los?*

Wir fuhren jeden Tag etwa vierhundert, fünfhundert Kilometer, saßen also viel im Auto. Manchmal war das witzig, manchmal ärgerlich. Er hat in mir herumgestochert und ich war noch mittendrin in meiner Reise in das bessere Selbstbewusstsein. Manchmal war ich noch sehr verschlossen. Ein Beispiel: An einem Morgen war ich schlecht drauf, wollte es aber nicht zugeben. Nein, es ist alles gut, ich habe nichts. Er hat mich von der Seite angesehen. Wem willst du hier was vormachen? Nein, es ist nichts, und er hat so lange gestochert, bis ich dann nach zwei Stunden Fahrt gesagt habe: Scheiße, ja, und ich habe zugegeben, dass ich am Abend zuvor eine Nachricht von meiner Mutter bekommen hatte, über die ich mich ärgerte. Ich hatte versucht, meine Wut runterzuschlucken und fühlte mich schlecht, seelisch, und wollte, dass sich Jack auch schlecht fühlte. Das ist der Mechanismus des Märtyrers. Ich fühle mich schlecht, aber wenn du dich auch schlecht fühlst, fühle ich mich etwas weniger schlecht.

An einem anderen Morgen, vielleicht eine Woche später, musste ich lange auf Jack warten und surfte in der Zeit durchs Internet. Irgendwann stolperte ich über einen Bericht: Ab heute gibt es einen starken Einfluss von Saturn auf die Erde. Als Jack ankam, sagte ich, ich fühl mich heute ein bisschen traurig und, guck mal, ich habe gelesen, es gibt elektromagnetische Einflüsse vom Saturn. Das sagen die Wissenschaftler! Und er guckt mich an und sagt: *Ah, okay, wenn du meinst. Wir können uns gern so auf die Reise begeben, aber pass auf, wir haben immer gesagt, wir sind Schöpfer unserer eigenen Realität. We create our own reality. Du dagegen gibst deine Kraft gerade ab an den Saturn.* Zwei Stunden lang habe ich auf meiner schlechten Laune wegen Saturn beharrt. Ich wollte nicht loslassen, bis es irgendwann geklickt hat. Okay, meinetwegen sind da elektromagnetische Wellen, aber ich habe

Kapitel 24

die Wahl, mich davon beeinflussen zu lassen und einen beschissenen Tag zu haben, oder meine eigene Realität zu kreieren. Leider habe ich zwei Stunden gebraucht, um das zu begreifen. Das war für mich eine wichtige Erkenntnis.

Jack hat es „Two by Four" genannt. In Amerika bauen sie viel mit diesen genormten Holzbohlen in zwei mal vier Zoll. Das ist die typische amerikanische Bohle, und Jack hat immer gesagt: *Dir muss man den Two-by-Four-Klotz an den Kopf hauen, bis du begreifst, aber wenn du es dann kapiert hast, lässt du dich darauf ein und das ist, was ich an dir so schätze.*

Wir fuhren in den unglaublichen Yosemite-Nationalpark. Das war atemberaubend schön. Diese riesigen Wasserfälle, Felsen und so weiter. Von da aus kehrten wir zurück nach Los Angeles in seine Wohnung. Ich habe für ihn Spaghetti mit Saucen gekocht, an die er sich bestimmt noch erinnert, aber die schönsten Momente waren im Auto. Ich habe tausend Fragen gestellt. Wir haben keine Sessions gemacht, keine Meditationen, aber sind tausend Konzepte durchgegangen. Das war wie ein Gang durch eine Bibliothek. Wie entfaltet sich die Realität vor uns? Es ging um Elektronen, Atome, Messungen, Energien. Woher kommt die Harmonie? Was bedeutet es für uns, wenn wir Balance und Harmonie spiegeln könnten? Warum müssen wir Kriege haben, wenn es da draußen so eine Harmonie gibt?

Die Gespräche gingen unter die Haut. Jack sagte, schließ deine

Kapitel 24

Augen und befrag die Göttin. Was würde sie in deiner Situation machen? Es war schon vorher um meine ideale Frau gegangen. Ziemlich am Anfang der Therapie war mir klar geworden, dass meine Ehe keine Zukunft hatte. Dass Stefanie nicht die richtige Partnerin für mich war und ich nicht der richtige Mann für sie. Jack ermutigte mich, mir meine ideale Frau vorzustellen. Schließ deine Augen und stell sie dir vor. Wie sieht sie aus? Wie ist sie? Erst sperrte ich mich und es dauerte, bis ich mich darauf einlassen konnte. Dann allerdings war es unglaublich. Ich sah sie genau vor mir. Sie hatte dunkle Haut, lockige, schwarze Haare, ein wunderschönes Gesicht mit einem schönen Lächeln und ehrlichen Augen. Eine sportliche Frau. Eine Frau, die meine Karriere, meine Familie und meine Freunde mochte. Eine Frau, die sich selbst liebt, mit einer spürbaren Lebensfreude. Eine Frau, die viel lacht, die das Leben liebt, die neugierig und entdeckungslustig ist. Eine Frau, die Spaß am Sex hat.

Allein diese Frau zu visualisieren, gab mir ein Gefühl von Liebe und Sicherheit. Es war bloß eine Vision, aber vier Tage lang schwebte ich vor Glück. Danach war es um meine Mutter gegangen, da sie der Hauptgrund für meine Probleme mit Frauen war. Sie hatte mich in Hodenhagen abgegeben, mit den Worten: *Du bist Blut meines Blutes und ich werde dich für immer lieben,* aber dann hat sie sich umgedreht und mich bei der fremden Familie gelassen. Ich erkannte, wie viel Leid ich meinen Partnerinnen angetan hatte, und nicht nur diesen Frauen, sondern auch meinem Umfeld. Als das alles zu mir durchdrang, habe ich furchtbar geweint, mich aber am Ende erlöst gefühlt. Ich weiß noch, am nächsten Tag hatte ich einen Friseurtermin und im Salon waren drei Frauen und ich konnte mich selbst beobachten, wie anders ich im Umgang mit ihnen war als sonst. Viel gelöster, entspannter. Es klingt furchtbar, aber ich habe Frauen lange als eine Art Beute gesehen, die ich erobern musste. Ich musste erst lernen, Weiblichkeit zu respektieren.

Der Höhepunkt der Therapie war aber, als ich las, dass über sechstausend Jahre lang die Menschheit immer sowohl männliche als auch

Kapitel 24

weibliche Götter verehrt hatte. Bisher hatte ich mir Gott nur in männlicher Version vorgestellt, mit weißen Haaren und langem Bart, wie in der italienischen Kultur üblich. Jack fragte: *Was spricht gegen eine Göttin?* Und dann tauchte sie vor mir auf. Sie hatte wunderschöne große Augen und dunkelblonde Haare. Ihre Kleidung war grün, sie hatte ein liebevolles Lächeln und eine unglaublich beruhigende Ausstrahlung. In meiner Vorstellung schwebte sie zwischen Erde und Mond und schaute auf mich hinunter. Ich flog zu ihr hoch und sie umarmte mich. Das war ungeheuer befreiend, denn das Patriarchat ist ja auch anstrengend für Männer. Es ist nicht nur ungerecht, anstrengend und erschreckend für die Frau, sondern auch für den Mann, weil er in dieser Konstellation gezwungen ist, eine Maske tragen. Die Begegnung mit der Göttin veränderte mein Leben, weil ich nun auch meine eigene weibliche Hälfte erkennen konnte und plötzlich die Erlaubnis hatte, positive Emotionen zuzulassen. Gefühle wie Freude, echte Zuneigung und Liebe explodierten jetzt. Es wäre so schön, wenn man dieses Prinzip an den Schulen lehren würde, denn über die Erziehung könnten sich so viele Dinge verändern. Das Patriarchat könnte sich in wenigen Jahren erledigt haben, Männer würden sich dem Weiblichen öffnen und gemeinsam könnte man sich auf Augenhöhe begegnen. Das ist eine Vision und ein Wunsch von mir.

Am Anfang hat man keine Ahnung, wohin einen die Therapie führen wird, aber durch die Bereinigung und Verarbeitung der Traumata gewinnt man eine völlig neue Einstellung dem Leben gegenüber und bekommt eine neue, frischere Ausstrahlung. Man trifft vollkommen andere Entscheidungen, hat neue Gedanken und Emotionen. Man ist offener, verwundbarer, intimer, ehrlicher. Am Ende erkennt man, wer man wirklich ist, und braucht die alten Verkleidungen und Masken nicht mehr. Sie sind von den schlimmsten Traumata und schlechten Einflüssen aus Religion, Erziehung und so weiter bereinigt und können sich zeigen, wie Sie sind.

Natürlich passieren Ihnen noch manchmal kleine Unfälle, natürlich streiten Sie sich noch manchmal mit Ihrer Partnerin. Kleine Aussetzer, okay. Aber wenn man die schlimmsten Traumata bereinigt, erkennt man sich im Spiegel. Ich sehe jetzt den echtesten Fabrizio, den es gibt. Alle Abwehrhaltungen fallen weg. Man verliebt sich einfach flach, wie eine Scholle, in sich selbst. Und das ist einer der schönsten Momente, die man als Fazit so einer Reise, so einer Therapie, erleben kann.

Fuck, *das* bin ich, und nicht der, der Frauen bestraft und nicht an Beziehungen glaubt. Ich frage mich nicht mehr, ob ich gut genug bin. Ich kann mich entspannen. Und deshalb kann ich nur jedem vom Herzen Therapie empfehlen, wenn einem das Leben oft schwierig und als Stolperweg erscheint. Wenn Sie ein Leben haben, das fließt, und Sie glücklich sind, brauchen Sie natürlich keine Therapie, klar.

Die spirituelle Reise war eine wunderbare Erfahrung, aber sie bedeutete leider auch das Ende der Beziehung zu Jack. Erst wollte ich das nicht wahrhaben. Wir hatten uns aus der Mentoren- und Schülerbeziehung in Richtung Freundschaft bewegt, aber es funktionierte nicht wirklich. Ich habe das erst nicht verstanden und nach Gründen gesucht und begann zu recherchieren. Im antiken Griechenland gab es auch solche Mentor-Schüler-Verbindungen, die an einem bestimmten Punkt kaputt gingen. Irgendwann entsteht zwangsläufig Freundschaft, wenn man sich gut versteht, aber keiner schafft es, diese Dreidimensionalität in eine Beziehung zu bringen – also Mentor, Therapeut, den ich ja auch bezahlt habe, und Freund. Das geht kaputt, weil irgendwann der Moment kommt, wo du sagst: *Moment mal, ein Freund würde mich in dieser Situation anders behandeln. Was ist das hier?*

Eine Zeit lang hat mir diese Verbindung viel gegeben, intellektuell, emotional und spirituell, das war wirklich eine Megaerfahrung, aber dann ist es vorbei gewesen.

Wir haben noch einen gemeinsamen Urlaub in einem Resort auf Sankt Lucia gemacht. Ich will jetzt nicht die Verantwortung nur auf ihn schieben, aber seine Position war wohl einfach nach einer

Kapitel 24

Weile nicht mehr zu managen. Niemand kann gleichzeitig Mentor, bezahlter Therapeut und Freund sein, glaube ich. Zum Beispiel saßen wir mit einem Minister zusammen beim Essen. Er sprach über die Schulen auf der Insel und machte sich Sorgen um die Jugendlichen. Der Minister saß mir gegenüber und Jack rechts von mir. Die beiden sprachen miteinander und nach einer Weile begann ich mich am Gespräch zu beteiligen. Das heißt, ich versuchte es. Denn gerade, als ich etwas ergänzend sagen wollte, drehte sich Jack zu mir und meinte, jetzt nicht, jetzt sei nicht der richtige Moment. Der Minister bekam das mit und fragte mich später nach meiner Meinung, die ihn offensichtlich doch interessierte. In dieser Situation merkte ich zum ersten Mal, dass da etwas nicht stimmte, und ich wiederhole: Ich glaube, man muss Gott sein, um so eine Konstellation aufrechtzuerhalten. Also zu entscheiden: Oh Moment, hier muss ich Freund sein, hier kann ich Mentor sein. Das immer auseinanderzuklamüsern, schafft man wohl nicht als Mensch. Irgendwann störte das unsere Beziehung und ich brach sie ab.

Im selben Urlaub passierte noch etwas anderes. Ich hatte eine sehr hübsche Frau kennengelernt. Eine Schwarze. Fast so groß wie ich, super Figur, nettes Wesen. Sie erinnerte mich an Whitney Houston. Ihr Bruder war kurz zuvor in Toronto erschossen worden, zufällig auf der Straße. Ich sah sie und dachte sofort: Wow, die ist toll, und Jack merkte gleich, dass sich da etwas anbahnte. Wir machten einen Ausflug zusammen mit einem Katamaran und nachdem ich schon vorher im Resort mit ihr gesprochen hatte, war sie begeistert, mich wiederzusehen. *Mensch Fabrizio! Hallo!* Dann tranken wir etwas zusammen und als Wind und Wellen aufkamen, legten wir uns vorn an Deck des Katamarans und fingen an, unter den Handtüchern zu knutschen. Jack hat das gesehen. Warum auch nicht?, dachte ich da noch. Für den Abend hatte ich sie zum Essen eingeladen. Sie gefiel mir wirklich sehr gut. Wir saßen also gemeinsam am Tisch, und auf einmal fing Jack mitten beim Dinner an, über Krebs zu reden.

Kapitel 24

Darüber, wie Krebspatienten sterben, und diese Frau ist völlig durchgedreht, weil ihr Bruder die Woche vorher gestorben war. Sie ist aufgestanden, hat alles hingeschmissen und ist auf ihr Zimmer gerannt. Ich bin mir sehr sicher, dass er wusste, was er da tat. Dass er sie loswerden wollte. Er hatte keinen Bock, dass sie jetzt jeden Tag mit uns mit im Auto sitzen würde und ich womöglich abgelenkt wäre, weil er ja gekommen war, um mit mir Zeit zu verbringen und auch mit der Therapie Geld zu verdienen. Er hat sich die Therapiestunden immer aufgeschrieben und mir in Rechnung gestellt. Das war auch jedes Mal korrekt, aber da habe ich gedacht: Moment mal, ein Freund würde sagen, komm, hau ab und hab Spaß. Aber Jack war eben kein Freund, sondern jemand, der von mir Geld haben wollte. Er hatte kein Interesse daran, dass ich mich verliebte. Das war also vielleicht menschlich, weil er so ein bisschen beruflich da war, aber ich hatte eigentlich einen Freund erwartet, und der war plötzlich weg.

Das sind leider Beziehungen, die gehen eine Zeit gut und kriegen auch so einen Turbo, die gehen richtig ab, und dann gehen sie kaputt. Mich hat das sehr traurig gemacht, weil es schön ist, einen Mentor zu haben, der einen durchs Leben begleitet, aber wie gesagt, ich habe das recherchiert und solche Beziehungen gehen allgemein häufig in die Brüche.

KAPITEL 25

Corona und andere Katastrophen

Nach der Therapie hat sich alles für mich geändert. Vorher habe ich mich geschämt, wenn ich weinen musste. Weinen war etwas für kleine Mädchen, das war in meinem Gehirn einprogrammiert, und allein dieser Satz, dieses „du darfst nicht weinen" tötet, ich glaube, zu achtzig Prozent die Empathie. Jedes Mal, wenn Ihnen eigentlich nach Weinen zumute ist, Sie sich das aber verbieten, ziehen Sie ja eine Mauer in sich hoch. Für Ersthelfer im Rettungsdienst ist das fundamental, weil sie sonst bei jedem Einsatz psychisch zusammenbrechen würden. Klar. Aber ich bin kein Ersthelfer. Natürlich muss ich als Mann und Unternehmer manchmal sehr kühle Entscheidungen treffen. Aber während der Therapie habe ich gemerkt, wie verschlossen ich bisher durchs Leben gegangen war und dass es Zeit war, das aufzubrechen und mehr Emotionalität zuzulassen. Eine emotionale Situation verdient es, dass wir sie intensiv spüren.

Ich nehme das Beispiel mit dem fürchterlichen Bild von diesem kleinen Kind am Strand. Der Junge mit dem roten Pullover, der angeschwemmt wurde. Der Junge mit dem Kopf im Sand und die kleinen Füßlein und diese kleine Hose. Diese Szene verdient, dass man sich berühren lässt, dass man trauert und weint. Ich bin jetzt sehr viel offener. Manchmal höre ich ein Interview und jemand sagt etwas Menschliches und ich breche darüber in Tränen aus. Natürlich weine ich nicht den halben Tag lang, aber ich erlaube mir, verletzlich zu sein. Das ist nicht immer leicht, aber es macht mich auch glücklich, weil ich niemand bin, dem alles egal ist. Genauso wünsche ich mir die

Gesellschaft. Lauter offene, empathische Menschen, die sich nicht fürchten, Gefühle zuzulassen. Leider haben wir das noch nicht.

Wie in der Therapie gesehen, bin ich dann auch sehr bald meiner Traumfrau begegnet. Sie stammt aus Nigeria, einem Land, das sehr gefährlich ist und wo man als Europäer nicht unbedingt hinfliegen sollte. Das ist sehr traurig für meine Frau, aber sie kennt ihr Land selbst kaum, weil sie schon mit zehn Jahren in die USA gekommen ist. Dennoch erzählt sie manchmal von den Monaten, wo die Heuschrecken über das Land einfallen. Wenn sie sterben, werden sie aufgesammelt und in den Dörfern mit Öl gebraten und gegessen. Meine Frau hat heute leider den Kontakt verloren, aber ihre Mutter hat ihr viel Afrika mitgegeben, und das ist, was ich sehr an Idu liebe. Sie trägt das Funkeln Afrikas in sich.

Man könnte ewig über Afrika reden. Die Menschen dort sind anders als Afroamerikaner oder Afrokanadier. Wie kann man das definieren? Allein der Fakt, dass jemand in Amerika geboren ist, verändert vermutlich irgendetwas in der Attitüde. Meine Frau kann sich umziehen, sich Ringe um den Hals und die Knöchel setzen und Ihnen einen originalen Afrotanz machen und Sie würden sie nicht mehr wiedererkennen. Innerhalb von Minuten ist sie verwandelt. Das ist bei ihr noch drin, weil sie die ersten zehn Jahre in Afrika gelebt hat. Sie kocht auch Berge von Reis. Ich sag, irgendwann wirst du mir ein Reiskorn, weil du ja nur Reis isst! Das passt übrigens zum Italiener, weil wir Risotto lieben, aber die Afrikaner kochen den Reis mit vielen Kräutern und Fisch, mit Elefantenrüsselfisch, einem Nilhecht, der typisch ist für Afrika. Er wird scharf mit Chili gekocht, da brennt Ihnen die Zunge weg, und dazu essen sie einen Brei, der heißt Fufu und macht enorm und schnell satt, der explodiert fast im Magen. Ich glaube, ein Afroamerikaner würde lieber zu McDonald's gehen, anstatt so ein Zeug zu essen.

Man kann ja alles sagen über Afrika – Korruption, gefährliches Land, man muss sich impfen lassen –, aber dort ist das Leben entstanden, das wir kennen. Homo sapiens und wie sie alle hießen haben sich von dort aus verbreitet. Man sagt, wir waren eigentlich alle schwarz, wir sind verblichen. Ich empfinde dieses Afrikanische bei meiner Frau als unglaubliche Bereicherung. Allein, wie sie sitzt oder sich umdreht und lächelt, das ist sehr afrikanisch.

Natürlich herrscht schreckliche Armut in weiten Teilen Afrikas. Wir unterstützen mit unserer Serengeti-Park-Stiftung viele Projekte in Afrika. Da war zum Beispiel die Schule, die anstatt Toiletten nur Löcher im Boden hatte. Wenn die Mädchen ihre Menstruation hatten, haben sie sich so geschämt, in dieses Loch zu bluten, dass sie lieber zu Hause geblieben sind und dadurch am Ende kaum lesen und schreiben konnten, weil sie jeden Monat gefehlt haben. Ich glaube, es war eine Schule in Burkina Faso, und dank der Stiftung haben sie dort inzwischen Toiletten und sind an die Kanalisation angeschlossen

Kapitel 25

und die Mädchen sind zurück in der Schule. Das waren zehntausend Euro, gar nicht so viel, aber vielleicht werden deshalb nun die Mädchen Anwältin oder Ärztin.

Nach der Therapie war also vieles einfacher, auch wenn es zunächst nicht so aussah, weil meine Schwester sich auszahlen lassen wollte. Treiben Sie mal so eben acht Millionen Euro auf! Stellen Sie sich vor, Sie haben zwar die Anteile des Parks, aber das ist letztendlich bloß Papier. Eine Bank, die Ihnen so viel Geld leiht, möchte normalerweise Hochhäuser, ein Restaurant, handfeste Sachwerte, die sich gut veräußern lassen. Für mich war es wie so eine Art Wunder, eine Bank zu finden. Das war, wie einen Lottoschein auf dem Boden liegen zu sehen. Es war die Haspa, die Hamburger Sparkasse, und ich weiß genau, es fiel dieser Satz: *Herr Sepe, wir glauben an Sie und Ihre Ideen.* Sie hatten sich natürlich über mich erkundigt und gesehen: Seit Jahren kommt dieser Typ hier mit neuen Sensationen, mit Schnellbooten zum Beispiel, und kombiniert das mit den Tieren. Der investiert wie ein Heckenschneider. Der hat Mut. Das haben sie alles gesehen. Und dann fiel dieser Satz. Aber trotzdem hätte ich auch fünfzehn Banken fragen können und alle hätten gesagt: *Herr Sepe, wissen Sie was? Machen wir trotzdem nicht. Wir haben zu wenig Garantien.* Aber ich hatte diese eine Bank gefunden, sogar relativ schnell. Natürlich nicht ich allein, sondern mit tausend hilfsbereiten Leuten, mit Beratern, die gesagt haben, probiere doch mal die Haspa! Aber da ich an Energien sehr glaube: Der Fabrizio als Schmetterling in der neuen Dimension, als besserer Mann, als besserer Mensch hat solche positiven Energien anziehen können. Natürlich frage ich mich seit fast zwei Jahren, wie ich mir in meiner Realität diese Pandemie erlauben kann. Das ist alles natürlich total schade, gerade auch für so ein Unternehmen, das vom Tourismus lebt. Da wurde ein Riesenriegel vor den Tourismus geschoben. Aber Energie hin oder her, das habe ich in meine Realität gelassen und damit erlaubt. Auch wenn die Sterne für mich geradewegs nach oben zeigten, mit meiner neuen Ehe mit dieser tollen Frau, dem Baby, das ich mir schon lange gewünscht hatte, mit einem neuen Haus und all der Harmonie. Und die Auszahlung meiner Schwester lief mit so einer Flowfulness, dass ich merkte, dass ich es geschafft hatte, das Negative zu durchbrechen.

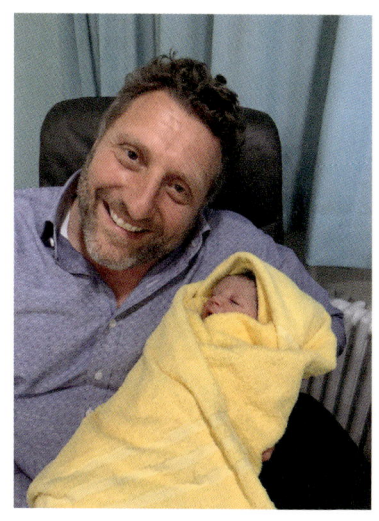

Warum ausgerechnet jetzt die Pandemie plötzlich so reinrockte? Das passte eigentlich von den ganzen Energien her überhaupt nicht. Das war ein kleiner Schock, auch wenn ich sagen muss, dass ich der Allererste im Unternehmen war, der Alarm schlug. Mitte Februar war ich noch in den Flitterwochen gewesen und habe da schon gesagt: *Ich will jetzt, dass ihr schon mit Banken sprecht, mit den Lieferanten, und dass ihr Zahlungen verzögert.* Und mein Team hat zunächst überhaupt nicht reagiert. Die haben alle gesagt: *Der hat zu viel Sonne, der spinnt.* Das klang noch zu sehr nach Utopie. Ich glaube, erst Ende Februar hat Jens Spahn vor dem Parlament diesen berühmten Satz gesagt, dass Corona für Deutschland überhaupt keine Bedrohung darstellt, überhaupt kein Problem. Aber ich hatte bereits große Bedenken, zumal ich ja meine Wurzeln in Bergamo habe. Eine meiner Tanten ist am 11. März in Mailand an Corona gestorben. Es sind so viele gestorben. Die ganze Generation der alten Leute ist ausradiert. Sie merken das, wenn sie durch Bergamo spazieren. Und da habe ich schon früh gesagt, diesmal ist es nicht einfach nur eine Grippe. Ich weiß nicht, das war meine Intuition. Außerdem hatte ich diese Filme aus Wuhan gesehen. Die sahen so ein bisschen nach Verschwörung aus, so ein bisschen seltsam, wie die Leute im Supermarkt einfach umgekippt sind. Ich hatte jedenfalls ein ungutes Gefühl, und als ich nach der Hochzeitsreise am 28. Februar in Hannover gelandet bin, habe ich darauf bestanden, mit dem Wirtschaftsministerium zu sprechen.

Kapitel 25

Ich habe gesagt: *Hören Sie, ich bin der vom Serengeti-Park. Gibt es Pläne, Programme für den Fall, dass wir dichtmachen? Denn das wird bald kommen.* Und die Leute im Ministerium haben abgewunken. Ich habe es noch mal versucht: *Glauben Sie mir, das wird kommen. An Ihrer Stelle würde ich mich dringendst versammeln und mich mit den Landkreisen vorbereiten.* Ich glaube, diese Dame dort, die Frau Simon vom Wirtschaftsministerium, ist mir bis heute dankbar, weil ich glaube, ich war einer der Ersten, der so ein bisschen lauter gesprochen hat. Ich habe auf Italien verwiesen. *Lesen Sie, was dort gerade los ist! Ich habe meine Tante verloren. Die ist bis vor Kurzem noch Marathon gelaufen, ist skigefahren. Vielleicht hatte sie kleine Alterswehwehchen, etwas Zucker, die normalen Sachen, aber sie hätte noch mindestens fünfzehn Jahre leben können, so fit, wie sie war.*

Ja, aber das muss doch nicht nach Deutschland kommen, haben mir die Leute im Ministerium erst noch gesagt, aber ich habe weitergestochert, nach Subventionen gefragt und ob es ein Programm gibt. Ich glaube, ich habe das ein bisschen hier ins Rollen gebracht. Also ich hatte da so eine Intuition. Aber wie gesagt, trotzdem ist es sehr, sehr traurig und sehr schade, was so läuft, und wir hoffen, dass es bald vorbei sein wird.

Ich bin immer sehr beharrlich. Achtzehn Jahre lang habe ich zum Beispiel für ein großes Schild mit Hinweis auf den Serengeti-Park auf der Autobahn A7 gekämpft. Nicht eine Saison habe ich losgelassen, bis man sich endlich dazu durchringen konnte, diese längst fälligen Schilder aufzustellen. Und neben der Beharrlichkeit gibt es noch die Kreativität, die mich ausmacht. Natürlich gibt es Musiker, Maler, klassische Musiker, Werbeagenten, die das Achtfache an Kreativität haben, aber ich bin schon ein sehr kreativer Typ. Ich sitze da und kriege Einfälle. Das ist eine Gabe, ein Geschenk. Ich gehe etwa unter die Dusche und dann, bumm, habe ich diese Idee. Natürlich ist das eine Verbindung zum Beispiel von irgendwas, was ich im Urlaub gesehen habe, mit irgendwas, was ich in einem anderen Park, in einem anderen Zoo gehört habe. Wie zum Beispiel die Interactings. Sie können

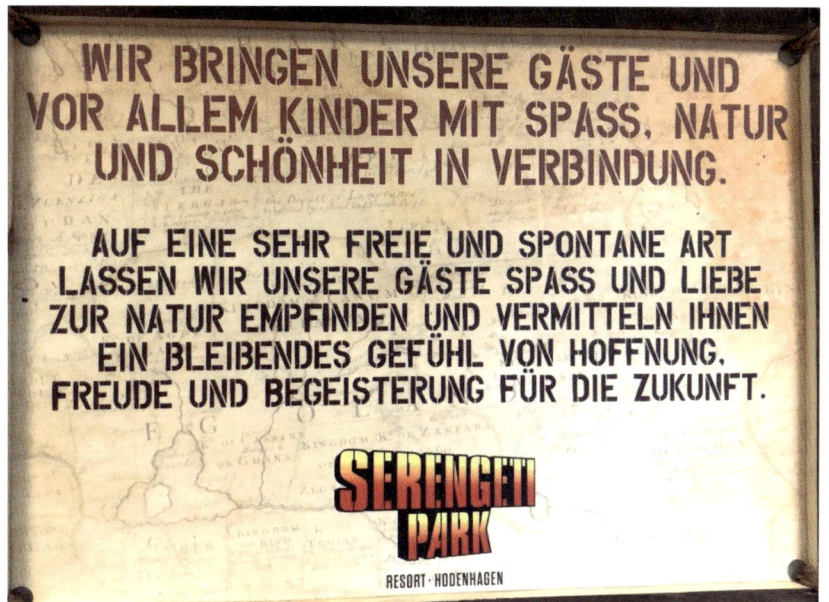

mit einer App auf dem Handy die Tiere im Park füttern. Das ist die revolutionärste Idee in Zoos und Tierparks seit fünfzig Jahren, auch wenn man das bisher noch nicht wahrhaben will. Sie gehen auf diese Interactings, und da haben wir in der ersten Anlage einen riesigen Baum mit trockenen Ästen. Den kann man aktivieren und dann streut er Futter aus. Sie können das als Besucher im Park machen oder, wenn der Park abends schließt, von Zu Hause aus. Sie drücken den Button und der Baum spuckt Futter aus, und die Tiere kommen und fressen. Ich nenne das die gesunde Digitalisierung eines Tierparks. Und es gibt eine Bürste, an der sich die Tiere kratzen können, oder einen Salzstein, den die Tiere anlecken. Es gibt einen Wasserstrahl, den Sie aktivieren können, mit so einem Wasserbassin, aus dem die Tiere trinken können. Sie selbst sind vom Auto oder von daheim aus Tierpfleger, einfach, indem Sie die App herunterladen. Über eine Webcam beobachten Sie, wie die Tiere auf Ihre Spielangebote reagieren. Bezahlt wird über Coins. Ein Euro fünfzig pro Fütterung. Das ist kostendeckend für diese kleinen Pellets. Was für eine Idee!

Kapitel 25

Stellen Sie sich vor, Sie gehen zum Zoo in Berlin. Die beiden Eisbären schlafen, und Sie haben Ihr Enkelkind dabei, und das möchte unbedingt diese zwei Eisbären in Aktion sehen. Wenn Sie jetzt eine App vom Zoo Berlin hätten, könnten Sie einen Lachs aus einem Loch kommen lassen und zusehen, wie die Bären aufstehen, ins Wasser springen, um den Fisch kämpfen, ihm den Kopf abreißen und so weiter. Die Tiere hätten Beschäftigung, was ja das Wichtigste ist im Zoo, dass die Tiere nicht so viel schlafen und herumliegen, und es wäre eine natürliche Beschäftigung, das Jagen eines Fisches. Natürlich kann nicht jeder Besucher einen Fisch aktivieren, sonst werden die Eisbären zu dick. Man würde es beispielsweise begrenzen auf zehn Portionen Fisch am Tag, aber man kann sich andere Sachen einfallen lassen. Die Eisbären könnten mit einer Eiskugel spielen, die von einer Rutsche herunterkäme, die ins Wasser fiele, und darin wäre etwa Gemüse. Sie als Besucher schauen dann zu, wie sich die Bären die Kugel zuwerfen, Sie als Besucher agieren interaktiv mit den Tieren. Dadurch haben auch die Tierpfleger weniger zu tun.

Ich sehe das wie so einen Rugby-Ball-Pass nach vorn für die Zoos, viel mehr als für einen Safaripark, denn der ist ja schon superspannend durch die interaktive Fahrerei mit dem Auto. Hier ist es ein Goody obendrauf. In einem Zoo würde es sofort das Geschäft beleben, denn warum sollen die Tiere den ganzen Tag lang schlafen? Das können sie abends im Stall. Im Grunde hängen sie ab, weil sie sich langweilen. Und klar kann man sagen, die freien Nilpferde dösen doch auch den ganzen Tag am Sambesi-Fluss. Ja, das stimmt. Aber da haben sie Millionen gehirnaufregende Sachen und müssen sich ihr Futter selbst suchen.

Ich frage mich, warum niemand diese Idee gesehen hat, die mir einfach so eines Tages einfiel. Ich war immer der kreative Kopf. Das erklärt sich aus meiner Vergangenheit. Mit dreieinhalb bin ich auf Elefanten geritten, mit acht Jahren habe ich Micky Maus in Orlando, Florida, die Hand geschüttelt. Ich habe viele faszinierende, außergewöhnliche Dinge gesehen, sie getankt. Ich liebe meinen Job, ich liebe Tiere, das sind sehr komplexe Mechanismen, und ich bin offen, frei, ehrlich, und will als Mensch verwundbar leben. Ich will Intimität mit Dingen, mit Menschen aufbauen. Ich lebe mit diesen Prinzipen und dann schießt plötzlich etwas hoch. Das hat viel mit Offenheit zu tun. Augen für alles zu haben. Ich kenne kreative Köpfe, Menschen, die in Meetings ein Buch herausholen und anfangen zu zeichnen – also es gibt Kreative, im Vergleich zu denen bin ich eine Null. So gesehen ist meine Kreativität nichts so sehr Besonderes, aber es ist eben meine zweite große Eigenart neben der Beharrlichkeit. Ich glaube, das hat meinen Vater immer sehr an mir genervt.

Bevor die Pandemie ausbrach, im Jahr 2019, hatten wir zwei schlimme Unfälle im Park. Im Nachhinein kann man das schon fast wie so eine Art Vorboten sehen.

Der eine ereignete sich an einem Samstagmorgen. Ich hatte frei und bekam zu Hause einen Anruf vom Chef-Tierinspektor. Seine Stimme klingt panisch. *Wir haben hier einen Riesenunfall, sehr wahrscheinlich tödlich. Kommen Sie bitte sofort her!*

Er hat richtig ins Telefon geschrien. Ich bin sofort ins Auto gesprungen. Im Park stand schon der Krankenwagen gleich neben den Reportern der Bild-Zeitung. Die hören den Funk der Rettungswagenfahrer ab und waren schneller als die Polizei. Eigentlich erstaunlich, dass die Bild-Zeitung so einen Hörfunkkanal kaufen darf. Die hören *Unfall im Serengeti-Park!* und schicken sofort ihre Leute los.

Nun, ich komme an und vor mir entfaltet sich eine grauenhafte Szene. Ich habe am Abend eine Dreiviertelstunde geweint. Und das dann an drei Tagen hintereinander. Die Tierpfleger standen alle vollkommen fertig herum und weinten.

Verletzt war Philipp, einer der Tierpfleger. Er war sehr schlank, wog vermutlich kaum mehr als fünfzig Kilo, und er war noch ziemlich jung, ich glaube, siebenundzwanzig Jahre alt. Er war zu den Löwen ins Gehege gegangen, um den Zaun zu kontrollieren. Man macht

Kapitel 25

jeden Morgen eine Zaunkontrolle, um zu sehen, ob in der Nacht ein Wolf oder Fuchs vielleicht ein Loch gebissen hat, durch das eine der Raubkatzen eventuell entkommen könnte. Wir sind hier mitten im Nichts, praktisch in der niedersächsischen Wildnis, und man muss jeden Morgen gut kontrollieren. Auch nachschauen, wie das Gehege aussieht. Ob dort noch alte Knochen vom Vortag herumliegen. Die Tiere fressen ja das Fleisch bis zum Knochen ab, und dann bleibt halt so eine riesige Hüfte oder ein Oberschenkel zurück. Das wird anschließend mit der Schubkarre eingesammelt.

Philipp dachte, dass die Löwen im Haus wären. Er wusste nicht, dass einer der Kollegen die Löwen schon am Morgen ins Gehege gelassen hatte. Und jetzt stellen Sie sich diese Szene vor: Der junge Mann geht hinein, macht das Tor zu und sieht sich plötzlich zwei mindestens zweihundertvierzig Kilogramm schweren Löwen gegenüber!

Sie kannten ihn zwar, und das ist sehr wahrscheinlich seine Lebensrettung gewesen, und auch, dass sie schon etwas gefressen hatten an dem Morgen, aber es waren zwei ausgewachsene Männchen. Natürlich haben sie ihn angegriffen.

Im Endeffekt haben sie mehr mit ihm gespielt, als dass sie ihn wirklich töten wollten, denn sonst wäre von Phillip nicht mehr viel übrig geblieben. Auch so hatte er zweiundvierzig Bisswunden über den ganzen Körper verteilt. Davon ist ein Biss ein paar Millimeter in die Lunge eingedrungen, keine anderen Bisse hatten ein Organ getroffen. Nicht die Milz, nicht die Leber, nichts. Phillipp hatte sieben eingequetschte, kaputte Rippen, weil der eine Löwe in den Rippenkorb gebissen hatte. Die anderen Tierpfleger waren zum Glück sofort zur Stelle. Einer der Kollegen reinigte gerade ein Gehege gegenüber und hatte alles mitbekommen. Er hat die Löwen angeschrien und ist so schnell wie möglich rumgegangen. In dem Moment packte der eine Löwe Phillipp am Brustkorb und schleppte ihn ins Haus, ins Winterquartier, um seine Beute zu schützen. Aber das war auch Phillipps Rettung, weil es dort diese Schieber gibt, mit denen man die

Kapitel 25

Löwen isolieren konnte. Und Philipp konnte schließlich herausgezogen werden.

Er war bei Bewusstsein. Als ich ankam, wimmerte er leise. Sie schoben ihn gerade in diese helle Aluminiumtüte, die sich aufbläst, damit er sich nicht bewegen kann. Ich sah noch die Füße. Wie verkrampft sie waren. Am Zittern. Ein Desaster. Ein absolutes Desaster. Als Betreiber denken Sie auch sofort, dass es Ihre Schuld ist. *Was habe ich falsch gemacht? Irgendwas hat hier nicht funktioniert.*

Erst mal. Und dann kam raus, dass es ein Missverständnis in der Verständigung mit dem Kollegen gab. *Ich fahr dahin, du fährst dorthin, ich füttere, und du checkst die Zäune …* Irgendwie sind sie durcheinandergekommen. Er hat wohl eine Tierpfleger-Pflicht übersehen oder vergessen. Mir als Betreiber konnte man rein rechtlich nichts vorwerfen, es war menschliches Versagen, aber das macht die Sache nicht weniger schrecklich. Für mich war das der traurigste Moment im Park.

Am nächsten Morgen musste ich eine Pressekonferenz einberufen, so schnell wie möglich, weil das die Öffentlichkeit natürlich erwartet. Sie können sich nicht einfach verstecken. Das war ganz, ganz schwierig. Meine Stimme zitterte. Ich spreche meine Texte immer aus dem Bauch heraus – also, ich hole mir natürlich Informationen: Wie geht es Philipp? Wie stehen seine Chancen? Was sagen die Ärzte?, aber grundsätzlich spreche ich intuitiv –, und ich habe gesagt, dass wir an Philipp denken und alles dafür tun, dass es ihm wieder gut geht und dass wir natürlich sofort prüfen müssen, was schiefgegangen ist. Aber wie gesagt, das war unangenehm und sehr, sehr beängstigend und traurig. Es gibt Ihnen auch ein Gefühl von *Wow, das könnte ja jede zweite Woche passieren,* wenn man nicht aufpasst.

All die Jahre war nie etwas passiert. Wir hatten schon vor dem Unfall strenge Regeln. Die Schlösser haben beispielsweise alle den gleichen Schlüssel, und die Schlüssel werden gegen Unterschrift verteilt, sodass man nachvollziehen kann, wer gerade im Besitz der Schlüssel

Kapitel 25

ist. Es gibt mehrere Tore, die man öffnen muss, bevor man überhaupt zu den Löwen kommt. Das Löwenhaus ist zwanzig Jahre alt, und in diesen zwanzig Jahren ist nie etwas passiert. Manchmal denke ich, dass das schon erstaunlich ist. Immerhin kommen wirklich ab und zu Gäste in den Park, die den Instinkt haben, Tiere anzufassen. Es ist kaum zu glauben, aber es gibt Menschen, die vergessen vollkommen, dass es sich bei unseren Tieren um Wildtiere handelt, und wollen aus dem Auto aussteigen. Selbst im Zoo werden Tiere selten zahm, aber in einem Safaripark bleiben sie natürlich erst recht Wildtiere. Und dann kommen Leute und wollen ein Nashorn anlocken, als wäre es ein Hund. Gerade auch nach dem langen Winter, nach den vier Monaten Winterpause, wo die Tiere keine Besucher zu Gesicht bekommen, verwildern sie. Das ist schon gefährlich.

Noch im selben Jahr hatten wir einen zweiten Unfall. Das war Ende August, der zweitschlimmste Unfall, diesmal mit einem Nashorn. Man kann sich das Video dazu im Netz ansehen. Das stammt von einem Gast einer Spezialtour, der zufällig Augenzeuge wurde und einfach sein Handy draufhielt. Und dann hat er das Video auch noch der Bild-Zeitung verkauft. Für vierhundert Euro oder so. Die konnten ihr Glück vermutlich gar nicht fassen.

Im Video kann man das Nashorn Kusini in voller Aktion beobachten. Es war neu im Park und noch nicht an Autos gewöhnt, und die Tierpflegerin war dabei, es in den Stall zu treiben. Das sah auch erst aus, als würde es gut funktionieren, aber dann drehte sich Kusini um und ging zum Angriff auf das Auto über. Im Film sieht man, mit welcher Leichtigkeit er den Golf stupst und herumdreht. Wie ein Spielzeugauto. Die Pflegerin hatte unglaubliches Glück. Sie hatte zwei große blaue Flecke, das war alles. Sie war nicht angeschnallt, und in diesem Fall war das gut, weil sie sich in der Mitte des Autos auf die Schaltung setzen konnte und sich mit gespreizten Beinen und Händen oben und an den Seiten festhielt, fast so ein bisschen wie diese Übungen für Astronauten. Sie ist sogar am nächsten Tag ganz normal zur Arbeit gekommen. Wir mussten sie nach Hause schicken. Wir haben gesagt: *Sabrina, hau ab hier, geh dich hinlegen!*

Dieser Unfall ist für einen Außenstehenden kaum zu verstehen. Man kommt leicht zu dem Schluss: Oh mein Gott, das könnte jederzeit mit meinem Auto passieren. Das ist genau das Problem bei der Geschichte. Es ist eher eine Marketing-Katastrophe. Die Tierpflegerin war um Welten weniger verletzt als Philipp, aber der Imageschaden war enorm. Denn klar, der Besucher geht nicht zu den Löwen ins Gehege, aber er ist hier mit dem Auto unterwegs. Wie soll man die Hintergründe plausibel erklären? Der Bulle war gerade erst aus einem Zoo in Bergamo gekommen und Bergamo hatte ihn kurz vorher aus San Diego erhalten. Wir haben in Hodenhagen Europas beste Nashornzucht. Es war der Versuch, den Bullen in unserer Herde einzugewöhnen, und er kam nur abends raus, nachdem die Besucher mit den Autos weg waren. Er kam für eine Stunde jeden Tag raus, um ihn langsam einzugliedern. Ausgerechnet da ist dieser Mann in der Unimog-Tour. Es war die letzte Tour des Tages, es waren sonst keine Besucher mehr im Park. Das alles zu erklären … Das glaubt Ihnen doch keiner. Die Leute sehen nur das Tier, das mit Leichtigkeit ein Auto zerstört.

In dem Fall habe ich mich gegen eine Pressekonferenz entschieden, weil ich wusste, die Frage kommt: *Herr Sepe, ist Ihr Park überhaupt sicher?* Und dann hätte ich die ganze komplizierte Geschichte mit dem Bullen erzählen müssen. Dass er nur abends rauskam und so weiter, und die Presseleute von der Bild hätten mir die Worte im Mund herumgedreht. Ein Desaster, so oder so. Wir haben ein schriftliches Statement abgegeben und diesmal kein Gesicht gezeigt. Ob das jetzt richtig war oder falsch, ich weiß nicht. Viele haben mir gesagt, das sei falsch. Man sollte immer Gesicht zeigen. Es war eine schwierige Situation, zumal mir die Tierpfleger erst am nächsten Tag von dem Vorfall berichtet hatten. Keiner wusste, dass dieser Gast gefilmt hatte, weil der Fahrer es nicht erzählt hatte. Er war in panischer Angst gewesen. Hatte die Tour beendet und erst einmal gesagt, ja, es war

Kapitel 25

alles in Ordnung mit den Gästen, aber er hatte eben nicht gemeldet, dass jemand alles gefilmt hatte. Sonst wären wir ein bisschen vorbereiteter gewesen. So habe ich am nächsten Morgen einen Anruf von der Bild bekommen. *Herr Sepe, ich glaube, wir haben ein Problem. Wir haben einen Film hier.* Und ich: *Was für ein Film?* Ich hatte keine Ahnung. Die Pfleger haben es verheimlicht, sie dachten, das käme nie heraus. Ich verstehe schon, sie haben versucht, ihre Kollegin zu schützen, aber für mich war es ein Schock, am nächsten Morgen von der Bild-Zeitung informiert zu werden. Die Tierpfleger versuchten sich herauszureden. Äh, ja, wir hatten ein Problem mit einem Nashorn. Der Golf ist kaputt, aber es ist alles gut gelaufen, niemand ist verletzt. Dass der Gast die ganze Zeit mit seinem Handy gefilmt hat, hat keiner erwartet.

Dem Nashorn kann man nichts vorwerfen, der Pflegerin dagegen schon. Sie hatte wahrscheinlich keine Lust oder nicht so viel Geduld gehabt, so lange mit dem Tier zu üben. Ständig vorsichtig hin und her und noch mal zurück und hin und her. Tiere, die aus einem Zoo kommen, kennen diese Safarigegebenheiten ja nicht, und bei einem ausgewachsenen Tier dauert es seine Zeit, bis es sich an die Weiten des Parks gewöhnt hat, an die Autos und so weiter. Unsere Nashörner hätten niemals so reagiert. Es kann passieren, dass Sie einen Lackschaden bekommen, dass das Nashorn neugierig ist und mit dem Horn gegen Ihren Lack kratzt, und dann haben Sie einen Schaden von zwei- oder dreitausend Euro. Okay, dagegen sind wir versichert, das ist keine große Sache. Aber ein Nashorn aus unserer Herde würde niemals ein Auto attackieren. Die haben gelernt, dass diese Blechkisten friedlich sind. Die Nashörner wissen es zu schätzen, dass sie rundum versorgt werden. Sie bekommen gutes Futter, zu trinken, und abends, wenn es kalt wird, kommen sie in einen schönen warmen Stall. Sie haben sich eingelebt. Das ist natürlich im Grunde ein Wunder. Dass sich ein Wildtier konditioniert hat, Autos auf der Straße zu akzeptieren. Das Video zeigt, was mit einem Golf passieren kann. Für ein Nashorn bedeutet es nichts, dass dieses Auto eintausendfünfhundert Kilo wiegt. Das könnten sie locker auseinandernehmen, wenn sie es wollten. Das passiert aber nicht. Und das ist, was ich meine. Viele Leute fahren mit so viel Selbstverständlichkeit durch den Park, anstatt erstaunt oder ehrfürchtig zu sein. Dieses Tier ist nicht ausgestopft in einem Museum, sondern ich darf es gerade live erleben. Viele fahren wie mit dem Autoscooter hier durch und halten alles für selbstverständlich, und das finde ich sehr schade. Ich meine, so ein Tier so nah zu erleben, das ist ein Privileg, das ist etwas anderes als Fernsehen und verdient doch Begeisterung und Erstaunen und tiefe Emotionen.

Der Park hätte das Achtfache, Zehnfache an Erfolg, wenn die Emotionen echter und authentischer wären. Das ist ohnehin, was ich mir wünschen würde. Dass die Menschen mehr in die Tiefe schauen und es zulassen, sich von Emotionen berühren zu lassen. Wenn wir alle so leben würden, bräuchte unsere Gesellschaft keine Drogen mehr. Wir würden intensiver fühlen und präsenter sein. In Bezug auf den Park würde das bedeuten, dass die Besucher dieses enorme Wunder erfassen würden, was sich vor ihren Augen entfaltet. Ein lebendiges Tier, ganz nah vor dem Fenster. Man kann es fast riechen, es schaut einen an, es ist friedlich. Ich sage Ihnen, eine Giraffe wiegt sechs-, siebenhundert Kilo, und allein der Kopf ist riesig. Das sieht man aus der Ferne nicht. Der große Kopf mit den beiden Hörnern. Allein, was eine Giraffe anrichten könnte, wenn sie nicht gelernt hätte, friedlich neben den Autos zu spazieren … Manche Leute machen das Schiebedach auf, lassen ihre kleinen Kinder oben rausgucken und fahren so durch den Park. Das ist riskant und natürlich verboten, aber manche Leute denken sich nichts dabei und machen das einfach. Dabei, wenn die Giraffe nur einmal mit dem Kopf schaukeln würde, das Kind wäre innerhalb von Sekunden mindestens schwer verletzt. Die Giraffe tut das nicht, sie hat gelernt, friedlich zu bleiben. Aber dass es so ist, ist nicht selbstverständlich, und es wäre schön, die Leute würden erkennen, welches Geschenk diese wilden Tiere

Kapitel 25

uns im Grunde mit ihrer Nähe und Freundlichkeit machen. Wenn die Menschen mehr an Emotionen zulassen könnten, würden sie es merken. Man könnte sich darüber jetzt zwei Jahre lang unterhalten. Wie macht man das? Will man das? Der Kommerz will das bestimmt nicht. Der will, dass Sie Fast Food verzehren, Serien gucken, Bier trinken, Ihre Gefühle abtöten. Neuerdings kommen ein paar Werbespots, die ein bisschen in Richtung Emotion gehen. BMW hat seit Jahren dieses „Freude am Fahren". Freude ist hier eine Emotion. Also, ein riesiges Thema.

Aber zurück zum Nashorn Kusini. Zwei Unfälle in einem Jahr, das hat mich sehr erschüttert. Die zwei fast schlimmsten Unfälle in mehr als achtundvierzig Jahren. Dazwischen war der tödliche Tigerangriff im Jahr 1981. Immerhin gab es diesmal keinen Toten. Trotzdem, für mich richtige Schläge. Das Nashorn Kusini haben wir dann dem Europäischen Erhaltungszuchtprogramm EEP gemeldet. Für die Breitmaulnashörner ist ein Zoologe aus den Niederlanden zuständig. Den haben wir angerufen und um Rat gefragt, und er hat geholfen, Kusini wieder in einen Zoo zu verlegen.

Aber ist es nicht erstaunlich, dass diese Vorfälle beide in einem Jahr waren? Da ich mich sehr für Metaphysik interessiere, habe ich mich gefragt, ob das nicht schon eine seelische Vorbereitung auf diese Pandemiekatastrophe war. So eine Art Vorbote. Der Unfall im März mit Phillipp hätte ja gereicht, aber nein, es kommt noch einer und dann ganz dick in der Presse: „Nashorn zermöbelt Auto im Safaripark".

KAPITEL 26

Gedanken zur Zukunft von Tierparks

Ich habe eine Menge Ideen, was die Zukunft betrifft. Wie Sie inzwischen wissen, bin ich jemand, der ungern auf der Stelle tritt. Ich bin immer sofort dabei, wenn es darum geht, Perspektiven zu entwickeln und an einer hoffnungsvollen Zukunft mitzuwirken.

Eine Idee für die Zukunft der gesamten Region habe ich vor einiger Zeit dem niedersächsischen Wirtschaftsminister Althusmann in einem intensiven Gespräch vorgestellt. Ausgangspunkt ist, dass es in Niedersachsen rund zwanzig Freizeitparks, Tierparks und Zoos gibt. Seit fünfzig Jahren präsentiert sich das Land als Messe- und Autobau-Region. Bisher war das gut, aber wenn man heute in die Zukunft sieht, sind das zwei Wirtschaftsspalten, die sich eher im Abstieg befinden. Es ist an der Zeit, neu zu planen und einen Weg zu finden, dass sich die Region ein neues, zeitgemäßes Image verschafft. Dass sich Niedersachsen neu präsentiert. Ich denke da an den Tourismus. Nach meiner Vorstellung sollte der Flughafen Hannover so umgebaut werden, dass er gezielt Familien anspricht. Es wäre schön, wenn eine Familie, auch aus dem Ausland, von Figuren der regionalen Parks begrüßt wird. Man sollte weg von der kühlen Stahl- und Betonoptik, hin zu etwas Freundlichem. Warum nicht die Maskottchen der Parks aufstellen? In meiner Vision stehen im Ankunftsterminal gut strukturierte Shuttleservice-Angebote parat, sodass die Familien entspannt vom Flughafen in die jeweiligen Parks gebracht werden können. Von vornherein sollten Angebote gemacht und Pauschalpakete geschnürt sein, sodass die Menschen gleich mit dem Flug schon Übernachtungen und Eintritt in den Park inklusive haben. Man könnte Menschen

Kapitel 26

aus ganz Europa anlocken – aus Frankreich, England, Russland, Südeuropa. In Niedersachsen haben wir die größte Konzentration an Freizeitparks in Europa. Warum also nicht umdenken, das Land neu konzipieren und sich auf den Tourismus konzentrieren? Die Autobahnen werden bereits aktuell auf drei Spuren umgebaut, das ist schon ein guter Anfang.

Natürlich wäre ein Umbau vom Hannover Airport ein großes Projekt und natürlich müsste das Land erst einmal viel Geld in die Hand nehmen, aber dann hätte Niedersachsen neben der Autoindustrie und der Messe zusätzlich die Säule des Tourismus. Heute kommen vor allem Gäste aus dem nahen Umfeld. In der Zukunft könnten die Touristen aus ganz Europa kommen. Dafür müssen Infrastrukturen geschaffen werden. Wir brauchen zum Beispiel große Hotelketten. Der Wirtschaftsminister Althusmann war von meiner Idee begeistert und nahm sie mit in den Landtag. Es war sogar geplant, mit einer Gruppe von Unternehmen aus der Tourismus-Branche nach Orlando zu fliegen, um sich dort anzuschauen, wie Florida, als ursprünglich reines Sumpfgebiet, es geschafft hat, zum weltweit größten Touristenmagneten aufzusteigen. Das war mein Vorschlag gewesen, weil es wirklich beeindruckend ist, zu sehen, wie die Amerikaner einen gigantischen Sumpf so umgestaltet haben, dass jährlich Millionen von Touristen in die Parks strömen und ihre Freizeit dort verbringen. Man hätte Termine machen können mit Politikern vor Ort und sich erzählen lassen, wie sie diese Wunder geschafft haben. Und wenn die Delegation zurückfliegt, müsste man ihnen vor Augen führen, dass wir in der Lüneburger Heide bereits die idealen Voraussetzungen haben, um die unterschiedlichsten Menschen anzusprechen. Wir haben die wunderschöne Natur und die Ruhe, die man hier findet. Wir haben die vielen Pferde und kilometerlange Wander- und Fahrradwege. Dazu die Parks. Ich war schon dabei gewesen, einen Businessplan und Befragungskriterien zu erstellen. Das hätte man sehr bald konkret im Landtag vorstellen können. Leider kam die Pandemie dazwischen und legte alle Zukunftspläne erst einmal auf Eis.

Ansonsten habe ich natürlich noch immer große Visionen für die Zukunft. Zunächst würde ich von dem engen Begriff „Zoo" weggehen. In dreißig Jahren wird es kaum noch Wildnis geben. Vielleicht werden uns Elon Musk und Jeff Bezos tatsächlich auf den Mars bringen, und wenn es so sein wird, dass wir dort Kolonien gründen, ist meine Tochter Brielle vermutlich dabei, den ersten Safaripark aufzubauen. Vielleicht auch auf dem Mond. Man spricht bereits über baldige Kolonien dort. Die Chinesen sind schon am Werk, und es war Bezos' Vision, den Mond zu nehmen, weil da keine Flüsse und keine Pflanzen sind. Das ist so ein bisschen tot, und so könnte man das ganze Verschmutzende, was wir bis heute durch die Technologien nicht vermeiden können, hochverfrachten und wir behielten unseren blauen Planeten als Juwel. Damit würde die Erde zum Urlaubsort. Sie wäre rein zum Genießen da, weil es kaum noch Verschmutzungen gäbe, da all die Produktionen auf dem Mond stattfinden würden. Diese Vision hatte Bezos schon als kleiner Junge, er war wohl schon immer an Astrophysik interessiert, und jetzt hat er diesen immensen Reichtum, um Raketen zu bauen und in die Weltraumforschung zu investieren.

Es ist die Gabe dieser Entrepreneure, groß zu denken, und wenn wir in dreißig Jahren, so um 2050 herum, eine anfängliche Kolonie auf dem Mars haben und anfangen, die ersten Millionen Menschen dahin zu verfrachten, verringert sich der Druck auf die Erde. Dann wird der In-situ/Ex-situ-Austausch zwischen Tierparks, zoologischen Gärten und der Wildbahn eine noch intensivere Rolle spielen, damit die Wildnis überhaupt wiederhergestellt werden kann. Die Zoos könnten in Zukunft also die Schöpfer der neuen oder wiederkehrenden Wildnis sein. Auch Stephen Hawkins hat gesagt, die Menschheit muss binnen einhundert Jahren auf einen anderen Planeten umgesiedelt werden, sonst implodiert alles. Die Rohstoffe reichen bald nicht mehr und das ganze System fällt in sich zusammen.

Ich kann mir gut vorstellen, dass, wenn wir 2050 eine erste Kolonie auf dem Mars haben, bis 2100 dort schon drei Milliarden Menschen

Kapitel 26

leben und auf der Erde dann dementsprechend weniger. Das stelle ich mir spannend vor. Zwar heute noch verrückt, aber als wir vor zwanzig Jahren an der Bushaltestelle saßen, dachten wir auch nicht, dass wir mal über ein Telefon unsere Reisen buchen, Essen bestellen, neue Partner kennenlernen. Es kann viel passieren. Momentan deutet alles in diese Richtung. Der erste Rover trampelt bereits mit so einem kleinen Oktokopter auf dem Mars herum. Der sucht nach Wasser, nach Gebirge, also man ist voll dabei, wenigstens auf dem Mars landen zu wollen, ich glaube bis 2025. Das ist gar nicht mehr weit hin, und Elon Musk mit seinen Milliarden will sogar noch schneller sein. Und dann gibt es die Mondbewegungen, also Russland und China wollen Kolonien auf der anderen Seite des Mondes aufbauen, sodass man, wenn man in klaren Nächten mit dem Teleskop zum Mond schaut, die Kästen nicht erkennt. Langsam wird es Realität. Die Raketen werden effizienter, sie explodieren weniger, die Raketenforschung ist sicherer geworden. Wenn das der Weg der Zukunft ist, spielen zoologische Gärten eine große Rolle. Man wird sagen: Okay, wir können den Menschen nicht vorschreiben, ob sie sich fortpflanzen und, wenn ja, wie viele Kinder sie bekommen, das verstößt gegen die Freiheit, aber wenn es so weiterläuft, sind wir bald zwölf Milliarden Menschen und die bewältigt unser Planet nicht mehr. Ich persönlich glaube, bis zu zehn schafft er noch, aber dann ist es ein bisschen wie bei einer Spüle, in der das Wasser überläuft. Dann ist es vorbei.

Wir können nicht zugucken und es so weit kommen lassen. Es gibt so eine berühmte Uhr, an der sich ablesen lässt, wie viele Kinder pro Sekunde geboren werden. Ich persönlich bin gegen große Einschränkungen. Klar könnte man sagen: Okay, ich kauf mir kein Auto mehr, ich fahr nur noch mit dem Fahrrad. Kann man alles machen. Ökobewusst, nachhaltig. Kann jeder machen, wenn er möchte. Ich persönlich empfinde es als Einschränkung meiner Freiheit, wenn es mir von oben diktiert wird. Natürlich, in einer Pandemie halte ich mich an Regeln. Ich gehe auf keine Partys, um Menschenleben zu schützen. Ich bin gern solidarisch, aber ich werde froh sein, wenn das alles vorbei ist und ich wieder feiern kann. Und ähnlich sehe ich das mit der Öko-Geschichte. Um den Planeten zu schützen, würde ich mich natürlich einschränken, ist ja logisch, ich will ja auch, dass meine Tochter gesunde Luft und gutes Wasser hat, aber es wäre auf die Dauer doch eine große Einschränkung meiner Freiheit. Wenn ich zum Beispiel heute eigentlich nach Hamburg wollte, aber dann aus ökologischen Gründen auf die Fahrt verzichte – also, persönlich gefällt mir diese Richtung nicht so sehr. Da bin ich mehr für Erfindungen, für Technologien, die der Umwelt helfen. Es gibt ein Buch von Peter H. Diamandis, das heißt „Überfluss. Die Zukunft ist besser, als Sie denken". Das hat mir gut gefallen, weil es Hoffnung macht. Er schreibt, dass bereits in der römischen Zeit ein Schmied durch Zufall Aluminium entdeckte. Der Mann wurde verhaftet und getötet, weil man dachte, er hätte eine komische giftige Zusammenstellung erfunden. Seine Schmiede hat man verbrannt. Stellen Sie sich vor, wo Rom heute wäre, wenn sie damals bereits Aluminium genutzt hätten!

Heute haben wir zum Glück alle notwendigen Erfindungen. Natürlich ist viel Lobbyarbeit zu machen, weil immer irgendwelche Leute Monopole behalten wollen. Zum Beispiel die Geschichte von Hanf. Diese Pflanze ist aufgrund ihrer Rauschwirkung in Verruf geraten, aber man kann daraus sogar Autos bauen. Die haben den Vorteil, dass sie leicht sind und kaum etwas verbrauchen, aber auf einmal begann die Dämonisierung von Hanf und das Material wurde aus der Industrie verbannt. Diamandis sagt, es sei unglaublich, was wir in den letzten hundert Jahren geschafft haben. Wahlrecht für Frauen. Die Kindersterblichkeit ist stark gesunken. Viele Krankheiten, an denen wir noch vor ein paar Jahren gestorben wären, sind nahezu besiegt. Diamandis listet alle diese Fortschritte und großartigen Erfindungen auf. Da gibt es etwa eine Alge, die man zunächst trocknet und dann wieder wässert, und plötzlich hat sie Eigenschaften wie Erdöl, nur dass sie vollkommen sauber verbrennt. Wenn Sie mich fragen, ich möchte lieber so frei sein, wie ich möchte, und kaufe mir dann die guten Technologien, die Umweltverschmutzungen vermeiden. Baue mir etwa ein Haus aus ökologischen Materialien, fahre ein umweltfreundliches Auto. Das ist mir lieber, als nur noch ein Fahrrad zu haben und nichts als Sojasprossen zu essen.

Kennen Sie Memphis Meat? Das ist eine Firma, die bereits Fleisch im Reagenzglas züchtet. Sie nehmen Stammzellen aus den Nabelschnüren von Kühen, frieren sie ein und lassen im Labor ein Steak aus diesen Zellen wachsen. Das kommt bald auf den Markt. Ganz groß. Steaks, Hamburger, Chicken Nuggets. Die haben das mit Kühen und auch mit Hühnern geschafft. Das heißt, wir haben jetzt die Technologie. Theoretisch können wir morgen mit der Massentierhaltung aufhören. Dann ist es vorbei mit all dem Ammoniak, mit dem CO_2-Anstieg durch Viehhaltung, und so weiter. Ich selbst unterstütze Memphis Meat schon seit fast zehn Jahren. Die Fleischlobby verteidigt ihren Markt natürlich vehement. Sie wollen weiterhin ihr Fleisch verkaufen, ist doch klar. Und sicher wird es etwas dauern, bis die ganze Menschheit auf Tierfleisch verzichtet und zu gezüchtetem Fleisch greift, aber die Technologie ist schon da. Sie brauchen die Massentierhaltung nicht mehr. Stellen Sie sich das vor! Keine Hühner mehr, die dicht an dicht in ihrer eigenen Scheiße sitzen. Kein männliches Küken wird mehr geschreddert und zu Futter gemacht für die anderen Hühner. Das alles kann sofort aufhören. Also sehr bald!

Ich bin für Ideen, die uns nach vorn bringen, ohne uns die Freiheit zu nehmen. Und so bin ich auch aufgeschlossen für Visionen, wenn es um die Zukunft der Zoos geht. Angenommen, es funktioniert nicht, wir werden keine neuen Planeten kolonisieren und nicht auf dem Mars leben. In dem Fall sehe ich die Zukunft der Zoos wie eine Art Arche Noah, als Genbank von Tieren. Die Zoos werden intensiver vernetzt sein und so gut züchten müssen, dass ein Nashorn, das im Jahr 2050 geboren wird, ein Supernashorn ist. So wie heute ein Araberpferd. Es muss die beste Mutter haben und den besten Bullen als Vater. Das wäre eine Möglichkeit, den Kampf gegen das Artensterben in Angriff zu nehmen. Aufgeben ist keine Option, auch wenn im Grunde noch gar nicht so weit geforscht wurde, was Artensterben wirklich für Konsequenzen hat. Seit Darwin gibt es keine tiefergehende Studie über den Einfluss von Tieren auf die Gegenwart. Man sagt, wenn die Bienen aussterben, sterben wir auch aus. Aber stimmt das wirklich? Ist das wissenschaftlich belegt? Wäre es nicht auch möglich, dass Vögel einspränge und eine Rolle beim Wachsen und Blühen der Pflanzen übernähmen? Vielleicht würde das auch reichen, damit wir als Spezies überleben. Wir wissen das nicht. Wir stochern da in wissenschaftlichem Nebel. Dennoch, die Zoogemeinschaft wird mit aller Macht gegen das Artensterben kämpfen müssen. Das klappt heute schon ganz gut. Wir haben zum Beispiel seit über zwanzig Jahren Projekte in Brasilien, um die Löwenäffchen zu retten. Das sind kleine Krallenäffchen, von denen in Brasilien nur noch wenige Individuen existierten, weil sie von den Einwohnern gegessen wurden. Das gehörte zur Tradition. Leider merkt der Mensch nicht, wie er sich immer weiter ausbreitet. Wenn in einem Dorf hundertzwanzig Indios leben und die sich ab und zu ein Äffchen aus dem Urwald holen, es grillen und zu besonderen Feiertagen verspeisen, merkt das die Population nicht. Wenn aber die Dorfgemeinschaft auf fünftausend anwächst, killen sie plötzlich jede Woche dreitausend Äffchen, verstehen Sie, und das fällt dem Menschen erst nicht auf.

So war das auch mit dem arabischen Oryx, einer Antilopenart, einem Spießbock. Er ist komplett weiß, weil er an den Rändern der hellen Sandwüste lebt und somit gut getarnt ist. Überhaupt ein unglaubliches Tier, das sich perfekt an die Wasserknappheit angepasst hat. Es hat eine Zunge mit kleinen Lamellen, mit denen es frühmorgens den Tau von den Sandkörnern lecken kann und so in der Lage ist, acht Monate ohne weitere Wasserzugaben zu überleben. Jedenfalls war es Tradition, dass, wenn ein Junge achtzehn wurde, er mit seinem Vater loszog, um eine dieser Antilopen zu schießen. Der Junge musste von dem Blut der frisch getöteten Antilope trinken

Kapitel 26

und wurde durch dieses Ritual in die Gemeinschaft der Männer aufgenommen. Und natürlich, was ist passiert? Dieser arme arabische Oryx, der bisher gemütlich am Rand der Wüste graste, ist durch dieses Ritual fast ausgestorben. Es gibt nur noch etwa einhundertsechzig Tiere von ursprünglich Hunderttausenden, und jetzt haben sie in den europäischen Zoos ein Riesenschutzprogramm für den Oryx aufgelegt. Das Programm läuft in Kooperation mit den arabischen Staaten und jedes Jahr werden zwanzig Individuen aus verschiedenen Zoos wieder ausgewildert. Das sind Erfolgsgeschichten.

Leider gibt es auch Geschichten ohne Happy End. Mit dem Afrikanischen Wildhund, dem Likaon, hat es nicht gut funktioniert. Diese Tiere liegen zwischen Schakal, Wolf und Hyäne. Sie haben große Ohren und sind furchtbar bissig, dabei aber hochintelligent. Sie jagen in Rudeln, indem sie sich etwa ein Zebrafohlen ausgucken und sich taktisch wie die römischen Legionen im Kreis aufstellen. Das Zebra merkt zunächst nichts von der Gefahr, und wenn es weiterzieht, wird es von den Hunden verfolgt. Irgendwann bemerkt es die Verfolger und beginnt zu rennen, aber dann laufen die Hunde hinterher, und sie wechseln sich ab, um sich ihre Kraft einzuteilen. Wenn sie das Zebra lange genug gejagt haben, greifen sie gemeinsam an. Das ganze Rudel springt auf das Zebra, reißt es und frisst es endlich. Diese Hunde wurden durch Krankheiten wie die Blauzungenseuche schon dezimiert, aber auch durch Wilderei. Man kann sich ja vorstellen, dass der Likaon bei den Landwirten nicht gerade beliebt war. Wenn Sie fünfzig Schafe in einem Gehege haben und jeden Morgen finden Sie vier von denen zerfressen, was tun Sie? Klar, Sie legen sich auf die Lauer und erschießen die Wildhunde. Schnell geht die Population dramatisch runter. Das bekommen wir in Europa gar nicht mit. Unsere Tiere dagegen leben wie im Robinson Club. Sie haben tierärztliche Versorgung, bekommen super Futter, gutes Wasser und so weiter. Die Zoos aus Europa haben versucht, die Afrikanischen Wildhunde wieder auszuwildern. Man hat sie in Kisten runtergebracht und in den Nationalparks freigelassen. Aber ob Sie es glauben oder nicht, die Hunde saßen da und warteten auf Futter. Sie hatten vollkommen verlernt, wie man jagt. Sie hatten die Technik nicht mehr drauf und sind alle verhungert.

Ein anderes Beispiel ist sind die Amur-Leoparden. Von ihnen existieren nur noch vierzig Individuen in der Wildbahn. Es ist die gefährdetste Raubtierart in der Welt, weil sich die Zaren früher ihre Mantelrevers mit dem Leopardenfell schmücken ließen. Das gehörte zu ihrer Tradition. Heute leben die wenigen Individuen versteckt in Steinhöhlen neben dem Amur-Fluss. Es ist die aggressivste Raubtierart, die es gibt. In Zoos wurden schon einige Pfleger von Amur-Leoparden getötet. Über die Jahrhunderte haben diese Tiere gelernt, sich anzupassen. Dazu gehört, dass sie nur im Schutz der Nacht jagen und tagsüber in ihren Höhlen bleiben. Acht Jungtiere sind bei uns im Park gezüchtet worden. Als der erste sibirische Leopard ankam, das war im März 2000, gab es in den Zoos keine hundert Exemplare. Inzwischen sind es um die siebenhundert und man beginnt mit der Wiederauswilderung. Das gelingt, weil sie nicht im Rudel jagen, sondern einzeln. Das macht die Anpassung leichter. Vielleicht entsteht eines Tages ein Nationalpark in Sibirien und dann könnte das Tier wieder entspannt in Freiheit leben.

Gut funktioniert die Auswilderung auch bei Vogelarten, bei Geiern oder Falken, die kurz vor dem Aussterben sind und zum Beispiel in den Pyrenäen oder in den Anden wieder ausgewildert wurden. Es gibt unzählige Projekte, die gut gegangen sind und viele, die hier und da scheitern. Die Zoowelt engagiert sich unglaublich. Tierforscher und Zoologen fragen sich jeden Tag, wie rette ich zum Beispiel diese kleine Froschart auf Borneo vor den ganzen Waldbränden. Auch da sind die Populationen gefährdet. Die Menschen zünden Wälder an, um neue Dörfer zu bauen. Borneo ist eine kleine Insel, die Menschen pflanzen sich fort wie überall auf der Welt, der Platz wird eng. Man kann es ihnen wohl kaum verbieten, Familien zu gründen. Es sei denn, die United Nation oder wer weiß was für eine Organisation erlässt Gesetze, die Menschen dürfen nur noch alle fünf Jahre ein Kind bekommen. Aber so? Natürlich braucht jeder Mensch ein Haus, also bumm, Wald verbrannt. Dasselbe passiert in Amazonien. Dass das die Lunge der Welt ist, interessiert in Brasilien niemanden. Die brauchen dort Lebensraum, Hütten, Platz für Ziegen, Kühe, Schafe, Sojaanbau. Man kann das dämonisieren – Ahh, die vernichten den Urwald und der Präsident schaut zu –, aber was zum Teufel soll er auch machen? Klar könnte er sagen: Lass uns Geld nehmen und wir bauen wie in Dubai künstliche Inseln, auf denen die Menschen siedeln können. Aber das müsste schnell passieren. Irgendwo müssen die Menschen schließlich hin.

Von daher ist der Kampf der zoologischen Gärten ungewiss und jeden Tag eine neue Herausforderung. Man versucht, Fischarten zu retten, Tiere wieder auszuwildern, zu züchten, zu erhalten, zu studieren. In Europa gibt es die EAZA, *European Association of Zoos and Aquaria*, darin sind an die vierhundert Zoos, auch der Serengeti-Park. Es ist so eine Art Super League wie beim Fußball. Darin sind die größten

Zoos: Zoo Wien, Zoo München, Zoo Berlin, Zoo Amsterdam, Zoo Rotterdam, Zoo Stockholm, Zoo Kopenhagen, Zoo London. Die kleinen Zoos bleiben ein bisschen außen vor, aber sie haben sich sehr hohe Standards gesetzt, strenge Auflagen, wie man Tiere zu halten und zu pflegen hat, und wenn man die Bedingungen erfüllt, darf man Mitglied werden. Wir sind seit ein paar Jahren in der EAZA, davor waren wir zwei Jahre lang temporäres Mitglied. In der Zeit werden Sie beobachtet und es wird kontrolliert, ob Ihre Angaben auch wirklich stimmen. Zoologen kommen und schauen sich um, ob Sie auch tatsächlich das verfüttern, was Sie gesagt haben, und ob Sie wirklich alle Vorgaben einhalten, in Forschung investieren und so weiter. Es bedarf sehr viel Investition, bis Sie Mitglied werden. Ein großes Thema ist die Artenerhaltung. Ein Kampf, der engagiert geführt werden muss. Wie gesagt, es gibt keine fortgesetzte Darwin-Studie, die belegt: *Okay, diesen Frosch vergiss mal, der bringt nichts, setz lieber auf den Frosch, der ist wichtiger. Oder der Schmetterling da, der fliegt nur rum, der nimmt nicht so viel Pollen auf, lass den mal.* Das geht nicht. Wir müssen uns breitflächig konzentrieren und versuchen, möglichst jede Spezie zu retten.

Im Jahr 2020 ist der Serengeti-Park in ein Projekt eingestiegen mit dem IZW, das ist das Institut für Zoo und Wissenschaft aus Berlin. Da arbeiten sehr gute Wissenschaftler, Thomas Hildebrand und Frank Göritz sind die zwei Hauptköpfe, und wir standen seit Jahren in Kontakt. Wir in Hodenhagen haben die beste Nashornzucht in Europa. Wir züchten Nashörner wie Kaninchen. In anderen Zoos gestaltet sich das schwieriger, vor allem auch bei Breitmaulnashörnern. Also habe ich dem IZW eine Zusammenarbeit vorgeschlagen. Jetzt kam ein Projekt zustande, da kriegt man wirklich Gänsehaut. Vielleicht haben Sie davon gehört. 2018 starb das allerletzte nordafrikanische männliche Breitmaulnashorn. Sudan war sein Name. Es ging durch die ganze Presse. Der Letzte seiner Spezies. Es gibt verschiedene Nashornarten: Breitmaulnashorn,

Kapitel 26

Spitzmaulnashorn, das Panzernashorn aus Asien, aus Indien und so, und vom Breitmaulnashorn gibt es eine Unterart, das ist das nördliche Breitmaulnashorn. Das unterscheidet sich ein bisschen vom südlichen und östlichen Breitmaulnashorn, weil seine Beine und Füße etwas dicker sind. Sie haben immer mehr im Wald und im Sumpfgebiet gelebt, eher nördlich. Von dieser Art gab es nur noch drei Individuen, zwei Weibchen und ein Männchen. Eben dieser Sudan, der gestorben war. Bei seinem Tod hieß es, der Letzte seiner Art ist weg. Nun sind die beiden Wissenschaftler, Hildebrand und Göritz, nach Kenia geflogen. Sie haben die zwei Weibchen, die es noch gab, in Narkose gelegt, ihnen Follikel entzogen und sie mit dem Sperma von Sudan, das man zum Glück vor seinem Tod entnommen hatte, inseminiert. Daraus haben sie vier Embryos gebaut und eingefroren. Auch von den östlichen und südlichen Breitmaulnashörnern haben sie Follikel entnommen, haben sie mit Sperma von einem normalen Nashorn zum Embryo gemacht, eingefroren und versucht, diese Embryos in fremde Kühe einzusetzen. Bis heute hat das noch nie funktioniert, das Embryo wurde immer eingesogen und war weg. Nun haben sie gesagt, wir versuchen es mal mit dem Weibchen Makene aus dem Serengeti-Park. Sie ist erst sieben Jahre alt und lebt in einer größeren Herde. Sie bewegt sich mehr, weil das Gelände hier größer ist als das in einem üblichen Stadtzoo. Sie haben die Hoffnung, dass es unter diesen Voraussetzungen mit der Befruchtung funktionieren könnte. Das heißt, das Team wird im Juli mit einem riesigen Endoskop kommen und den vorhandenen Embryo in unsere Kuh einsetzen. Falls der angenommen wird, wächst und die Geburt gut verläuft, wollen sie als Nächstes nach Kenia fliegen und die dort eingefrorenen Embryos in eine ähnliche Kuh in Afrika einsetzen. Wir beten, dass das funktioniert, denn dann könnte eine so gut wie ausgestorbene Tierart erhalten werden. Sonst ist das nördliche Breitmaulnashorn in ein paar Jahren von der Erde verschwunden. Auch das müsste man studieren: Wenn dieses spezielle Nashorn mit den breiteren Füßen ausstirbt, ist das für uns Menschen und dem Planeten wirklich so ein Drama?

Vermutlich ja, denn dieses Tier frisst an diesem Ort, wandert fünfzig Kilometer, um Wasser zu suchen, und setzt dort Kot ab. Es wandert wieder weg. Der Kot zersetzt sich und bald wächst an der Stelle ein Baum. Sie haben eindeutig eine Funktion. Deshalb wollen wir sie erhalten. Wie auch die Bienen. Wie die Schmetterlinge. Alle haben eine Mikrofunktion. Aber man könnte sich bei dem Nashorn fragen, ob es nicht reicht, das südliche Nashorn in die nördlichen Gegenden auszuwildern. Würden sie dieselbe Funktion erfüllen? Oder muss das unbedingt diese eine Art sein? Das ist die Frage. Bisher gibt es dazu noch keine präzisen Studien, aber es spricht alles dafür, dass es eben doch das nördliche Nashorn sein muss. Der Kot der südlichen ist anders, darauf wachsen keine Papaya-Bäume. Es ist alles sehr komplex.

Über Jahrhunderte hat man sich auf die industrielle Evolution konzentriert, auf Raumschiffe, Computer, Maschinen, Autos und Pumpen. Aber bisher ist keiner wie Darwin mehr geboren worden. Also jemand, der in der Tierwelt auf diesem Niveau Erkenntnisse gesammelt hat. Der Fragen gestellt hat wie: Wieso emigrieren diese Tiere genau dorthin? Was machen sie da? Die Biene, der Schmetterling. Das heißt, die ganze zoologische Welt muss um den Erhalt der Tiere kämpfen, bis der Tag kommt, an dem die Politik beschließt, dass jetzt vier Milliarden Menschen auf den Mars oder einen anderen Planeten verfrachtet werden. Oder die UN anfängt, die Geburten zu systematisieren, zu strukturieren, denn sonst kollabiert die Erde. Die Zoologie wird sich fragen, wie es möglich sein wird, wenigstens noch den einen oder anderen Nationalpark in Afrika zu schützen.

Man kann vieles erträumen, aber wenn wir uns weiter mit dieser Geschwindigkeit vermehren, gibt es keine großen Alternativen, außer man sieht das als Schicksal an und sagt, die Natur wird es selbst regeln. Dass also neue Pandemien und Umweltkatastrophen die Population dezimieren werden. Bakterien, Viren, Hochwasser, Anstieg des Meeresspiegels, Vulkanausbrüche und so weiter. Ich war

Kapitel 26

mal drei Wochen im Urlaub auf Hawaii und habe dort den größten Vulkan der Erde besucht. Das war kein schönes Gefühl für mich, weil ich furchtbare Angst vor Erdbeben habe. Ich habe als Junge ein Erdbeben in Mailand miterlebt, das werde ich nie vergessen. Es war in der Wohnung meiner Oma in der Via Pogatschnig. Ich saß über meinen Schulaufgaben und alles fing plötzlich an zu wackeln, bis der Tisch tatsächlich wegflog und ich mich am Heizkörper festklammern musste, um nicht mit wegzufliegen. Spiegel, Lampen, alles war kaputt, und das ganze Haus hat komisch nach Eisen gestunken.

Was die Tiere anbelangt, werden wir uns entscheiden müssen. Gorilla, Elefanten, Nashorn, Giraffen – wohin mit ihnen? Und was machen wir mit den Meeresgeschöpfen? Die Fischer respektieren die natürlichen Zyklen nicht mehr. Was wird aus den Fischen, den Delfinen, den Walen? Man wird sich damit befassen müssen, Hand in Hand mit der Politik, weil die Zoowelt nicht entscheiden kann. Sie kann nur mahnen. „Achtung, schon wieder sind fünftausend Spezies pro Jahr verendet!" Die Politik wird Lösungen finden müssen. Ich kann nur dafür plädieren: Je früher wir uns Gedanken machen und Visionen entwickeln, umso besser. Ein Leben ohne Tiere möchte ich mir nicht vorstellen.

Während einer Reise zu unserem ausgewilderten Nashorn Kai hatte ich mir eins dieser Autos gemietet, bei denen man auf dem Dach schlafen kann. Ich hatte Kai gefunden und mich davon überzeugt, dass es ihm gut ging, und danach fuhr ich eine Woche lang durch Namibia. Dort haben Sie das Gefühl, als ob Sie auf dem Mars fahren. Es gibt Gegenden in der Nähe der Skeleton Coast, die sind unglaublich! Es gibt beispielsweise einen Park mit vielleicht hundert großen, schwarzen Steinen, entstanden durch Explosionen von vor Abermillionen von Jahren. Sie hauen auf einen Stein und der ist hohl und macht Klänge. Sie könnten fast ein Konzert damit veranstalten. Ein paar Kilometer weiter gibt es einen versteinerten Wald, auch durch Explosionen entstanden. Und dann die Skeleton Coast! Das ist die längste Küste der Welt, eine Art Strandwüste. Alles stirbt da. Es gibt nur Meereswasser und kein Süßwasser. Nur Dünen auf der einen Seite und das Meer auf der anderen Seite. So viele Schiffe sind dort gestrandet, alle Menschen darauf gestorben. Auf dem Weg zu dieser Küste kommen Sie durch Swakopmund. Eine Stadt, in der die Straßen noch Namen aus der deutschen Kaiserzeit tragen. Und bevor Sie die Skeleton Coast erreichen, fahren Sie etwa tausend Kilometer lang durch eine Marslandschaft. Die Entfernungen sind gigantisch. Fünftausend Kilometer in Namibia sind so wie bei uns fünfzig. Sie fahren also durch diese Marslandschaft und es ist, als ob da ein Meer gewesen war und sich zurückgezogen hat. Man sieht komische Felskonstruktionen, etwa mit einem Fuß, der schmaler wird und oben breiter, wie eine Insel. In einer dieser Gegenden war ein Hügel einfach im flachen Nirgendwo. Waterberg hieß das, und dort habe ich das Auto abgestellt und übernachtet. Am nächsten Morgen bin ich gleich um sechs von den ersten Lichtstrahlen geweckt worden. Ich komme aus dem Zelt vom Dach meines Toyotas und erlebe einen der schönsten Sonnenaufgänge meines Lebens! Sie müssen sich das so vorstellen: Sie stehen da auf dem Hügel und schauen in diese unglaubliche Weite. Das ist, als könnten Sie von Hannover nach Hamburg sehen. Auch wenn der Hügel nur tausend Meter hoch war. Aber da ringsherum kaum etwas war, hatte man so einen weiten Blick und der Horizont war unglaublich weit. Das war wie 5000 Kinoleinwände nebeneinander, und dann diese ganzen Farben! Es gab keine einzige Wolke und da waren diese fünftausend Farben von Lila zu Rosa und Gelb und so, und auf einmal kam die Sonne so langsam hoch mit diesem typischen Flirren, und die Sonne war riesig. Ich hatte sogar das Gefühl, dass sie mit einem tiefen Brummen aufging. Ich bin völlig

Kapitel 26

ausgeflippt. Das werde ich nie vergessen. Einen solchen Frieden habe ich noch nie erlebt, sogar hier in Hodenhagen nicht, und dann bin ich wandern gegangen. Es war sehr still und ich bin einfach einem Pfad gefolgt. Nach einer Weile erkenne ich vor mir im Staub Spuren von einem Leoparden. Natürlich hatte ich ein bisschen Angst, aber ich bin weitergegangen. Auf einmal höre ich ein Geräusch. Es kommt aus dem Gestrüpp zwischen den Büschen. Im nächsten Moment springt ein ausgewachsener Kudu-Bock heraus. Das sind diese Antilopen mit den Korkenzieherhörnern. Der blieb dann vielleicht so sechs, sieben Meter vor mir stehen. Er war auch erschrocken, und in diesem Moment habe ich gemerkt, was es bedeutet, Tiere auf der Erde zu haben. Ich war komplett überwältigt von dem Sonnenaufgang und der Stille, mitten im Busch mit 1000 Gefahren. Ich habe gedacht, ich bin ein Teil vom Ganzen und wenn der Leopard kommt, kommt er, und plötzlich steht da dieses Tier, nicht hier gefangen, sondern ein Tier in der Wildbahn. Ich kann nicht beschreiben, wie es mich angeguckt hat. Auch das Gefühl kann ich nicht beschreiben. Freude und Frieden, Demut und Zusammengehörigkeit, Majestät, Größe, Universum. Alles in diesen wenigen Sekunden. Kurz darauf war er wieder verschwunden, aber diese Begegnung hat sich mir in die Seele eingebrannt. Es hat mir klar vor Augen geführt, wie viel ärmer unsere Welt ohne Tiere wäre. Allein die Gerüche, die nicht mehr da wären. Jedes Tier hat seinen eigenen Körpergeruch, der sich über die Luft verbreitet. Die Unterachseln der Vögel. Das Wildschwein mit den stinkigen Haaren. Der Pups eines Rehs. Das gehört auch zu Deutschland.

Aber zurück zum Zoo der Zukunft. Im Jahr 2050 müsste ein Zoo eine komplexe Mischung aus verschiedenen Bausteinen sein, wo Sie die Besucher mehr miteinbeziehen. Private Spenden sollten eine größere Rolle spielen, Finanzierungen durch die Zoofreunde. Vor ein paar Jahren hat eine kinderlose Dame in den USA ihre Kette von sechsunddreißig Friseurläden für sechshundert Millionen

Dollar verkauft. Davon hat sie dreiundzwanzig Millionen dem Zoo Köln gespendet. Einfach so. So ähnlich wie es Giuseppe di Stefano ergangen ist, dem ein Fan kurzerhand vier Millionen geschenkt hat, weil ihn seine Stimme so berührt hat.

Der Besucher müsste auch mehr in das Leben des Zoos miteinbezogen werden. Er müsste intimere Einblicke bekommen, mehr erfahren, was hinter den Kulissen passiert. Dafür muss mehr Technologie in den Zoo, mehr Digitalisierung. Dass man sich als Besucher einloggt und über Webcams von zu Hause aus nicht nur bei der Fütterung der Schimpansen dabei ist, sondern auch schon, wenn der Tierpfleger das Gemüse schneidet. Dass sich die Tierparks komplett öffnen. Transparent werden. Ich sehe da viele Möglichkeiten. Wie etwa dieser Affe, der einen Chip im Cortex hatte und ein Tennis-Videospiel machen konnte. Das war initiiert von einer Firma von Elon Musk, die die Verbindung des Internets direkt zum Gehirn ermöglicht. Das bedeutet: Wenn Sie fragen, wann der Rückzug der Amerikaner aus Cassino war und Sie diesen Chip im Gehirn haben, werden Sie sofort die exakte Antwort darauf wissen. Vielleicht schon, bevor Sie überhaupt die Anfrage gestellt haben. So schnell wird der Mikrochip sein, den man uns einpflanzen könnte. Das Modell existiert bereits und die ersten Versuche mit dem Affen laufen. Es ist noch nicht so weit mit Cloud, aber wir gehen in diese Richtung. Vielleicht haben im Jahr 2050 bereits zwei Drittel der Menschheit einen solchen Chip. Natürlich werden wir dadurch noch kontrollierbarer sein, manipulierbarer, aber ich sehe auch eine Menge Chancen. Zoos sollten in einer Datenbank erfasst sein. Wenn jemand eine Frage über Tiere stellt, etwa was sie fressen, wie viele es noch in der Wildbahn gibt und so weiter, würde das gleich auf virtueller Ebene beantwortet und mithilfe von Hologrammtechnologie könnte das Gnu vor ihnen stehen.

Egal, wie wir es steuern, im Jahr 2050 werden wir mehr Freizeit haben. Neue Technologien vernichten immer mehr Arbeitsplätze. Schon

Kapitel 26

in den nächsten zehn Jahren fallen allein in Deutschland Millionen Arbeitsplätze weg. Zum Beispiel werden durch autonomes Fahren Taxis entfallen, Lastwagenfahrer werden überflüssig, Lokführer. Alles wird automatisiert und die Leute werden mehr Freizeit haben. Wahrscheinlich wird das Grundeinkommen für alle kommen. In der Folge wird die Freizeitwelt explodieren und Zoos und Freizeitparks eine enorme Rolle spielen. Ich könnte mir gut vorstellen, dass man bis dahin keine Zäune mehr in Zoos hat, sondern die Gehege mit elektromagnetischen Erfindungen sichert. Dass Zoos nicht mehr mit Gebäuden daherkommen, sondern wie natürliche Landschaften wirken. Ein Gorillahaus könnte dann wirklich aussehen wie ein Dschungel. Man könnte versuchen, die jeweiligen Länder nachzubilden. Dass man das Gefühl hat, durch Kanada zu spazieren, durch Afrika, Asien und so weiter. Da die Städte in der Zukunft immer mehr wachsen werden, könnten die Zoos in Oasen voll mit Pflanzen verwandelt werden. Komplett weg vom Beton, weg von Straßen. Vielleicht dafür Barfußwege anlegen, um intensiver zu fühlen.

Die Technologie wird immer mehr an Bedeutung gewinnen, zum Beispiel auch bei den Erhaltungsprogrammen, den Embryoeinsetzungen. In spätestens zehn Jahren werden wir alle einen Mikroroboter eingesetzt bekommen, mikroskopisch kleine Geräte werden in unsere Blutbahnen eingesetzt und sorgen für unsere Gesundheit. Finden sie ein Blutgerinnsel, flitzen sie dorthin und verschließen es mit Mikrolaser, damit Sie keinen Schlaganfall bekommen. Sie bekommen lediglich eine Nachricht auf Ihr Handy, oder in dem Chip, den Sie im Gehirn haben, kriegen Sie das Signal, Sie wären eigentlich heute um sieben Uhr siebenundfünfzig unter der Dusche an einem Schlaganfall gestorben, aber Roboter 117 224 hat den Defekt lokalisiert, und Sie duschen in aller Ruhe weiter.

Wir forschen seit den 90er-Jahren im Park und haben vier wichtige Funktionen. Die wichtigste Aufgabe des Tierparks sehe ich in seiner Funktion als Genbank. Man kann darüber ewig mit Tierschützern diskutieren. Die bleiben bei ihrer Auffassung, dass wir mit den Tieren nur Geld scheffeln wollen und dass die Tierhaltung rückständig und unnütz ist und so weiter. Das sehe ich natürlich vollkommen anders. Was man allein mit Embryo-Einsätzen erreichen kann, sieht man etwa beim Beispiel des nördlichen Breitmaulnashorns. Also Genbank, ganz wichtig, sogar für die Zukunft auf dem Mars für so eine Art Arche Noah. Dann Forschung. Außerdem das Edukative. Da sagen die Tierschützer auch, das sei Blödsinn. Was lernt ein Kind schon in einem Zoo? Aber wenn eine Schulklasse mit ihren Lehrern kommt und der Biologieunterricht findet vor den Gorillas statt, da bekommt das Lernen eine ganz andere Dimension. Und die vierte Säule ist in-situ/ex-situ. Auswildern, Kontakt herstellen mit den Regierungen der Regionen der Erde, wo es noch Wildbahnen gibt, also der beständige Austausch. So bleiben Zoos zeitgemäß.

Man muss eben flexibel bleiben und sich der Zeit anpassen. Das sehen Sie auch beim Zirkus. An sich ist die Zukunft des Zirkus erledigt, aber schauen Sie, was Roncalli daraus macht! Sie haben den Trend schon früh gesehen und jetzt haben sie sogar mehr Erfolg ohne Tiere als früher. Sie haben schon seit zwanzig Jahren keine Tiere mehr, haben so eine Art Musical vom Zirkus gemacht und damit einen Riesenerfolg.

Andererseits können immer noch Tiere im Zirkus leben, zum Beispiel Hunde, die sowieso zu Hause eingesperrt sind. Man könnte sie trainieren und aufregende Sachen vorführen lassen. Dasselbe mit Pferden oder Trampeltieren. Studien haben gezeigt, dass Tiere im Zirkus meist sehr gut gelebt haben. Sie haben zwar oft nicht sehr tierwürdige Sachen gemacht, also sich in der Manege zu drehen oder so etwas, aber für die Gehirnbeschäftigung des Tieres war das exzellent. Sie waren kein bisschen verhaltensauffällig, nicht autistisch, nicht gelangweilt, gar nichts. Dagegen leidet so ein Tapir im Zoo in einem engen Gehege viel mehr als ein Tapir im Zirkus. Es gibt da interessante Forschungen. Okay, Elefanten, Löwen, Tiger sollte man lieber in Ruhe lassen, aber Trampeltiere, Pferde, Hunde,

Kapitel 26

Haustierrassen - warum nicht mit ihnen trainieren? Denen geht es gar nicht so beschissen, wie man denkt. Die Zoos haben sich viele der Tierbeschäftigungen vom Zirkus abgeguckt. Man ist immer schnell dabei, zu dämonisieren, aber die Wahrheit sieht oft anders aus. Wenn man es nicht genau wissen will, keine Lust hat, sich mit den neuen neurowissenschaftlichen Studien auseinanderzusetzen, okay, dann geht man zur PETA und schreibt nur Schlechtes über Zoos. *Es ist ein Gefängnis für Tiere, das ist ganz schlecht alles, die leiden alle da.* In der Folge müssen die Zoos dann schließen.

Eine Gefahr ist die Vermenschlichung der Tiere. Man muss darauf achten, die Grenzen zu respektieren. Ein Elefant hat zum Beispiel Hunderte von Synapsen. Man sagt so leicht, der Bulle verliebt sich in die Kuh, aber das ist mehr so eine chemische Übereinstimmung der beiden. Natürlich ist es komplex. Ein Elefant wiegt fünf Tonnen. Da kann man sich vorstellen, wie schwierig der Deckakt ist. Der Bulle steht auf dem Hinterteil des Weibchens und versucht, mit seinem Penis einzudringen. Unser Bulle hat einen ein Meter neunzig langen Penis und es ging ganz flott. Aber es ist nicht immer einfach. Die Chemie muss stimmen, die Gerüche passen, und das Weibchen muss ein bisschen dominant sein, aber nicht zu sehr. Man sieht, dass sich der Bulle nur mit dieser einen verpaaren möchte und sagt: *Ah, er hat sich verliebt.* Aber das ist kein Gefühl der Verliebtheit. Das merkt man auch daran, dass er nach dem Deckakt erst einmal mehrere Monate lang seine Ruhe haben will. In der Natur verschwinden die Bullen dann mit ihrer Männergruppe im Busch. Sie verlassen die Herde und ziehen sich komplett zurück. Sie kommen nur, wenn sie Weibchen riechen, die gerade hitzig sind. Dann kehren sie zurück, decken für drei oder vier Tage und verschwinden wieder. Das sieht nicht so sehr nach Liebe aus. Dabei sind Elefanten sehr intelligent. Sie merken sich viele Dinge über Jahre und sind uns darin ähnlich, aber trotzdem verlieben sie sich nicht. Sich etwas zu merken ist eben keine Emotion. Da sind wir bei den Grenzen und das ist, was viele Menschen nicht verstehen. Wenn es anders wäre, wären wir auch nicht die dominante Spezies. Sonst hätte sich eine Art wie die Gorillas so entwickelt, dass, wenn der Mensch etwa mit Gewehren kommt, sie organisiert wären, sich auf Bäumen versteckt hätten und angefangen, systematisch und mit Plan die Menschen umzubringen. Und damit wären sie die dominante Spezies. Aber sie sind Tiere und fühlen so Sachen wie Liebe und Glück nicht wie wir. Dadurch haben wir uns über die Millionen von Jahren anders entwickelt. Da gibt es inzwischen genug wissenschaftliche Studien, die beweisen, dass Tiere nicht so fühlen wie wir. Klar, sie denken: Ich geh jetzt dahin, weil da die Äste etwas frischer sind. Das schon. Aber sie haben dabei nicht diese Emotionen. Das verstehen aber viele Tierschützer nicht und fangen an, durch extreme Emotionalisierung die Zoos zu dämonisieren. Verstehen Sie mich richtig, ich bin absolut dagegen, Orcas in einem kleinen Becken zu halten und sie eine Show machen zu lassen. Dabei meine ich nicht, dass die Orcas unbedingt traurig sind in diesem Becken. Ich finde nur, dass wir uns als Menschen keinen Gefallen tun, einem Tier die Würde zu nehmen. Das sind zwei verschiedene Ansätze. Ein Tier ist mit der Natur verbunden und gehört dahin und ich finde es wichtig, es Tier sein zu lassen und so wenig wie möglich zu vermenschlichen. Nur so kann es uns beibringen, was es bedeutet, ein Wal zu sein, ein Löwe, eine Giraffe und so weiter. Selbst einen Hund würde ich draußen lassen und ihn nicht mit ins Bett nehmen. Vielleicht nicht unbedingt einen Chihuahua. Den würde sich gleich ein Milan holen. Aber ein Labrador gehört nicht ins Haus, meine ich.

Und da fällt mir gerade eine fünfte Aufgabe des Zoos ein. Dass man im Zoo noch ein Tier sehen kann, das nicht vermenschlicht ist. Ein Wildtier mit all seinen Eigenarten als Wildtier. Es ist gut,

Kapitel 26

dass es sich so stark von uns unterscheidet. Es zeigt uns seine Art zu leben und das ist doch etwas Wundervolles. Es feiert permanent das Leben, es hat nie Neid oder Eifersucht, außer vielleicht, wenn es um Futter geht. Wenn man ein Wildtier betrachtet, spürt man, dass es mit der Natur verbunden ist, man sieht es in seinem Blick. Diese Grenze sollten wir akzeptieren und nicht sagen: *Oh, ich will ihn umarmen.* Nein, es ist kein Kuscheltier, und ich halte es für wichtig, dass Kinder das so früh wie möglich lernen. Ein Löwe ist eben nicht so wie im Disneyfilm.

DANKSAGUNG

Dieses Buch wäre nie zustande gekommen ohne meine Familie und all jene Menschen, die mir im Laufe der Jahre zur Seite standen und mich verlässlich unterstützt haben.

Im Einzelnen sind das insbesondere meine Mutter Carla (Carlotta), mein Vater Paolo, meine Stiefmutter Lia Jardini, meine Schwestern Sonia, Veronica und Francesca, meinem Bruder Luca, Coco Invernizzi, mein Cousin Giovanni, meine Großeltern Nonna Concetta (la Nonna blu) und Nonno Augusto, Nonna Maria, Annamaria und Dario und alle Verwandten aus Neapel wie Tante Valeria und Onkel Luigi und alle Verwandten aus Mailand sowie Freunde der Familie wie Giuseppe di Stefano, Charles Stein, Jimmy Chipperfield und seine Tochter Mary und Dino Meneghin,

meine Freunde aus der Schul- und Studienzeit, vor allem Marko, Elisabeth und Patrick, Sabrina, Ronny Billie und Patricks Bruder, der meine Neugier auf brasilianische Musik geweckt hat,

Menschen, denen ich auf Reisen begegnet bin und die meinen Horizont erweitert haben, wie Anna da Sosa da Silva da Costa, die Musiker von Ney Matogrosso, die Menschen aus den Sambaschulen, die Rasta-Familie auf Trinidad und Tobago.

Großen Dank vor allem an die Menschen, die mich seit jeher engagiert im Park unterstützt haben, wie Frau Kässens, Hamed Hamza, Professor Michael Boer, Karl Kock, Jan van Hooff, David Simons, Tam Barrass, Frau Liefer, Jens Schmidt und seine Familie, Siegfried Körber, Karl Gerhardt Tamke, Dr. Hillmann, Dr. Krull und Oliver Schulze.

Dank an all die Künstler, die im Park aufgetreten sind, wie Sarah Connor, Udo Lindenberg, Dieter Thomas Heck, Carlo von Tiedemann, Heino, Torsten Frings, Virginia Cora Belly und ihre Familie, Adel Tawil und Max Giesinger.

Dank an die Menschen von den Banken, die immer an den Park geglaubt haben, so Herr Helmut Punke, Dr. Nesemann und Wilfried Ahrens von der Sparkasse Bremen, Frau Raute, Frau Zorn und Herr Marko Hilbig von UniCredit, Herr Zimmer und Frau Knoop von der Haspa und Herr Oppermann und Herr Pott von der Volksbank Hannover,

die Politiker wie Stephan Weil, Lars Klingbeil und Sebastian Zinke, Wirtschaftsminister Bernd Althusmann,

weitere Kooperationspartner und Unterstützer wie die Edeka-Gruppe in Person von Herbert Hoppmann und Toys "R" Us,

all die Journalisten, Redakteure, Fotografen und Fernsehleute wie Holger Holemann, Udo Weger, Eckhardt Pingel, Jörg Jeronimus, Frank Bebenrot, Hans Bewersdorff, Inka Schneider und Hinnerk Baumgarten vom Roten Sofa und alle, die bei der Auswilderung von Kai mit dabei waren.

Dank an die nahen persönlichen Freunde und Wegbegleiter wie Christian Wulff, Maurizio Orsi, Dirk Rossmann, Christiano Vaghi, Andrea Mainetti, Alessandro Mansutti, Poppi, Guido Baroni, der Therapeut aus Los Angeles.

Dank an die Schriftstellerin Marion Gay für die Unterstützung beim Schreiben. Dank an Antje Hartmann und Lars Schultze-Kossack von der Literaturagentur Kossack, an Frau Petra Mattfeldt, Uli Mattfeldt, Alin Mattfeldt und das gesamte Team des Maximum Verlags.

Und nicht zuletzt möchte ich meiner wunderbaren und unendlich geliebten Frau Idu und unserer Tochter Brielle danken!

EINBLICKE IN MEIN LEBEN

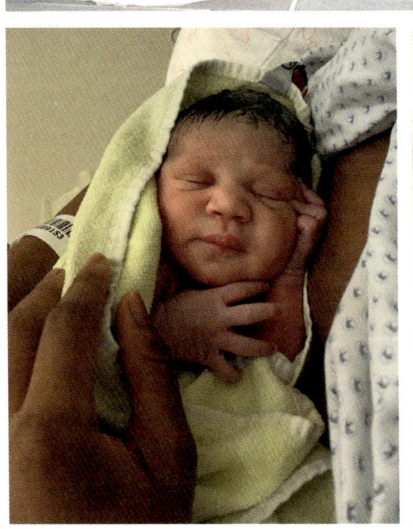

EINBLICKE IN DEN PARK

maximum-verlag.de
 /MaximumVerlag
 @maximumverlag